程控数字交换与交换网

（第二版）

叶　敏　编著

北京邮电大学出版社
·北京·

内 容 提 要

本书介绍数字程控交换机的基本原理。前 4 章主要介绍程控数字交换机的硬件设备；第 5、6 章介绍软件系统并重点介绍呼叫处理的基本原理；第 7 章为交换技术基础，对一些理论性问题，如话务量、呼叫处理能力和可靠性设计等进行一些探讨；在本书第 8、9 两章着重介绍和程控交换机有关的通信网与信令方式。

本书可作为高等院校电信专业的教材和教学参考书，也可作为通信技术人员的培训教材或自学参考书。

图书在版编目(CIP)数据

程控数字交换与交换网/叶敏编著. --修订本. --北京：北京邮电大学出版社，2003(2019.5重印)
ISBN 978-7-5635-0676-7

Ⅰ. 程… Ⅱ. 叶… Ⅲ. 存储程序控制电话交换机 Ⅳ. TN916.428

中国版本图书馆 CIP 数据核字(2002)第 106307 号

书　　　名：程控数字交换与交换网(第二版)
作　　者：叶　敏
责任编辑：郑　捷
出版发行：北京邮电大学出版社
社　　址：北京市海淀区西土城路 10 号(邮编：100876)
发 行 部：电话：010-62282185　传真：010-62283578
E-mail：publish@bupt.edu.cn
经　　销：各地新华书店
印　　刷：北京鑫丰华彩印有限公司
开　　本：787 mm×1 092 mm　1/16
印　　张：19.75
字　　数：466 千字
版　　次：2003 年 1 月第 2 版　2019 年 5 月第 27 次印刷

ISBN 978-7-5635-0676-7　　　　　　　　　　　　　　　　　　定　价：36.00 元

· 如有印装质量问题，请与北京邮电大学出版社发行部联系 ·

前　言

《程控数字交换与交换网》和《程控数字交换与现代通信网》前后出版以来,广大读者十分关心,我们对此表示感谢。与此同时,广大读者对有关程控数字交换的教材也提出了更高要求,要求对原有教材进行修订,希望它能成为一本通信领域里的基础教材。根据读者要求我们对原有教材进行了较大的修订。

作为通信专业的基础教材,修订后的新教材着重讨论了有关程控数字交换的一些基本原理,它相当于学生的专业基础。对原有教材中有关通信网的内容作了较大的删减。在新教材中,这部分内容只占很小篇幅。它仅仅是让学生对通信网作简单的了解,并且只介绍和程控交换相关的通信网。

当前,通信发展较快。在交换方面由于高速、宽带的需要,以统计复用技术为基础的各个领域,如因特网、IP电话,以及下一代的软交换技术等,得到人们的广泛关注。光通信技术也是通信进一步发展的热点。但以电路交换为基础的程控交换技术在当前的通信领域里仍占有重要比重。它仍然是当前通信的主要手段和主要收入来源。因此对于未来的通信技术人员,作为基础,了解程控交换技术是必不可少的。

在以往的教材中,我们以国外或国内的一些机器作为典型机型向读者介绍。这是为了便于读者更好的了解程控交换的内容。通信技术发展到今天这个地步,尤其是在我国,自己的程控交换系统发展已比较成熟。在这里没有必要再介绍那些典型机器。因此,在本书中我们删去了这部分内容。

本教材是作者根据从事多年的程控交换技术的教学和实践的体会,并参考了国内外有关文献,在原教材的基础上编写而成。全书结构力求做到既能对程控交换技术作较为深入、系统的介绍,同时又能照顾读者了解整个电信网的需求。使读者学完本书以后,对通信有一个完整的概念。本书每章后面大多附有复习题和练习题以帮助读者更好地理解每章内容。

本书可作为高等院校电信专业和计算机通信专业的教材或教学参考书;也可作为从事通信工作的技术人员的培训教材和自学参考书。本书对从事程控交换机的研制、开发和维护的工程技术人员也有一定参考价值。

由于时间短,水平有限,书中难免有谬误之处,敬请读者批评指正。

编　者

目　录

附　录

第1章 绪 论

§1.1 自动电话交换机的发展

最早的自动电话交换机是在 1892 年 11 月 3 日投入使用的。那是美国人史端乔创造的步进制自动电话交换机。史端乔是美国堪萨斯城的一个殡仪馆老板，他发觉每当城里发生死亡事件时，用户往往向话务员（人工交换机）说明要接通某一家"殡仪馆"，而那位话务员总是把电话接通到另一家殡仪馆。这使史端乔很生气，发誓要将电话交换机自动化。结果他成功了，取得了第一个自动电话交换机的专利权。以后就管这种交换机叫做史端乔交换机。

史端乔发明的是步进制交换机，在这个基础上各国又作了改进，于是就产生了德国西门子式自动交换机。这种"步进制"自动交换机的特点是由用户话机的拨号脉冲直接控制交换机的接线器动作。它属于直接控制方式。

以后又出现了旋转制和升降制的交换机。它们是属于间接控制方式的交换机。在这种交换机中，用户的拨号脉冲由叫做"记发器"的部件接收，然后由记发器通过译码器译成电码来控制接线器的工作。采用记发器以后，增加了选择的灵活性，而且可以不一定用十进制数，间接控制还可以允许选择器提高出线容量，从而可以使交换机的容量得到提高。

1919 瑞典工程师比图兰得（Betulander）和帕尔默格林（Palmgren）为一种叫做"纵横接线器"的新型选择器申请专利。这种接线器将过去的滑动摩擦方式的接点改成了压接触，从而减少了磨损，提高了寿命。

1926 年和 1938 年分别在瑞典和美国开通了纵横制交换机，接着法国、日本和英国等国也相继生产出纵横制交换机。

纵横制交换机有两个特点：第一个特点就是接线器接点采用压接触方式，减少了磨损，并且由于采用了贵金属使得接点接触的可靠性提高了；另一个特点是"公共控制"，这就是控制部分和话路分开。交换机的控制由"标志器"和"记发器"来完成。公共控制对用户拨号盘的要求低，中继布局灵活性高。

随着电子技术，尤其是半导体技术的迅速发展，人们在交换机内引入电子技术，称做电子交换机。最初引入电子技术的是在交换机的控制部分。而在对落差系数要求较高的话路部分则在较长一段时期未能引入电子技术，因此出现了"半电子交换机"和"准电子交换机"。它们都是在话路部分采用机械接点,而控制部分则采用电子器件。差别只是后者采用了速度较快的"笛簧接线器"。

只有在微电子技术和数字技术的进一步发展以后才开始了全电子交换机的迅速发展。

1946年第一台存储程序控制的电子计算机的诞生,对现代科学技术起到了划时代的作用,震撼着各个领域。这一新技术也使得人们有可能在电子交换技术中引入"存储程序控制"这一概念。

一开始,由于计算机的可靠性还不十分高,而交换机对其控制部件要求却很高,要求其在几十年内连续不断地工作,这对专用于交换机的计算机提出了很高要求,从而提高了成本。由于控制机的昂贵,当时采用的是集中控制方式,故控制系统较为脆弱。只有在大规模集成电路,尤其是微处理器和半导体存储器大量问世以后,这种状况才得到彻底改变。

早期的程控交换机是"空分"的,它的话路部分还保留机械接点。例如1965年美国贝尔公司投产开通的第一台商用的存储程序控制电子交换机 FSS No.1 系统就是一台空分交换机。

20 世纪 60 年代初期以来,脉冲编码调制(PCM)技术成功地应用在传输系统中,对通话质量和节约线路设备的成本都产生了好处。于是产生了将 PCM 信息直接交换的设想。各国都开始了研制 PCM 信息的交换系统。1970年法国首先在拉尼翁开通了第一台数字交换系统 E10,开始了数字交换的新时期。

数字交换机的诞生不但使电话交换跨上了一个新的台阶,而且对开通非电话业务,如用户电报、数据业务等提供了有利条件。它对今后实现综合业务数字网(ISIN)打下了基础,使之变成现实可行了。

§1.2　自动电话交换机的分类

自动电话交换机从信息传递方式上可分为:

模拟交换机:它对模拟信号进行交换。包括机电式交换机、空分式电子交换机和脉幅调制(PAM)的时分式交换机;

数字交换机:它对数字信号进行交换。这里的数字信号包括脉码调制(PCM)信号和增量调制(ΔM)信号。

自动电话交换机从控制方式上可分为:

布线逻辑控制交换机(简称布控交换机):这里指所有控制逻辑用机电或电子元件做在一定的印制板上,通过机架的布线做成。这种交换机的控制部件做成后便不易更改,灵活性很小。

存储程序控制交换机(简称程控交换机):这是用数字电子计算机控制的交换机(一般都是电子交换机)。采用的是电子计算机中常用的"存储程序控制"方式。即把各种控制功能、步骤、方法编成程序,放入存储器,利用存储器内所存的程序来控制整个交换机工作。要改变交换机功能,增加交换机的新业务,只要修改程序就可以了。这样就提高了交换机的灵活性。

自动电话交换机还有其他分类方法,这里不作一一介绍。

§1.3　程控交换机的基本概念

程控交换机的基本结构如图 1.1 所示。图中分为话路和控制两部分。其话路部分可以和现在运行的纵横制交换机的话路部分相比拟。而控制部分则是一台数字电子计算机,它包括中央处理机(CPU)、存储器和输入/输出设备。

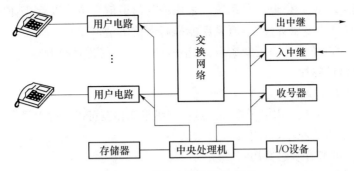

图 1.1　程控交换机结构框图

交换网络可以是各种接线器(如纵横接线器,编码接线器,笛簧接线器等),也可以是电子开关矩阵(电子接线器)。它可以是空分的,也可以是时分的。交换网络由 CPU 送控制命令驱动。

出中继电路和入中继电路是与其他电话交换机的接口电路。它传输交换机之间的各种通信信号,也监视局间通话话路的状态。

用户电路是每个用户话机独用设备,只为一个用户服务。它包括用户状态的监视和用户直接有关的功能等。在电子交换机,尤其是在数字交换机中,用户电路的功能越来越加强了。

图中所示的中继器和用户电路包括收号器都受中央处理机控制。

这样就可以得出结论:**程控交换机实质上是数字电子计算机控制的交换机。**

§1.4　程控交换机的优越性

程控交换机的产生和发展在技术和经济上都带来了一系列的优越性。

1. 技术上的优越性

(1) 能提供许多新的用户服务性能。如缩位拨号、叫醒业务、呼叫转移等等。关于这一点将在下一节详细介绍。

(2) 维护管理方便,可靠性高。程控交换机可以通过故障诊断程序对故障进行检测和定位。在发生故障时紧急处理及时迅速。因此它在维护管理上和可靠性上带来了好处。

（3）灵活性大。为适应交换机外部条件的变化，增加的新业务往往只要改变软件（程序和数据）就能满足不同外部条件（如市话局、长话局、汇接局或国际局等的不同需求）的需要。对将来新业务的发展也带来了方便。

（4）便于向综合业务数字网方向发展。通信网的最终发展方向是要建立一个高质量、高速度、高度自动化的"综合业务数字网（ISDN）"。所谓"综合业务"是指把话音、数据、电报、图像等各种业务都通过同一设备处理，而"数字网"则是将上述数字化了的各种业务在用户间进行传输和交换。在今后的综合业务数字网中，程控交换机是不可缺少的设备。

（5）有可能采用公共信道信号系统。采用公共信道信号系统以后，不但可以提高呼叫接续的速度和提供更多服务性能，而且还能提高通信质量。

（6）便于利用电子器件的最新成果，使整机技术上的先进性得到发挥。

2. 经济上的优越性

（1）交换设备方面

- 程控交换机主要采用电子器件。这样与纵横制比较可以节省大量有色和黑色金属；
- 程控交换机体积小，占用机房面积也小；
- 重量轻，可节省基建费用；
- 耗电省；
- 在集成电路大幅度降价的情况下，有可能大幅度降低程控交换机成本。

（2）线路设备方面

程控交换机可以通过采用远端用户模块方式节省用户线，降低线路设备的费用。

（3）维护和生产方面

由于检测和诊断故障的自动化，减少了维护工作量，节省了维护人员。在制造中工艺也简单了，提高了生产效率。

与程控模拟交换机相比，程控数字交换机有以下优点：

① 不仅在控制设备中，而且在交换网络中也使用了大规模集成电路。这导致交换技术与计算机技术的直接合并；

② 可使交换机设备的体积进一步缩小；

③ 可以和 PCM 传输设备配合使用；

④ 易于实现模块化技术，故可做到初装容量很小而终局容量很大的交换局；

⑤ 易于实现无阻塞交换网络；

⑥ 易于实现无衰减交换；

⑦ 话音、数据和图像等信息都以 64 kbit/s 或 $n \times 64$ kbit/s 的数字信号进行交换，对实现 ISDN 有利；

⑧ 易于对话音加密。

§1.5　程控交换机的服务性能

由于程控技术可以将许多用户和话局管理服务特性事先编成程序放在存储器中，以备随时取用,这就使程控交换系统比原先任何形式的交换机有利,它大大扩充了各种服务性能。程控交换机有以下各种用户服务性能。

1. 给一般用户的服务

(1) 基本服务包括:

- 自动电话呼叫服务,包括市内、长途、国际电话的自动拨号和自动计费;
- 接入到话务员,以便接至自动拨号所不能达到的用户和查询信息;
- 接入到录音通知,用来查询信息;
- 接入到特种服务;
- 公用电话服务;
- 捣乱用户跟踪;
- 中间服务。这项服务对象主要是对未能达到所需号码的呼叫。它可以插入并转至话务员或电话应答机,或给予一种信号音,把相应信息通知给主叫用户。未能达到的原因可能是:电话号码已改,一组号码已重新编号或交换局号改变;电话簿号码印错;拨入空号;拨入不使用的号码;中继路由故障、阻塞;用户暂时故障;由于未付费而暂停使用等等;
- 缺席用户服务;
- 呼叫禁止。用于设备有故障或用户未付费而暂停使用;
- 用户观察。对申告有差错的用户进行观察。

(2) 补充服务,包括以下各种:

- 缩位拨号;
- 呼叫转移。或叫"电话跟我走";
- 遇忙转移。当被叫忙时,对该用户的呼叫自动转移至其他号码;
- 无应答转移。当振铃不应答,经一定时间后转移至另一号码;
- 叫醒服务;
- 呼叫等待。给已接通呼叫的用户发一个等待音,表示又有人正在呼叫他,他可以作出选择,是放弃原有呼叫而接受新呼叫还是保持原有呼叫;
- 遇忙回叫;
- 免打扰;
- 热线服务。为使一台话机既可以有热线服务又可以作普通呼叫,采用定时方式。即当用户摘机,在一定时限内拨号,即作普通呼叫处理。在一定时限内不拨号,则作热线处理;
- 限制呼叫;
- 防止插入。有些用户线,譬如说既有电话业务又有数据业务,则不允许插入别的信号(强行通话或呼叫等待音等);
- 会议电话,可能有几种方式:

(a) 话务员召集的会议电话;

(b) 用户控制并事先登记的会议电话;

(c) 用户控制的临时性会议电话;

（d）可增加的会议电话，即可随时增加会议成员；

（e）集合会议电话，事先安排，若干用户在规定时间各自呼叫同一号码，从而建立会议电话；

- 用户处安装呼叫计次表；
- 及时呼叫计费通知。

2. 给各种用户交换机用户的服务

这种服务是为满足机关、企业、团体等集团用户对扩大和提高电话服务的要求而规定的。可以有下列不同类型的用户交换机：

- 人工和自动用户交换机（PBX 和 PABX）；
- 其他各种类似的用户交换机，如集团电话等；
- 虚拟用户交换机（CENTREX）。这是程控交换机的一种软件功能。它把公用交换机内部分用户组成一个用户群，该群内的用户具有一般用户交换机中分机的各项功能。而且，对该用户群来说，也可能具有内部拨小号，打外线先拨零等普通用户交换机的特征。

用户交换机的特殊服务性能如下：

（a）呼入时号码连选；

（b）夜间服务；

除了上述服务之外，还有如为查询而保持呼叫、进行中的呼叫转移、多方会议电话等补充服务。

对于虚拟用户交换机的服务则应集中到公用交换局内，其中有一些服务性能和普通用户相同，如直接拨入、缩位拨号、三方呼叫、自动回叫、呼叫等待、呼叫转移、热线服务等。此外，虚拟用户交换机的"分机"还能有一些特殊服务。如：

- 直接拨出；
- 同组中分机间的拨号；
- 保留呼叫；
- 多方会议电话；
- 分机连选；
- 优先分机；
- 截取呼叫；
- 呼叫限制等。

3. 在管理和维护上的新业务

程控交换机在对交换机的管理和维护上也发展了新的业务，例如：

- 规定服务等级；
- 话务自动控制；
- 自动故障诊断；
- 用户号码改变；
- 计费和打印计费清单；
- 自动设备测试；

- 迂回路由寻找；
- 交换局无人值守等。

§1.6 程控交换技术的发展

目前程控交换技术在以下方面得到进一步发展：

（1）软、硬件模块化。软件采用高级语言，尤其是 CCITT 建议的高级语言。软件设计和数据修改采用数据处理机；

（2）在控制部分采用计算机局域网技术，将控制部分设计成开放式系统。这有利于今后适应新的业务和功能；

（3）在交换网络方面进一步提高网络的集成度和容量，制成大容量的专用芯片。如 16 k×16 k 乃至 32 k×32 k……等等；

（4）进一步提高用户电路的集成度，降低成本，从而降低整个交换机的成本；

（5）进一步加强有关智能网、综合业务数字网性能的开发，从而适应新的要求；

（6）大力开发各种接口，包括各种无线接口和光接口；

（7）加强接入网的开发，为以后用户传输各种非话业务（包括宽带业务）打下基础；

（8）加强网络管理功能，并为进入管理网做好准备。

§1.7 当前世界通信的发展

多年以来，世界通信产业一直以超过国民经济的速度发展。进入 20 世纪 90 年代以来，全世界掀起一个建设"信息基础设施"的浪潮。由于通信网是信息基础设施的主体和骨干，受到各国政府的高度重视。许多发达国家纷纷制订"信息高速公路"计划，投入巨资建设本国通信网，加速信息化进程，争取在 21 世纪的世界经济竞争中继续保持优势地位。如日本计划 5 年内投资 800～1 000 亿美元，建设高级通信网；欧共体计划设资 5 000 亿美元，在 20 世纪内实现通信网全面现代化。各国通信业在世界范围内的竞争进行得热火朝天。

§1.7.1 当前世界通信产业发展特点

1. 世界通信技术进步越来越快

当今世界，技术已成为竞争的制高点。谁拥有新技术，谁就掌握了竞争和发展的主动权。而通信技术正是处于当代科学技术发展的前沿，发展极为迅猛。通信手段越来越现代化，技术应用的领域出越来越广阔。

发达国家的通信网正在加快向综合化、宽带化、智能化、个人化和全球化方向发展。先进的同步数字体系、异步传送模式、光纤用户环路、无线接入等技术将在本世纪末和下世纪初得到广泛应用。

随着通信技术的发展，各种通信业务也不断出现。电子信箱、电子数据交换、可视图文等高附加值业务已在发达国家广泛使用，今后，通信业务将向更高层次发展。综合数字通信业务、多媒体业务和个人通信业务等逐步进入市场。

2. 世界通信市场竞争日趋激烈

目前,世界通信市场格局发生新的变化。发达国家在继续发展本国通信产业的同时,积极开拓国际市场。其中发展中国家,特别是亚太地区成为争夺的焦点。中国被称做"全世界最大也是最后一个通信市场",受到国际资本的广泛关注。他们急于进入中国市场,纷纷推出各种先进的技术和业务。这就使我们有条件接触各种先进的技术,同时也鞭策我们要努力学习新技能,不断提高自己,跟上通信发展的步伐。

§1.7.2　当代通信技术综观

综观当今电信技术的发展趋势,未来的电信网将朝着数字化、智能化、宽带化、个人化和全球化方向发展。网络将满足越来越广泛的网络资源和用户的需求。用户可以得到进行通信和信息交流的各种手段。网络的特征是:成本低、结构简单、功能高和标准化程度高。

从宏观角度来看,现代通信技术大体上可以包括以下几方面技术:

1. 传送网技术

传送网技术正从 PDH(准同步数字体系)向 SDH(同步数字体系)转变。

随着 SDH 技术的引入,传输系统不仅具有能提供各种通信信息的传递功能,而且还提供对信号处理和监控等功能。数字交叉连接设备(DXC)和分插复用设备(ADM)的引入改变了过去点到点的传输概念,而发展成为一个"传递网"。在传送网中的传输媒介主要是光纤,其次是数字微波和卫星。

SDH 的发展方向是高速大容量。近年来,2.4 Gbit/s 的 SDH 系统已走向实用。10 Gbit/s 系统也已基本完成实验室工作。20 世纪末可以达到商用化。当传输速率达到20 Gbit/s 时,将接近器件的极限。在此之后只有采用波分复用(WDM)或光时分复用(OTDM)才能进一步利用光纤的传输容量。

传送网技术发展的另一方向是增强组网灵活性和网络管理能力。SDH 为增强组网能力奠定了基础。分插复用设备提供了灵活地上/下电路的能力。数字交叉连接设备的引入使网络的拓扑结构变成动态可变的了。增强了网络适应业务发展的灵活性和安全性;可在更大范围内实现电路群的保护、调度和通信能力的优化利用。

与 SDH 同时发展的网络管理技术将进一步标准化。预计到本世纪末将可实现包括信息模型在内的高层规程的兼容互通,并通过远程软件加载改变配制。网管技术的发展又促使 SDH 自动保护倒换算法的发展。除通道保护环之外,复用段保护算法将趋成熟。在 2000 年前完成环网互通的标准并投入应用。今后还会进一步开发在全网范围内实现保护的算法,实现网络投资的优化。

2. 接入网技术

接入网覆盖从交换机的交换端口(ET)到用户终端设备(TE)之间的包括传输媒介在内的所有设备。它可能包括窄带和宽带交换的远端模块、复用器、数字交叉连接设备和用户传输系统等设备。

由于接入网直接与用户相连,其数量很大,且牵涉面也比较广,其投资费用要占整个通信网的 1/3 或者更大。从另一方面来讲,接入网又是电信部门向用户提供业务的窗口,用户对业务的不同需求影响网络的结构和接入方式。因此,接入网技术是一个对业务、法规、技术和成本都十分敏感的领域。

由 ITU-T(国际电信联盟的电信标准部门)提出的"接入网交换侧 V5 接口"综合了数字交换与数字用户线的标准化接口,有利于在用户环路上引入新技术,充分发挥64 kbit/s 通路的能力。在性能和经济上都比原有的模拟接口来得优越。V5 接口同时支持公用电话网 PSTN、ISDN、帧中继、分组交换、数字数据网(DDN)等业务。它对从现有网向 ISDN 和宽带网过渡提供了有利条件。

对于现有的用户线,人们想出各种方法来提高其利用率:如自适应脉冲编码调制 ADPCM 技术,高速数字用户线 HDSL 方式,不对称数字用户环路 ADSL 方式等。此外,还采用光纤用户环路,光纤/同轴电缆的混合系统 HFC 以及无线用户环路等各种技术。

3. ISDN 技术和 ATM 技术

ISDN 包括窄带的 N-ISDN 和宽带的 B-ISDN。当前,窄带的 ISDN 技术已经成熟,并且已经商用化。但是由于其价格较高而又没有给用户带来太大的好处,前些年发展得并不很快。只有近年来 Internet 的发展,才使 N-ISDN 有了长足的发展。

B-ISDN 能够提供各种宽带业务,它也能和现代的各种新技术如 SDH,ATM 和 IN 等融为一体,形成一个完整的现代通信网。

在 B-ISDN 中的交换采用异步传送模式(ATM)。这是一种新型的交换方式,它可以把不同种类(如语音、数据、图像)、不同速率(固定、可变)、不同性质(突发性、连续性)以及不同性能要求(时延要求、误码率要求)的信息在网内实现透明传输;它能对通信网中各种各样的信息(包括图像、数据和话音)进行综合交换和传输;它能按需提供不同带宽和不同业务等级,使网络的资源能够得到充分利用;它能够比较容易地增加新业务;它也能降低通信网的建设和运行维护费用。

B-ISDN 在传送网上采用 SDH 和 DXC 等技术;在接入网上采用标准的用户—网络接口。它将是今后发展信息高速公路的一个重要基础。

4. 移动通信和个人通信技术

近些年来,无线通信技术的发展一直与网络的个人化发展紧密地联系在一起的。移动通信系统,特别是陆地移动通信(主要指蜂窝移动通信、无线寻呼和无绳电话)和卫星移动通信的发展格外引人注目。这将是人类走向个人通信的一个重要环节。

目前的蜂窝移动通信所采用的数字技术、时分多址方式(TDMA)的第二代的数字蜂窝移动通信系统已经成熟。其主要代表有泛欧的数字移动通信系统(GSM)等。码分多址(CDMA)的数字蜂窝移动通信系统也日趋成熟。CDMA 比 GSM 突出的优点是具有更大的系统容量(约为模拟的 10 倍以上),有极强的抗干扰性能,无需频率动态分配,无需小区频率规划,组网灵活方便,无间断越区切换。再加之可使用双模用户机,与模拟网兼容。因此,在未来十年中 CDMA 将有广阔的应用前景。

微蜂窝数字移动通信是为解决具有高话务密度和人口密度地区的业务拥挤、信号阻塞、通话质量下降等问题而发展起来的。目前国际上较为成熟的系统都工作在微波低频段(1.8～2.2GHz)。其主要接入方式为 TDMA 和 CDMA。

卫星移动通信作为陆地移动通信的补充,解决了地域广阔的沙漠、海洋等话务量稀少,地面网架设困难地区的通信问题。同前国际上已提出了十几种同步轨道、中低轨道卫星移动通信计划。

5. 智能网技术

智能网的基本设计思想是想把业务逻辑从交换机中分离出来,由集中的节点加以控制。这个节点叫做业务控制点(SCP)。它完成业务控制功能(SCF)和业务数据功能(SDF)。而交换机只实现交换接续逻辑,叫做业务交换点(SSP)。完成业务交换功能(SSF)和呼叫控制功能(CCF)。

智能网的概念进一步设想是把业务分解成若干"业务特征",由"与业务不相关的构件(SIB)通过业务逻辑来实现。因此,只要设计一套业务逻辑,把不同的 SIB 按一定的顺序链接起来,就能实现一种新业务,从而可以大大加快新的智能业务的开发。

智能网是一个结构上的概念。它可以用于电话网,也可以用于 ISDN、移动通信网、分组数据网等等,以使相应的通信网提高智能化程度。

6. 多媒体通信技术

多媒体技术是当今最热门的新技术之一,目前已经比较成熟。多媒体卡、多媒体计算机、节目制作系统、演示系统都已经出现,并且已经商用化。但它们一直处于单机工作状态。由于没有通信能力而缺乏实用价值。对于用户来说也希望能在通信网上进行多媒体信息的传送。这就促使多媒体技术能与通信技术结合起来。今后多媒体技术将广泛应用于通信领域。

未来多媒体通信的主要特征是:有线电视(CATV)、电话和计算机将连成网。将 CATV 的视听功能、计算机的交互功能和信息处理能力以及电话的双向沟通能力结合在一起,使得在网络的分布性和多媒体信息的综合性的基础上,得到最大限度的互补和发挥。

7. 支撑网技术

支撑网是电信网的重要组成部分。现代电信网的高层支撑网包括 No.7 信令网、数字同步网和电信管理网。

No.7 信令网是一个运行 No.7 公共信道信令的信令网。它保证了电信网的正确运行。目前,No.7 信令已是实用阶段,但是还在继续研究和开发新的功能,以满足业务网的新的要求。

数字同步网主要提供数字电信网的时钟同步。其发展与所支撑的电信技术业务的发展关系十分密切。

电信管理网(TMN)提供一个有组织的网络结构,以取得在各种操作系统之间、操作系统与电信设备之间的互连。它采用具有标准协议和信息的接口,进行管理信息的交换。

8. 因特网技术

因特网的发展使得地球变小了。人们之间的距离近了。

在因特网上连接的是各种不同类型的计算机,它包括 PC 机、小型机、大型机以至于巨型机。还有在人工智能实验室里才有的古怪机器。随着移动通信的发展,以及它和因特网的结合,在因特网上出现了大批"掌上电脑"。人们通过手机在因特网上发送、接受信息。人们还在因特网上炒股。

在因特网上可以获取各种信息,它们有最新的国际和国内的事件和新闻、天气预报;在网上图书馆翻阅各种资料;在各种数据库中搜索各种文件资料。

人们通过电子邮件系统进行通信、交流情报。

网上出现了"学校"。人们通过因特网来听课甚至完成学业。

医院可以通过因特网进行会诊,甚至手术。

人们可以在网上玩游戏,等等还有许多。

IP 电话的出现对传统的以电路交换为基础的程控电话是一个不小的冲击。虽然目前还不至于达到取而代之的程度。但竞争已经开始了,并且前者由于价格上的优势,发展很快。

9. 下一代的通信技术

软交换技术将成为下一代通信的基础技术。它进一步发展了智能网中业务与呼叫控制分离,呼叫与承载分离的思想。

全光通信网是电信网从全电网到光电网进一步发展的第三代网络。他的特点是大容量、波长路由选择、高度的业务透明性、网络的可扩展性和网络资源重组的灵活性。

当然还有一系列技术问题需要解决。而且,随着社会经济科学技术的向前发展,会不断提出各种新的业务要求,从而促使电信技术进一步发展。

第 2 章　话音信号的数字化基础

我们经常遇见各种信号,总的说来信号可以分为两大类:

(1) 模拟信号。这是数值上连续变化的信号,如话音信号、图像信号等;

(2) 数字信号。这是离散的信号,它由许多脉冲组成,如电报信号、数据信号等。

在数字电话通信中,人们的说话声音信号是模拟信号,那么在发话端就要先经过变换器(叫做模/数变换器或叫 A/D 变换器)把它们变成数字信号后送入传输设备、传输线。在接收端再由反变换器(数/模变换器或 D/A 变换器)变成模拟(话音)信号。

许多路数字电话信号通常采用时间分割多路复用方法,因此各路数字话音信号在时间上是错开的。

数字信号有各种调制方法。常见的有以下两种。

脉冲编码调制(简称脉码调制),即 PCM。这是最早出现的一种数字调制方法,也是目前国际上应用最广的一种方法;

增量调制,又叫 ΔM。这种调制方法的优点是电路简单。但它的缺点是在话音质量上不如 PCM,因而也不如 PCM 用得普遍。在这一章中只对 PCM 的基本原理进行介绍。

§2.1　时间分割多路复用原理

时间分割多路复用原理可由如图 2.1 的示意图来说明。图中设有 3 路信号(或 3 个用户),分别为第一路、第二路和第三路。在发送端,有一个"选择器"按一定时间分配分别接通每一路信号。这样在"选择器"的输出端就会是 3 个话路的复用信号了。这个"选择

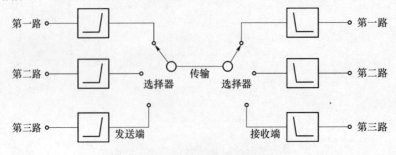

图 2.1　时分多路复用原理

器"实际上是完成"抽样"功能。这一段的波形如图 2.2 所示。在接收端,由"选择器"按次序将三路复用的话音信号分别分配给 3 个话路。当然,这是最粗线条的示意性说明。下面将会较详细地介绍时分多路复用和 PCM 的基本原理。

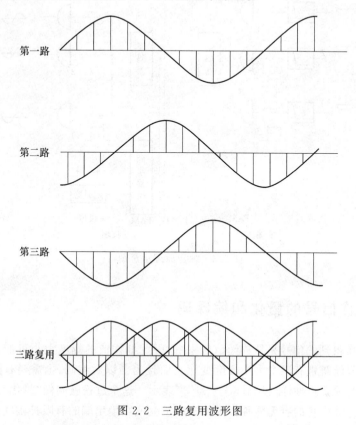

第一路

第二路

第三路

三路复用

图 2.2　三路复用波形图

§2.2　模拟信号的抽样和抽样定理

模拟信号变成数字信号的第一步工作就是要对模拟信号进行抽样。所谓"抽样"是用很窄的矩形脉冲按一定周期读取模拟信号的瞬时值。图 2.2 中每一路信号就是用窄脉冲进行了抽样的。那么这就产生了一个问题,需要以多高的抽样频率进行抽样才能在接收端恢复成原来的信号呢? 这个问题由著名的抽样定理给予了回答。抽样定理是这样规定的:**传送限带连续信号时,只要传送信号的单个抽样值(脉冲)的序列就足够了。这些抽样值的幅度等于连续信号在该时刻的瞬时值,而重复频率 f_c 至少等于所传交流信号的2 倍。**

通常的通话频带的带宽是 4 kHz(话音频带规定为 300～3 400 Hz)。因此抽样频率取在 $f_c = 8\ 000$ Hz 就足够了。

图 2.3 中示意性地画出了如何将模拟信号抽样的原理。图中共有 30 个话路,每一路首先经过低通滤波器,使之变成只有 4 kHz 带宽的限带信号。然后由抽样门进行抽样。抽样门出来的脉冲是经过脉冲调制过的信号,把它叫做脉冲幅度调制(简称脉幅调制)信

号。或者叫做 PAM 信号。PAM 信号易受干扰,不适于传输。因此要将它变成抗干扰性能强的信号。

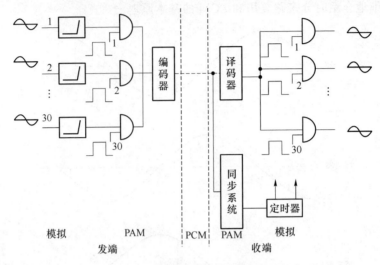

图 2.3　抽样原理示意图

§2.3　抽样信号的量化和编译码

由于抽样所得到的信号是从连续信号来的,因此抽样值的幅度大小可能有无限种。但是人们的耳朵只能辨别有限个大小幅度变化。而且为了以后编码,也需要有限个幅度大小的变化。因此必须要将抽样值用有限个"量"来表示。这个过程就叫做"量化"。量化过程就是把在输入端连续变化的有无限种幅度的模拟量变成在输出端的有限种幅度的模拟量。

例如我们将 0~8 V 范围内的模拟量分为 8 级,每级 1 V。即 0~1 V 为 0 级,1~2 V为第 1 级……用这 8 级的量去量化输入信号。

量化方法大体上有以下三种:

舍去型。即将小于 1 V 的尾数舍去;

补足型。即将小于 1 V 的尾数补足为 1 V;

四舍五入型。

那末对于不同的值就可能有不同的结果。表 2.1 所示为几个例子和采用不同的量化方法所得的不同结果。

表 2.1　量 化 举 例

最化前的值/V	量 化 后 输 出 值/V		
	舍 去 型	补 足 型	四舍五入型
6.6	6	7	7
6.1	6	7	6
0.1	0	1	0

以上的量化方法不管是哪一种都有一个共同特点,就是量化分级是均匀的,也就是说不论信号大小其绝对误差是相同的。

量化的误差其后果是产生"量化噪声"。对于均匀分级的量化,其量化噪声也是均匀的,这样对于小信号的信噪比就会很小。信噪比是通信上用以衡量通信质量的一个重要指标。它是这样表示的:

$$信噪比 = 10 \lg \frac{信号}{噪声} \quad (单位:dB)$$

一般要求信噪比大于 26 dB。显然在小信号时上述的量化噪声就可能太大而达不到这个标准。因此要求减少小信号时的量化噪声,或者说要求减少小信号时的量化误差。一般来说可以有两种解决办法:一种是将量化级差分得细一些,这样可以减少量化误差,从而减少量化噪声。但是这样一来量化级数多了,就要求有更多位编码及更高的码速,也就是要求更高的编码器。这样做不太合算。另一种办法是采用不均匀量化分组,就是说将小信号的量化级差分得细一些,将大信号的量化级差分得粗一些。这样可以使在保持原来的量化级数下将信噪比做得都高于 26 dB。这种做法叫做"压缩扩张法",简称压扩法。

压扩法的基本原理可以从图 2.4 中看到。图中画出了两种不同的量化方法——线性量化法和压扩法,并且作了对比。图中有两个输入信号,一个是大信号,一个是小信号。而经过压扩法量化后的输出信号和线性量化后的输出信号相比产生了变化,输出信号幅度前者对后者来说,大信号压缩了,小信号扩大了。

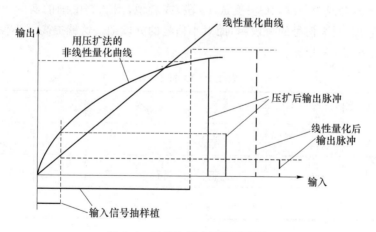

图 2.4 压扩法基本原理示意图

一般非线性压扩特性采用的是近似于对数函数的特性。CCITT 曾建议采用的压扩律叫做 A 律或 μ 律。A 律通用于欧洲,它是为 30/32 路 PCM 中采用的;μ 律通用于北美和日本,它是为 24 路 PCM 中采用的。我国采用的是 A 律。若遇到采用 μ 律的设备,则往往要求能对 A 律兼容。下面仅对 A 律进行一些介绍。

A 律的输入电压 u_x 和输出电压 u_y 的关系如下式所示:

$$u_y = \frac{Au_x}{1 + \ln A} \qquad 0 \leqslant u_x \leqslant \frac{1}{A} \quad (小信号)$$

$$u_y = \frac{1 + \ln A u_x}{1 + \ln A} \qquad \frac{1}{A} \leqslant u_x \leqslant 1 \quad （大信号）$$

上式中，第一个公式适用于 $u_x \leqslant \frac{1}{A}$ 的小信号；而第二个公式适用于 $u_x \geqslant \frac{1}{A}$ 的大信号。其中 u_x，u_y 均为归一化信号，要求输入电压 u_x 经过压扩以后输出电压 u_y 的增量 Δu_y 为常数。

从上式可见，在小信号时，u_y 和 u_x 是线性关系；在大信号时，u_y 和 u_x 是对数关系。当 $u_x = 0$ 时，这时原点斜率应为

$$\frac{\mathrm{d}u_y}{\mathrm{d}u_x}\bigg|_{u_x=0} = \frac{A}{1 + \ln A}$$

若令比值等于 16，则可得 $A = 87.6$。这就是当前采用的 A 律的压扩常数。

将这个 A 值代入上面二式，同时令 $\Delta u_y = \frac{1}{8}$，即 u_y 值按照 $\frac{1}{8}$ 线性增长，可得表 2.2 的 u_x，u_y 的对应值。在表中每一项取 u_x 值的近似值 $u_{x近}$，使得每一段的斜率为一个整数。根据表中结果，画出了如图 2.5 的曲线。表 2.2 中 u_x 和 u_y 的关系是曲线，而 $u_{x近}$ 和 u_y 的关系却是一种用二幂次分割的折线。这两条折、曲线很接近。在图 2.5 中只画出了 u_y 和 $u_{x近}$ 的折线。它将 y 轴分为均匀的 8 段，x 轴则不是均匀的 8 段。正负共有 16 段。但在 $u_x = 0 \sim \frac{1}{128}$ 和 $u_x = \frac{1}{128} \sim \frac{1}{64}$ 这两段中的斜率都是 16，也就是这两段是一条直线，相当于一段。再加上 $u_{x近}$，u_y 为负数时也有同样两段斜率为 16 的线，也可以合在一起。这样在最小值时的 4 段合成为一段，16 段变成 13 段，或者说，图 2.5 中画的实际上是 13 折线。从图中可以看出，对大信号的分段粗，而对小信号的分段细。这就提高了小信号时的信噪比，使其满足 26 dB 的指标。

表 2.2 13 折线表

u_y	0	$\frac{1}{8}$	$\frac{2}{8}$	$\frac{3}{8}$	$\frac{4}{8}$	$\frac{5}{8}$	$\frac{6}{8}$	$\frac{7}{8}$	$\frac{8}{8}=1$
u_x	0	$\frac{1}{128}$	$\frac{1}{60.6}$	$\frac{1}{30.6}$	$\frac{1}{15.4}$	$\frac{1}{7.79}$	$\frac{1}{3.93}$	$\frac{1}{1.98}$	1
$u_{x近}$	0	$\frac{1}{128}$	$\frac{1}{64}$	$\frac{1}{32}$	$\frac{1}{16}$	$\frac{1}{8}$	$\frac{1}{4}$	$\frac{1}{2}$	1
$\frac{\Delta u_y}{\Delta u_{x近}}$		16	16	8	4	2	1	$\frac{1}{2}$	$\frac{1}{4}$

从图中可见，量化共分为 ± 8 段，每段可以进一步区分为 16 个等份，每一等份为一个量化级。这样应该共有 $\pm 8 \times 16 = \pm 128$ 量化级。因此，在 32 路 PCM 中用 8 位码来表示。

经过上述量化以后的信号要通过编码处理变成一组码子，它由各种码元组成。32 路 PDM 采用 8 位码，分为三部分：最高位为极性码，代表信号的极性；剩下的 7 位码正好代表 128 个量化级。其中高三位为段落码，共有 8 段；低 4 位为段内码，即每一段分为 16 个量化级。

常用二进制码有两种：自然二进制码和折叠二进制码。自然二进制码为从 0000 至 1111 共 0~15 个量化级。折叠二进制码是前 8 段和后 8 段的编码呈折叠型的。这可以

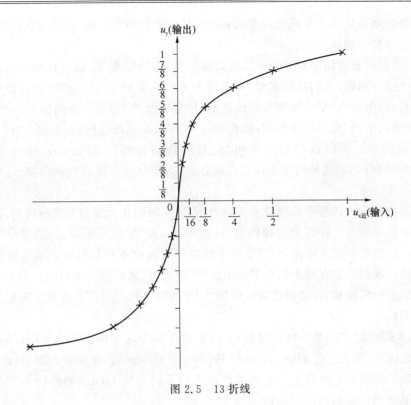

图 2.5　13 折线

通过将低 8 级的自然二进制码倒换位置（即 0 级和 7 级倒换……）得到。折叠二进制码对小信号产生的传输错误影响较小，而话音信号中含量较多的是小信号。因此采用折叠二进制码较为有利。

§2.4　传输码型

编码器的输出码型有以下几种：

单极性不归零码（NRZ），这就是信号"1"有脉冲，信号"0"无脉冲。其占空比为 100%；

单极性归零码（RZ），其占空比为 50%，码元形式可见图 2.6。

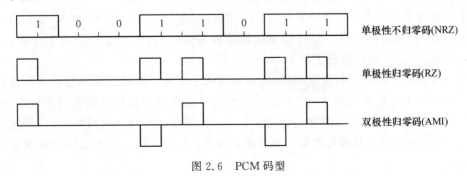

图 2.6　PCM 码型

这两种码型只适合于在机架内部或邻近机架间作短距离传输,不适合在线路中传输。这是因为它存在一些缺点。

首先,它们存在直流分量和较丰富的高频分量,占用频带宽,这在线路中传输是不利的。为解决这一问题,人们将它变成"双极性归零码"(见图 2.6)。在这种码型中,"0"仍旧由空号传送,但是"1"则由两种交替极性的"传号"(脉冲)传送。如图中第一个"1"是正极性的;而第二个"1"则是负极性的;接着第三个"1"又是正极性的,而第四个"1"又是负极性……如此交替。所以这种码型又叫"交替极性倒置码"(Alternate Mark Inversion Code),简称 AMI 码。这种码型不存在直流分量,高频分量也比前两种码型少,从而频带宽度可以减少一半。

在对话路的输入信号进行统计分析以后,人们了解到在大部分开机时间内,话路处于零信号或小信号状态。在以上三种码型中(见图 2.6),"0"信号实际上是"空号",即没有脉冲输出。在码组中有多个连续"0"会使中继器长时间收不到信号而影响定时提取时钟频率的工作。我们希望在整个脉冲序列中出"0"和出"1"的概率大体相同。为此对编码器输出的码组进行隔位翻转,即将偶数位码的"0"变为"1";"1"变"0"。奇数位码不变。这就成了隔位翻转码。

解决过多连续"0"的另一种码型为 CCITT 建议 G.703 中所提出的 HDB3 码(三阶高密度双极性码)。英文写作 High Density Bipolar of Order 3。在这种码型中,连"0"数限制在 3 个以下。图 2.7 示出了一个从单极性不归零码变成 HDB3 码的例子。通过这个例子可以了解 HDB3 码的基本结构。

图 2.7(a)中为单极性不归零码;(b)为相应的 AMI 码;(c),(d)和(e)是将它转换成 HDB3 码的过程。图中画出了 27 个信元①～㉗。为使说明清楚一些,信号中的"0"信号较多,并且有若干处连续"0"。

首先将单极性不归零码转换成单极性归零码,这部分图中没有画出,读者可以参考图 2.6 自行转换。然后再将它转换成 AMI 码。参考图 2.6 可以将图中的偶数号"1"进行极性倒置;而奇数号"1"不变。于是图中的偶数号"1",即信元⑦,⑱,㉖极性倒置。由 B_+ 变成 B_-,如图 2.7(b)所示。

转换成 HDB3 码的过程如下:

(1) 依次将 4 个连续"0"编为一组;如图中的信元③～⑥,⑧～⑪,⑫～⑮,⑲～㉒各编成组,共四组。用方括号括起来,见图 2.7(b)。

(2) 每组最后一个"0"用"1"取代,以 V_+ 或 V_- 表示。新加上的 V_+ 和 V_- 和前面一个"1"信号(B_+ 或 B_-)同极性。但这样就破坏了原来的"+","-"交替的规律。将 V_+ 和 V_- 叫做"破坏点"。这样得到了图 2.7(c)的波形。

(3) 为保证线路中没有直流分量,要求相邻两个破坏点的极性不一样。这可以通过使两个破坏点间保证有奇数个"1"来达到。也就是说在两个破坏点间遇到偶数个(或零个)"1"时,中间加一个"1"。具体的做法是在前一个破坏点后面的连续"0"组中的第一个"0"改成"B_+'"或"B_-'",其极性和前一个破坏点相反。这样可以得到图 2.7(d)或图 2.7(e)的图形。

图 2.7(d)中设在信元①以前的破坏点为 V_-(图中用括号内 V_- 表示)。这意味着两

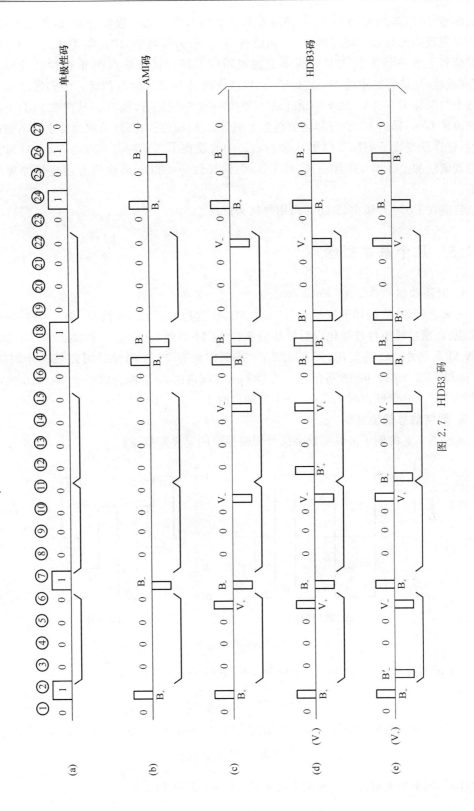

图 2.7 HDB3 码

个破坏点(①以前的 V_- 和⑥的 V_+)间有奇数个"1",当然这一段符合要求,不用加什么。再往下发现信元⑪和⑮间有两个 V_- 而没有"1"。即为偶数个"1"。需要在⑪的 V_- 以后的⑫位置上加一个 B'_+。并且为保证上述规则(2),即保证破坏点 V 的极性和前面一个"1"同极性,应该将⑮中的 V_- 改成 V_+。并且依次将⑰和⑱的 B 倒转。⑮和㉒之间又是偶数个"1",那末在⑮V_- 的下一组连续"0"的第一个"0"⑲上改成 B'。从图 2.7(d)中看到应该改成 B'_-。㉒的 V_- 恰好和前面新加上的⑲B'_- 同极性。符合(2)规律要求。不用改变极性,这样就变成了 HBD3 码了。图 2.7(e)中假设在①以前的破坏点为 V_+。这时按照上述规则应加上②B'_-,并且⑥V_- 和⑦B_+ 倒换极性……以下仍按照上述规律办理就可以了。

目前在 PCM 传输中,HDB3 码用得极为广泛。

§2.5　几个基本概念

1. 时隙和帧

前面已经说过,抽样重复频率为 8 000 Hz,也就是每隔 $125\mu s$ 抽样一次。对每一个话路来说,每次抽样值经过量化以后可编成 8 位 PCM 码组,这就是一个"时隙"。在 30/32路 PCM 系统中,32 路复用,即在 125 μs 范围内要有 32 个时隙。因此每一个时隙占 $125\ \mu s/32=3.9\ \mu s$。而 32 路合起来的 125 μs 时间内由 32 时隙合成一个"帧",16 帧合成一个"复帧"。一个帧占时 125 μs,一个复帧占时 125 $\mu s\times16=2$ ms。

2. 数字信号传输速率

通过图 2.8 的例子来说明数字信号传输速率的定义和单位。

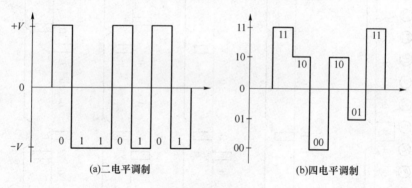

(a)二电平调制　　　　　(b)四电平调制

图 2.8　传输速率

(1) 调制速率,又称波特率。单位为波特(BAUD),简写为 Bd。

$$波特率=\frac{信元数}{单位时间}$$

图中(a)为二电平调制的信号。设一个信元占时 20 ms,即一秒钟有 50 个信元,可算得

$$波特率=\frac{50}{1}=50\ Bd$$

图中(b)为四电平调制信号。根据上述定义,波特率仍为 50 Bd。

（2）数据率——数据信号速率。单位为比特/秒（bit/s），简写为 b/s 或 bps。它表示单位时间内能传输的代码个数。

$$数据率 = \frac{信元数}{单位时间} \times \log_2 n$$

其中 n 为信元状态数。对于图 2.8(a)，其状态数为 2，而对于图 2.8(b)则为 4。这样可以得到：图(a)中数据率 $= 50 \times \log_2 2 = 50$ bit/s；图(b)中数据率 $= 50 \times \log_2 4 = 100$ bit/s。

§2.6　32 路 PCM 的帧结构

32 路 PCM 帧结构如图 2.9 所示。从图中可见，一个复帧由 16 帧组成；一帧由 32 个时隙组成；一个时隙为 8 位码组。时隙 1~15，17~31 共 30 个时隙用来作话路，传送话音信号。时隙 0(TS0)是"帧定位码组"，用于发/收端同步。图中表示出偶数帧和奇数帧的

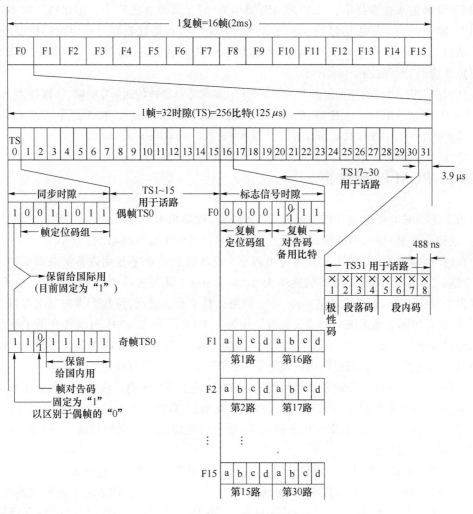

图 2.9　帧结构

具体内容。偶数帧的 2~8 位为帧定位码组,规定内容为 0011011;奇数帧的 4~8 位是备用码组,用于国内通信。当数字链路跨越国际边界,或这些比特不被利用时,则将其固定为"1"。第三位是帧对告码,用于指示选端失步告警。非告警状态为"0";告警状态为"1"。奇、偶数帧的第一位是留作国际通信的备用比特。如果国际通信不用,则当数字链路跨越国际边界时固定为"1"。若数字链路不跨越国际边界,则此比特可用作国内业务。其中一种可以采纳的用法为循环冗余校验。奇数帧的第二位用来区别偶数帧或奇数帧。因偶数帧第二位为"0",则奇数帧第二位固定为"1",以示区别。

时隙 16 用于传送各话路的标志信号码。标志信号按复帧传输,即每隔 2 ms 传输一次。一个复帧有 16 个帧,即有 16 个"时隙 16"(8 位码组)。除了帧 0(F0)之外,其余帧 1~帧 15(F1~F15)用来传送 30 个话路的标志信号。如图所示,每帧 8 位码组传送 2 个话路的标志信号,每路标志信号占 4 个比特,以 a、b、c、d 表示。时隙 16 的帧 0(F0)为复帧定位码组。其中第一至第四位是复帧定位码组本身,编码为"0000";第六位为复帧对告码,用于复帧失步告警指示。失步为"1";同步为"0"。其余 3 比特为备用比特。如不用则为"1"。要说明的是标志信号码 a,b,c,d 不能全"0",否则就要和复帧定位码组混淆了。

从时间上讲,我们也可以得到:1 复帧为 2ms;1 帧占 125μs;而一个时隙占 3.9 μs。每时隙 8 位码,即每位占 488 ns。

从码率上讲,由于抽样重复频率为 8 000 Hz,也就是每秒钟传送 8 000 帧,每帧有 32×8＝256 bit,因此总码率为 256 比特/帧×8 000 帧/秒＝2 048 kbit/s。对于每个话路来说,每秒钟 8 000 个时隙,每时隙 8 bit,所以可得 8×8 000＝64 kbit/s。

§2.7 PCM 的高次群

为了能使如电视等宽带信号通过 PCM 传输,就要求有较高的码率。而上述的 PCM 基群(或称一次群)显然不能满足要求。因此出现了 PCM 高次群系统。

在时分多路复用系统中,高次群是由若干个低次群通过数字复用设备汇总而成的。对于 32 路 PCM 系统来说,其基群的速率为 2 048 kbit/s。其二次群则由 4 个基群汇总而成。速率为 8 448 kbit/s,话路数为 4×30＝120 话路。对于速率更高、路数更多的三次群以上的系统,目前在国际上尚无统一的建议标准。作为一个例子,图 2.10 中向读者介绍了欧洲地区采用的各个高次群的速率和话路数。我国信息产业部也对 PCM 高次群作了规定。基本上和图 2.10 相似。区别只是我国只规定了一次群至四次群,没有规定五次群。

PCM 系统所使用的传输介质和传输速率有关。基群 PCM 的传输介质一般采用市话对称电缆、也可以在市郊长途电缆上传输。可以传输电话、数据或 1 MHz 可视电话信号。

二次群速率较高,需采用对称平衡电缆,低电容电缆或微型同轴电缆。可传送可视电话、会议电话或电视信号。

三次群以上的传输需采用同轴电缆或毫米波波导等,可传送彩色电视。

目前传输媒介向毫米波发展,其频率可高达 30~300 GHz。例如地下波导线路传输,速率可达几十吉比特/秒(Gbit/s),可开通 30 万路 PCM 话路。采用光缆、卫星通信则可以得到更大的话路数量。

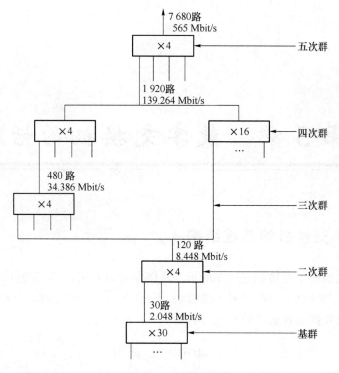

图 2.10　PCM 高次群

复　习　题

1. 时分复用的基本原理。

2. 抽样、量化和编码的基本原理。

3. 压扩法基本原理。

4. HDB3 码的形成方法。

5. 时隙、帧、复帧的概念。

6. 32 路 PCM 的帧结构。

7. PCM 的高次群。

练　习　题

设有一信号,其速率为 64 kbit/s。若为二电平信号,试问信元宽度是多少? 若为四电平信号,则信元宽度又是多少?

第3章 数字交换机的话路部分

§3.1 数字交换机的系统结构

数字交换机的典型结构如图 3.1 所示。从图中可以看出,数字交换机分成选组级(数字交换网络)和用户级(用户模块和远端模块)两部分。每一部分都由自己的处理机进行控制。处理机之间则通过通信信息进行联系。

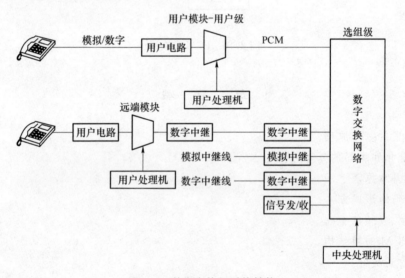

图 3.1 数字交换机系统结构

用户级的主要任务是集中用户的话务量,然后通过用户级和选组级间的数字中继线送至选组级。如果将用户级的设备放到用户集中点,形成一个"远端模块"(或叫模块局),它和选组级(叫做母局)之间也是通过数字中继线相连。这样大大提高了线路设备的利用率,节约了投资,传输质量也提高了。从图中可以看到,用户模块和远端模块之间的差别在于后者通过数字中继设备和选组级相连,而前者没有。这里数字中继设备的主要任务是码型转换和信号。由于距离较远需要用 HDB3 码进行传输,同时需要有规定的信号(有的采用 No.7 信号系统),而对用户模块来说,由于距离短,一切简化了。

用户模块和远端模块除了实现用户功能之外,还包含有交换网络(用户交换网络)以进行话务量的集中(或分散)。

采用用户模块或远端模块带来以下好处:

(1) 节约了线路投资,扩大了交换局服务范围;

(2) 提高了网络的灵活性。由于采用了用户模块,在改变规划时,可以快速将其改变为新局,而原有的用户线则可成为中继线,现存的交换局可以用集线器扩展;

(3) 改善了用户线的传输质量。用户线的模拟部分缩短了,而用户级和选组级这段采用了传输质量高的 PCM 线路,这样提高了质量;

(4) 简化了用户进入高速数据通路的实现;

(5) 提高了可靠性,这是因为采用了分级控制,使整个控制系统的可靠性提高了,因而也就减轻了中央处理机的投资费用;

(6) 模块和选组级间可以采用公共信道信号。

图中还有模拟中继设备和数字中继设备,它们分别连接至模拟交换局和数字交换局。信号的收/发设备是用于提供局间信号以及各种信号音。

除了上述各种接口设备之外,作为数字交换系统应能连接各种非话业务的终端和接口,如数据终端(计算机或其他)、数字用户、传真、用户电报、智能用户电报等等,以及进一步进行图文业务,这时就可能要接图文终端,甚至 ISDN 终端。所有这些将在以后各章介绍,本章将只介绍电话业务方面的终端和接口。

§3.2　用户模块的组成

数字用户级分为用户模块和远端用户模块,它们的结构基本上一样,只是远端用户模块用户需远距离传输,多了一个 PCM 码型转换,因此,我们将只讨论用户模块。

§3.2.1　用户模块基本结构

用户模块结构如图 3.2 所示。从图中可见,用户集线器主要包括一个由一级 T 接线器组成的交换网络。它负责话务量的集中(或扩散);信号提取和插入电路,它负责把处理机通信信息从信息流中提取出来(或插入进去);网络接口则用于和数字交换网络的接口。

此外,用户模块还包括扫描存储器,用于暂存从用户电路读取的信息;分配存储器则用于暂存向用户电路发出的命令信息。

用户模块的用户端可接若干用户,其数量可从 30～2 048 不等,随各交换机的设计而定。每一个用户分配一个时隙,在用户模块的输出端进行集中,譬如集中到 128 个时隙。这样可以使得话务量向数字交换网络方向集中。

§3.2.2　用户电路

前面已经说过,由于某些信号不能通过电子交换网络,因此就把某些过去由公用设备实现的功能移到电子交换网络以外的用户电路来实现。

目前在数字交换机中用户电路的功能可以归纳为 BORSCHT 这七个功能,具体是:

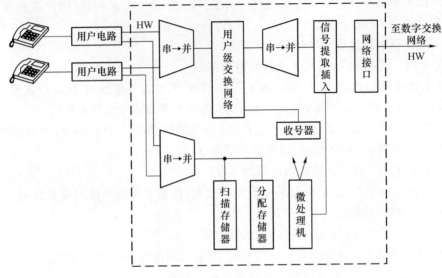

图 3.2　用户模块结构

- B(Battery feeding)馈电；
- O(Overvoltage protection)过压保护；
- R(Ringing control)振铃控制；
- S(Supervision)监视；
- C(CODEC & filters)编译码和滤波；
- H(Hybrid circuit)混合电路；
- T(Test)测试。

现在分别来说明这些功能。

1. 馈电

在机电式交换机的绳路中有一个馈电电桥,它向主、被叫用户提供通话直流。在数字交换机中由用户电路负担这一项任务。但它只要向一个用户馈电就可以了。馈电电桥的基本结构如图 3.3 所示。

图中两个电感线圈对话音信号呈高阻抗,而对直流馈电电流则是低电阻的。这样一方面可以向用户供电,另一方面对话音信号可有较小损失。在我国,馈电电压规定为－48 V 或 60 V,国外设备为－48 V。如果用户线距离增长,还可能提高。

目前此功能已开始由集成电路实现。

2. 过压保护

用户线是外线,可能受到雷电袭击,也可能和高压线碰撞。高压进入交换机内部就会毁坏交换机。

通常在总配线架上对每一条用户线都装有保安器(气体放电管),它能保护交换机使其免受高压袭击。但是从保安器输出的电压仍可能达到上百伏,这个电压也不容许进入交换机内部。用户电路中的过压保护就是为了这个,称做二次保护。

用户电路中的过压保护电路常常采用钳位方法,如图 3.4 所示。

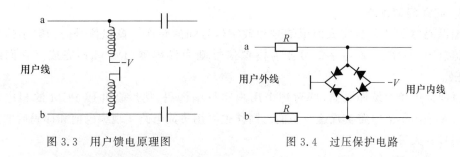

图 3.3　用户馈电原理图　　　　　图 3.4　过压保护电路

图中由钳位二级管组成的电桥使得用户内线电压保持为负压(譬如－48 V)。如外线电压低于这个数值,则在 R 上产生压降,而内线电压仍被钳住不变。必要时 R 可以采用热敏电阻,甚至可以采用自行烧毁的保护方式。

目前已有考虑采用电器特性和气体放电管保安器十分相似的单片器件来实现这一功能。其接通时间只有几个纳秒(ns)。这样在性能上就会更好一些。

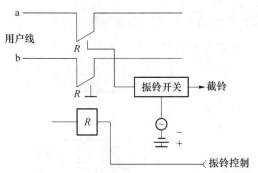

图 3.5　由继电器控制的振铃原理

3. 振铃控制

由于振铃电压较高(国内规定为 90 V～±15 V),这样由电子器件来实现发生了困难,成本也很高。因此在不少程控数字交换机中还采用振铃继电器,由继电器接点控制铃流。

由振铃继电器控制铃流的原理如图 3.5 所示。

从图中可见,在振铃控制信息(由软件提供)控制下启动 R 继电器,就可将铃流送向用户。

被叫用户闻铃声后摘机应答,振铃开关送出截铃信号,停止振铃。

有些交换机已将这部分功能由高压电子器件实现,从而取消了振铃继电器。

4. 监视

这个功能通过监视用户线直流电流来监视用户线回路的通/断状态。通过监视用户线回路的通/断状态可以检测以下各种用户状态:

(1) 用户话机的摘挂机状态;

(2) 号盘话机发出的拨号脉冲;

(3) 投币话机的输入信号;

(4) 用户通话时的话路状态(话终挂机监视)。

上述监视是监视在用户 ab 线上是否形成直流通路,因此可以在直流馈电电路中串一小电阻,通过用测量其直流压降来获得信息,如图 3.6 所示。

也可以将过压保护电阻 R 的内、外两端各引出信号进行比较而获得用户线状态,如图 3.7 所示。

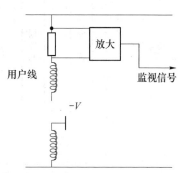

图 3.6　用户线状态监视功能的实现

5. 编译码和滤波

编译码器的任务是完成模拟信号和数字信号间的转换。模拟信号变为数字信号由编码器(Coder)完成,而数字信号变为模拟信号则由译码器(Decoder)完成。它们统称CODEC。

目前常用单路编译码器,即对每个用户实行编译码,然后合并成 PCM 的相应时隙串。一般采用集成电路实现这一功能。同样也可用集成电路实现编码前和译码后的滤波以及信号放大等功能。

6. 混合电路

混合电路是用来完成二线和四线的转换功能。

用户话机的模拟信号是二线双向的,但是 PCM 数字信号是四线单向的,因此在编码以前、译码以后一定要进行二线/四线的转换。过去这种功能由混合线圈实现,现在改为集成电路,因此叫做"混合电路"。

7. 测试

图 3.8 为测试功能示意图。这个电测试开关组成的功能是负责将用户线接至测试设备,以便对用户线进行测试。测试开关可以是电子开关也可以是测试继电器的接点,它们由软件控制。

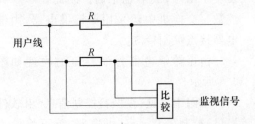

图 3.7　通过比较来检测用户线状态

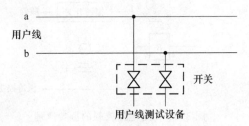

图 3.8　用户线测试功能

除上述七项基本功能之外,用户电路还具有极性倒换、衰减控制、收费脉冲发送、投币话机硬币集中控制等功能。

用户电路的功能框图如图 3.9 所示。

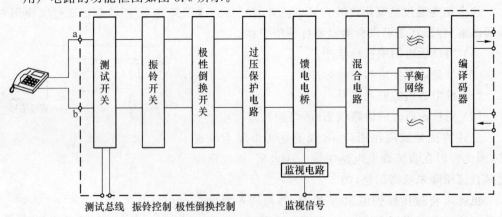

图 3.9　用户电路功能框图

§3.3 中继器

§3.3.1 模拟中继器

模拟中继器是数字交换机和模拟局间中继线的接口电路,它用于和模拟交换机的连接。不同的中继线和信号系统所采用的模拟中继器是不相同的,本节只介绍模拟中继器的一些基本功能。

模拟中继器和用户电路都是和模拟线路相连接,因此它们的功能有很多相同之处。图 3.10 为模拟中继器的功能框图。

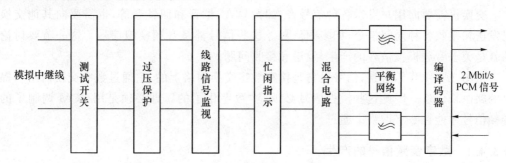

图 3.10 模拟中继器功能框图

比较图 3.9 和图 3.10 可以发现,模拟中继器比用户电路少了振铃控制和对用户馈电的功能,而多了一个忙/闲指示功能,同时把对用户线状态监视变为对线路信号的监视。

还有一个不同之处是用户电路接至用户模块,后者对用户话务量进行集中以后才进入选组级,而模拟中继器则直接进入交换网络。

§3.3.2 数字中继器

数字中继器是连接数字局间中继线的接口电路,它连接数字交换局或远端模块,它的

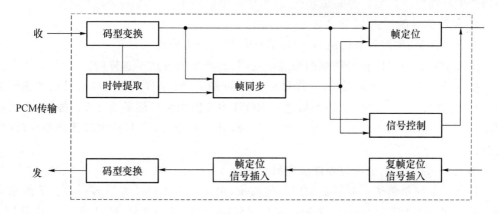

图 3.11 数字中继器功能框图

入/出端都是数字信号,因此在功能上和模拟中继器不同。

数字中继器的主要功能有:

(1) 码型变换和反变换。主要是 PCM 传输线上的 HDB3 码和局内的单极性不归零码之间的变换;

(2) 时钟提取和帧同步;

(3) 提取和插入随路信号。

图 3.11 示出了数字中继器功能框图。

§3.4 音频信号的产生、发送和接收

交换机需要向用户发送各种信号音,如拨号音、忙音和回铃音等,也需要向其他交换机发送和接收各种局间信令,如多频信号。这些信号都是音频模拟信号。这一节要讨论的就是关于音频模拟信号的产生、发送和接收问题。

从图 3.1 中我们看到,信号设备是接在数字交换网络上的,它通过数字交换网络所提供的路由来传送。因此这些模拟信号必须是"数字化了的",即必须是用 PCM 调制了的音频信号才能在数字网络中通过。

§3.4.1 数字音频信号的产生

信号音的种类很多,我国最常用的用户信息如拨号音、忙音和回铃音均采用 450 Hz 单频,国外有采用双音频的。

局间多频信号也各有不同。我国长途电话网中采用的记发器信号,即前向信号频率为 1 380 Hz,1 500 Hz,1 620 Hz,1 740 Hz,1 860 Hz,1 980 Hz;后向信号频率为 1 140 Hz,1 020 Hz,900 Hz,780 Hz,分别采用 6 中取 2 和 4 中取 2 的频率,因此也是双音频的。在国际电话中还有采用 R1 信号,即信号频率为 700 Hz,900 Hz,1 100 Hz,1 300 Hz,1 500 Hz 和 1 700 Hz。也采用 6 中取 2 频率。

从上面看到,信号音的产生不外乎单音频和双音频两种,下面分别就这两种数字化信号的产生原理作一介绍。为简化起见,只举最简单的例子。

1. 单频信号的产生

为简单起见,我们先来讨论 500 Hz 音频信号的产生原理。

图 3.12 为 500 Hz 信号产生的原理示意图,其产生的方法是这样的:

把信号音按 125 μs 间隔抽样(这和 8 000 Hz 的 PCM 抽样频率一致),量化和编码运算,得到各抽样点的 PCM 信号,然后送入 ROM 中。图中信号周期为 2 ms,抽样 16 次就够了,因此占用 ROM 的 16 个单元。在对 ROM 作一般 PCM 信号读出时就是 500 Hz 的音频信号(数字化了的)了。

图 3.13 为信号发生器的硬件结构示意图。

这是一个简单例子。如果要采用其他频率,可能要占 ROM 容量多一些。下面来介绍一种节省 ROM 容量的方法,为简单起见,仍以 500Hz 信号为例,通过图 3.12 中分析。

在图 3.12 中,可将一周期音频信号分为 4 段,而这 4 段的波形有共同之点,如图中 I

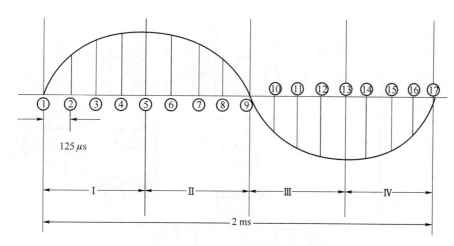

图 3.12　500 Hz 音频信号产生原理

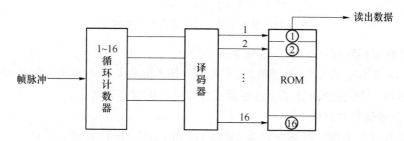

图 3.13　信号发生器硬件结构

段和Ⅱ段是对称的(Ⅲ和Ⅳ也如此)。把Ⅰ段的编码信号倒过来就变成了Ⅱ段的内容。

再之,Ⅰ,Ⅱ段和Ⅲ,Ⅳ段之间只差一个符号,对于它们的 PCM 码来说仅仅是极性码不同。Ⅰ,Ⅱ段改变符号位就变成了Ⅲ,Ⅳ段,因此只需在 ROM 中存放Ⅰ段(即①~⑤的编码信号)即可,只占用 5 个单元。

读取的方法如下:

i) 1~5 帧时读①~⑤单元;

ii) 6~9 帧时倒过来读,即读④~①单元;

iii) 10~13 帧时又是正读,即再读①~⑤单元,但读出后极性码置反;

iv) 按 ii)方法倒读,极性码置反。

图 3.14 为实现上述方法的信号发生器示意图。其工作原理如下:

(1) 开始时两个触发器 F/F 均为"0"。双向计数器进行加计数。同时 ROM 读出数据的 D_7 位不倒相;

(2) 计数到 4(即 $Q_2Q_1Q_0=100$ 时),这时 ROM 已读至单元⑤,使得 F/F_1 翻转,变为"1"。使双向计数器进入减计数。F/F_2 不受影响;

(3) 计数至 0 时(读出①),F/F_1 又变为"0",使计数器又变为加计数;

(4) 这时因 Q_2 由 1 变 0,使 F/F_2 变"1",$\overline{Q}=0$,使得 ROM 输出数据的 D_7 位倒相;

(5) 计数器再为 100 时.计数器讲行减计数,D_7 输出仍倒相:

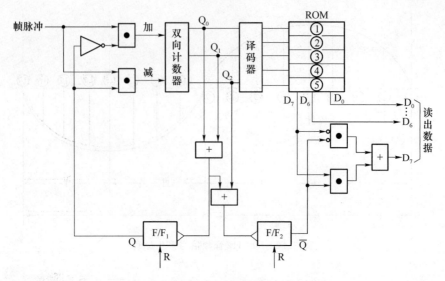

图 3.14　节省 ROM 容量的信号产生方法

（6）计数器再回到 000 时，一切重新开始。

图 3.14 并不比图 3.13 来得简单，节省的存储单元也是得不偿失。但是如果存储单元需用很多时，有时就会合算了。这在双音频信号产生时可以考虑。

2. 双音频信号的产生

以记发器信号为例。设要求产生 1 380 Hz 和 1 500 Hz 的双音频信号。

首先要找到一个重复周期，使得在这个周期内上述两个频率恰好成为整数循环，同时又要使 PCM 的抽样周期也成为整数循环。

取 1 380 Hz，1 500 Hz，8 000 Hz 的最大公约数，应为 20 Hz，这就是重复频率。其周期为 50 ms，即在 50 ms 内，1 380 Hz 重复 69 次，1 500 Hz 重复 75 次，8 000 Hz 重复 400 次。因此需要 ROM 的 400 个单元。

如果采用分段方法，则只需 100 个单元左右就可以了。

§3.4.2　数字音频信号的发送

在数字交换机中，各种数字信号可以通过数字交换网络送出，和普通话音信号一样处理。也可以通过指定时隙（如时隙 0，时隙 16）传送。至于从 ROM 发出的信号，由于是 8 位并行码，必须先变成串行码才能进入数字交换网络。

§3.4.3　数字音频信号的接收

各种信号音是由用户话机接收的，因此在用户电路中进行译码以后就变成了模拟信号自动接收。

多频信号则应由接收器接收。一般采用数字滤波器滤波后进行识别取得。图 3.15 为接收器的结构框图。

关于数字滤波器则请读者参考有关资料，这里从略。

图 3.15　数字双音频信号接收器

§3.5　数字交换和数字交换网络

§3.5.1　数字接线器的基本功能

早期的交换机是模拟交换机,它们交换模拟信号。因此它们的交换网络也是模拟交换网络。交换网络中所采用的接线器也是模拟接线器。当从数字传输设备送来数字信号时,模拟交换机首先要将接收到的数字信号转换成模拟信号,通过模拟交换网络进行交换,然后再将它转换成数字信号,送到数字传输上去。这样信号的来回转换使得信号的量化噪音增加了。所以这种方法不是十分理想。

在数字交换机中采用的是数字交换网络。数字交换网络的主要特点是它能够将从数字传输设备进来的数字信号直接进行交换,而不必像过去那样,需要进行数/模和模/数转换了。于是,有人就产生了一个问题。任何空分交换网络(或者说任何空分接线器),只要交叉点接通了,它对任何信号都是"透明传输"的,只要空分接线器的传输参数(例如频率、衰耗等)能够满足要求就可以了。这就是说,空分交换网络不仅仅能够传送模拟信号,而且也能够传送数字信号。总之,空分交换网络可以传送数字信号这一点是不容怀疑的。那么为什么又要弄出来一个数字交换网络和数字交换机呢?要数字交换网络有什么用呢?数字信号经过数字交换网络以后又会实现怎样的"交换"功能呢?

最简单的数字交换方法就是给要求通话的两个用户之间分配一个公共时隙(时分通路)。两个用户的模拟话音信号经过数字化以后都进入这一个特定的公共时隙。这就是动态分配时隙的方法。它最早是用于 PAM 交换机上的,以后又移植到数字交换机上。采用动态分配时隙的方法有其优越性,如硬件电路简单、成本低。它的缺点是只能在同一个 PCM 复用线(我们把它叫做母线)内进行"时隙交换"。对于30/32 路 PCM 的一次群来说,最多只能提供 30 个话路时隙(相当于 30 条话路),也就是说能交换的用户数有限。目前,有一些厂家采用了一些措施,如采用双路编译码,提高速率等,但这是不能满足大容量的要求。目前,动态分配时隙的方法仅仅限于用在用户级的交换上。

当前的数字交换机能连接很多用户。要求它的交换网络不仅仅能像空分交换机那样对空间线路(母线)进行交换,还要在不同时隙之间进行交换(时隙交换)。通常在这种情况下给每一个用户分配一个固定时隙,然后在两个用户(两个不同时隙)间进行交换。这就是"数字交换网络"的基本功能。图 3.16 为数字交换网络的示意图。它将占用母线 1 时隙 5(TS5)的话音信号经过数字交换网络交换以后换到了母线 2 时隙 18(TS18),由另一个用户接收。采用这种数字交换的方式就要求有专门的交换网络,并且给每一个用户分配一个固定时隙。在本章中将介绍这种交换网络的基本原理和结构方式。

图 3.16　数字交换网络进行时隙交换

§3.5.2　数字交换网络的基本结构和工作原理

我们知道,PCM 是四线传输,即发送和接收是分开的,数字交换网络因而也要收、发分开,即进行单向路由的接续。

图 3.17 示出了 PCM 的发送/接收支路以及通过数字交换网络的时隙交换示意图。图中表明 A 端的发送时隙为 TS1,而到 B 端接收时已换成 TS2 了。相反方向,B 端信号从 TS2 发出,经过交换网络的交换后,在 A 端收到的 B 信号已换至 TS1 了。

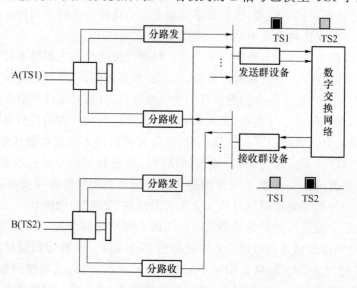

图 3.17　时隙交换示意图

数字交换网络由数字接线器组成。有两种数字接线器:时间(T)接线器和空间(S)接线器。它们的基本分工是:时间接线器负责实现时隙交换;空间接线器则负责实现母线交换。

1. 时间(T)接线器

进行时隙交换采用的是 T 接线器,T 接线器的结构如图 3.18 所示。

图 3.18(a)为输出控制方式的 T 接线器,图 3.18(b)为输入控制方式的 T 接线器。两种接线器均采用。但不管是哪一种方式,都由话音存储器和控制存储器两部分组成。

现在先来看看图 3.18(a)中的输出控制方式是如何工作的。

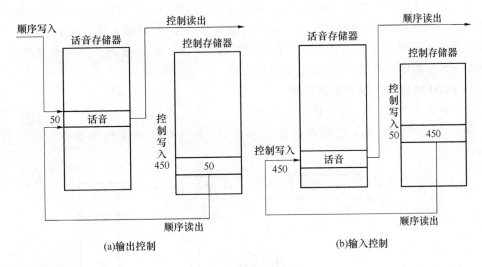

图 3.18　T 接线器结构

设输入话音信号在 TS50 上,要求经过 T 接线器以后交换至 TS450 上去,然后输出至下一级。CPU 根据这一要求,通过软件在控制存储器的 450 号单元写入"50"。这个写入是由 CPU 控制进行的,因此把它叫做"控制写入",有的书上叫做"随机写入"。这是因为写入到控制存储器去的时间是随机的,即根据 CPU 的需要而定,和 PCM 的时隙定位时间无关(实际上还是有关,这在后面要讲到,在这里暂作这种理解)。

控制存储器的读出由定时脉冲控制,按照时隙号读出相对应单元内容。如 0# 时隙,读出 0# 单元内容;1# 时隙读出 1# 单元内容……这种工作方式叫做"顺序读出"。

话音存储器的工作方式正好和控制存储器的方式相反,即是"顺序写入,控制读出"。也就是说,由定时脉冲控制,按顺序将不同时隙的话音信号写入相应单元中去。写入的单元号和时隙号一一对应。而读出时则要根据控制存储器的控制信息(读出数据)而进行。在有些书中也把这种工作方式叫做"顺序写入,随机读出"。由于向话音存储器输入话音信号不受 CPU 控制,而输出话音信号(读出时)受到由 CPU 控制的控制存储器的控制,因此把它总称为"输出控制"方式。

根据图中的例子,话音的输入时隙号为 50,在定时脉冲控制下就可写入到 50 号单元中。

前面已经说过,CPU 在控制存储器中的 450 号单元已写入了内容"50"。在定时脉冲控制下,在 TS450 这一时间,从控制存储器的地址 450 中读出内容为"50",把它作为话音存储器读出地址,立即读出话音存储器的 50 号单元,这正好是原来在 50 号时隙写入的话音信号内容。因此在话音信号 50 号单元读出时已经是 TS450 了,即已把话音信号从 TS50 交换到 TS450,实现了时隙交换。

图 3.18(b)的 T 接线器是按"输入控制"方式工作的,也就是说,话音存储器的写入是要受控制存储器的控制,而其读出则受定时脉冲控制按顺序读出。

控制存储器的工作方式仍然是"控制写入、顺序读出"。即由 CPU 控制写入,在定时脉冲控制下按顺序读出。但是 CPU 写入到控制存储器的内容却不同了。

上例中,CPU 要在控制存储器的 50 号单元写入内容"450"。然后控制存储器按顺序读出,在 TS50 时读出内容"450",作为话音存储器写入地址,将输入端 TS50 中的话音内容写入到 450 号单元中去。话音存储器按顺序读出,在 TS450 读出 450 号单元内容,这也就是 TS50 的输入内容,这样完成了时隙交换。

2. PCM 端机和 T 接线器的连接

（1）单端 PCM30/32 和 T 接线器的连接

图 3.19 为 PCM 和 T 接线器的连接示意图。图中码型的变换和逆变换包括以下几种:

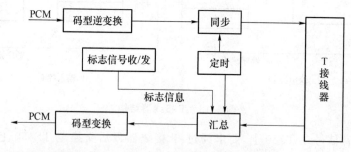

图 3.19 PCM 和 T 接线器连接示意图

① 单极性↔双极性码型交换;

② HDB3↔二进制码型交换;

③ 隔位反转↔逆反转。

同步的目的是解决帧同步和频率同步,实际上还应有线路信号提取/插入电路,在图中没有表示。

汇总电路是将话音信息、同步信息和标志信息汇总在一起,然后通过码型交换电路送至输出端。

在图 3.19 中的 T 接线器除包括上述的话音存储器和控制存储器之外,还应有串→并、并→串电路。

（2）多端 PCM 和 T 接线器的连接

实际上,一个 T 接线器要进行交换的往往不是一端 PCM(即 30 个话路),而是多端(如 60 路,120 路或更多)。这就要接多端 PCM 端机。

在这种情况下,除了图 3.19 所表示的这些电路之外,在串→并、并→串电路中还要加上各端 PCM 复用线(又叫母线)之间的组合,使得将输入若干条母线的 32 路 PCM 串行信号变换成输出更多路(一条母线)的 PCM 并行信号。图 3.20 为有 8 条母线的串→并、并→串变换电路的示意图,其各点波形如图 3.21 所示。

话音存储器的交换也包括了 TS0 和 TS16,但是已不是同步信号和线路信号了。

图 3.20 中输入信号的速率为 2 Mbit/s,经过串→并变换以后在话音存储器进行交换的信号速率也是 2 Mbit/s,但是信号的排列却完全不同了。

数字交换网络往往需要交换的话路数多达几万条,这样用上述 T 接线器进行交换看来是不能达到要求的。因此就要采用空间(S)接线器来一起工作,组成多级网络。

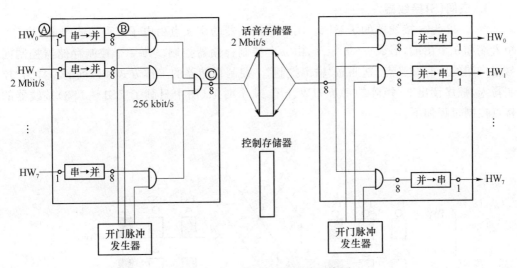

图 3.20　串→并、并→串变换示意图

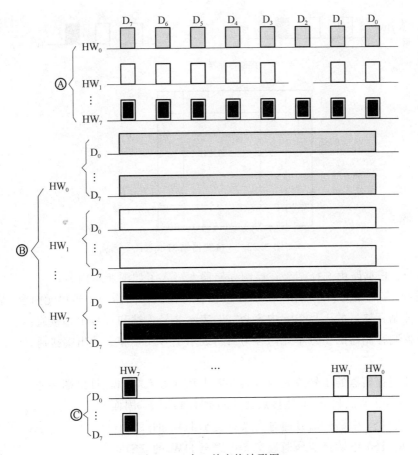

图 3.21　串→并变换波形图

3. 空间(S)接线器

图 3.22 为 S 接线器的示意图。图中 S 接线器的交叉点由电子接点矩阵组成,共有 n 个入端和 n 个出端,形成 $n \times n$ 矩阵,由 n 个控制存储器控制。每一个控制存储器控制同号输出端的所有交叉点,这叫做"输出控制"。控制存储器的工作方式和以前的一样为"控制写入,顺序读出"。矩阵的每条 HW 上有 N 个时隙(图中只画了 TS1～TS3)接线器的接点控制过程如下:

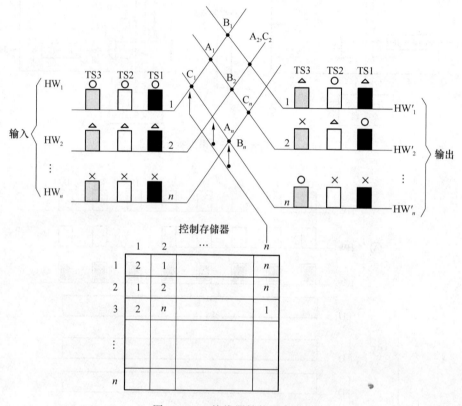

图 3.22 S 接线器结构示意图

① CPU 根据路由选择结果在控制存储器上写入了如图所示内容;

② 控制存储器按顺序读出,在 TS1 读出各个控制存储器的 1 号单元内容,即
1 号控制存储器的 1 号单元内容为"2",表示 2 号入端和 1 号出端接通;
2 号控制存储器的 1 号单元内容为"1",表示 1 号入端和 2 号出端接通;
 ⋮
n 号控制存储器的 1 号单元内容为"n",表示 n 号入端和 n 号出端接通。
在控制存储器控制下,上述接点在 TS1 时间接通了,因而
HW_1 的 TS1 中话音信号通过交叉点送至 HW'_2 的 TS1;
HW_2 的 TS1 中话音信号通过交叉点送至 HW'_1 的 TS1;
 ⋮
HW_n 的 TS1 中话音信号通过交叉点送至 HW'_n 的 TS1。

③ 在 TS2 时,则按控制存储器 2 号单元读出内容控制交叉点的接通。

根据上述过程,可以看出,S 接线器的每一个交叉点只接通一个时隙时间,下一个时隙要由其他交叉点接通。因此它们说"空间接线器是时分工作的"。

§3.5.3 串→并、并→串变换电路的组成和工作原理

1. 时钟和定时脉冲

设串→并变换电路的输入端接的是 8 条母线(HW),所需的定时脉冲和位脉冲如图 3.23 所示。

图 3.23 定时脉冲($A_{0\sim7}$)和位脉冲($TD_{0\sim7}$)

从图中可见,CP 的脉冲和间隔宽度各为 244 ns,和 32 路 PCM 每时隙的一位脉冲宽度相同(488 ns)。这样定时脉冲 $A_{0\sim7}$ 的不同组合就各占 488 ns。而位脉冲 $TD_{0\sim7}$ 的脉冲宽度为 488 ns,然后间隔 7 个脉冲宽度,因此它标志了每一时隙中的某一位。

2. 串→并变换电路

串→并变换电路的变换波形如图 3.21 所示,其电路的功能框图示于图 3.24。

图中移位寄存器是 8 位串入并出移位寄存器,它在 CP 控制下将每个时隙中的 8 位串行码变成 8 位并行码。因此移位寄存器的输出端有 $D_0 \sim D_7$,共 8 条线。但是在移位寄存器输出端 $D_0 \sim D_7$ 的 8 位码不是同时出现的,而是在 CP 控制下一位一位出现的。因此在下一级加一个锁存器,由 $\overline{CP} \wedge TD_7$ 控制。也就是说在时隙的最后一位(D_7)的 CP 后半周期($\overline{CP}$)时才把已经变换就绪的 8 位并行码送入锁存器。

锁存器中的数据和输入端串行脉冲的数据在时间上已经延迟了一个时隙。当下一个 CP 脉冲来到时,8 位并行码即可经 8-1 电子选择器输出送至话音存储器。8-1 选择器的

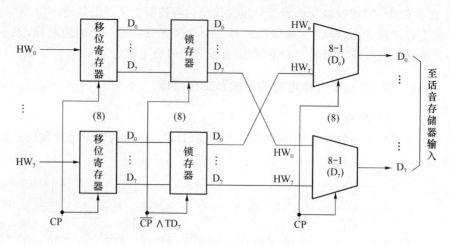

图 3.24　串→并变换电路

功能是把 8 个 HW 的 8 位并行码按一定次序进行排列、合并。图 3.25 为串→并变换电路的输入、输出端波形图。

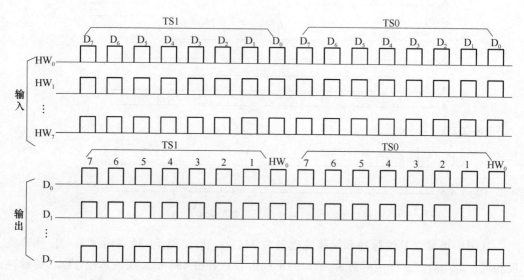

图 3.25　串→并电路中输入输出信息波形图

3. 并→串变换电路

图 3.26 示出了并→串变换电路的功能框图。并→串变换电路由锁存器和并入串出 8 位移位寄存器组成。

在位脉冲 $TD_0 \sim TD_7$ 控制下，就可以将 8 个 HW 的 $D_0 \sim D_7$ 分别写入到锁存器 0～7。即 HW_0 的 $D_0 \sim D_7$ 写入锁存器 0，HW_1 的 $D_0 \sim D_7$ 写入锁存器 1……

在下一时隙的 TD 时，CP 脉冲的前半周期将移位寄存器的置位端 S 置成"1"，这时移位寄存器只置位，不移位。于是就将 $D_{0\sim7}$ 送入。下一个 CP 到来时，$TD_0 = 0$，因此 S 端为 0，移位寄存器不置位只移位，按 CP 的节拍一位一位往外送出。直到下一时隙的 TD_0 出

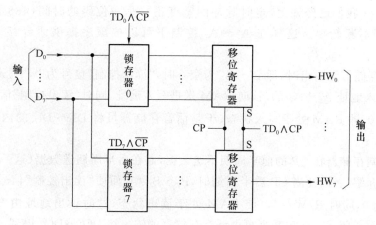

图 3.26 并→串变换电路

现时再置位一次,循环下去就可将并行码变换成串行码。

§3.5.4 T 接线器的组成和工作原理

1. 话音存储器

图 3.27 示出了 T 接线器话音存储器的组成。图中画出的是输出控制方式,即话音存储器的写入由定时脉冲控制,按顺序写入;而其读出则由控制存储器读出数据 $B_0 \sim B_7$ 控制下进行的。

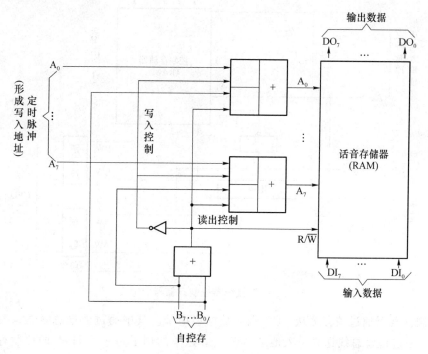

图 3.27 T 接线器话音存储器的组成

从图 3.23 我们已经知道，定时脉冲的宽度正好是一位码的时间（488 ns），而且按 $A_0 \sim A_7$ 顺序不断轮换。这样在 $A_0 \sim A_7$ 控制下可以按顺序提供话音存储器的写入地址。

当控制存储器无输出时，即 $B_0 \sim B_7$ 为全 0 时，"读出控制"信号为 0，"写入控制"信号为 1，打开写入地址 $A_0 \sim A_7$ 的门，向 RAM 送进写入地址，同时"读出控制"信号又提供读写线 $R/\overline{W}=0$，即 RAM 处于写入状态，于是话音存储器可将 $DI_0 \sim DI_7$ 的内容写入到相应单元中去。

一般控制存储器在 CP 的前半周期不送数据，而在后半周期送数据（这一点在控制存储器部分再介绍）。因此当 CP 后半周期时，$B_0 \sim B_7 \neq 0$ 而使"读出控制"信号为 1，"写入控制"信号为 0，同时 $R/\overline{W}=1$。使 RAM 处于读出状态，这时读出地址由 $B_{0\sim7}$ 提供，而 $A_{0\sim7}$ 信号却被关闭了。读出数据可由话音存储器的输出端 $DO_0 \sim DO_7$ 得到。

由于 $B_{0\sim7}$ 是在 CP 的后半周期送来的，因此很自然把写入和读出分开，互不干扰了。

以上所讨论的是输出控制方式工作的话音存储器。如果要变为输入控制方式工作，只要稍作改动就可以了。

2. 控制存储器

图 3.28 为控制存储器的结构图。

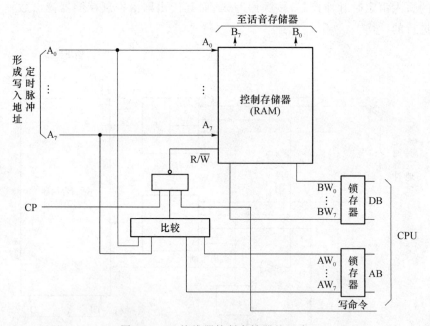

图 3.28　T 接线器控制存储器的组成

控制存储器通过锁存器从 CPU 输入数据和地址。其中通过数据总线送来写入数据 $BW_{0\sim7}$。通过地址总线送来写入地址 $AW_{0\sim7}$。这里的例子是 8 条 HW，即控制存储器为 256 个单元，因此地址只用 8 位。

CPU 选定路由以后，便通过总线向控制存储器送来数据和地址，同时发来"写命令"。

当定时脉冲 $A_{0\sim7}$ 送来的信号组合后和 $AW_{0\sim7}$ 相符合时 $R/\overline{W}=0$ 即可将数据写入到相应地址。图中的 CP 信号是为了控制在 CP 的前半周期写入。

在 CP 的后半周期，$R/\overline{W}=1$ 控制存储器处于读出状态，于是就可以按照定时脉冲 $A_{0\sim7}$ 所指定地址，逐个单元地读出内容。读出信息通过 $B_{0\sim7}$ 线送至话音存储器。

图 3.28 未明确是输入控制方式还是输出控制方式。这是因为从硬件上来看，它们没有区别，区别的是 CPU 送来的地址和数据。因此图中电路对两种方式均适用。

§3.5.5　S 接线器的组成和工作原理

前面已经说过，当交换网络的容量增大时，只是 T 接线器就不能满足要求了，必须用 S 接线器来协同工作。下面以 8×8 矩阵为例来说明 S 接线器的工作原理。

S 接线器由交叉接点和控制存储器两部分组成。下面分别叙述。

1. 8×8 交叉点矩阵

前面已经说过，时分交换网络中的 S 接线器是按时分工作的，即每隔 3.9 μs（一个时隙）改变一次接续。电磁接点是无论如何达不到这个速度的，因此必须采用电子接点。

电子交叉接点由电子选择器组成。8×8 矩阵可以采用 8 片 8 选 1 的选择器芯片，其结构如图 3.29 所示。

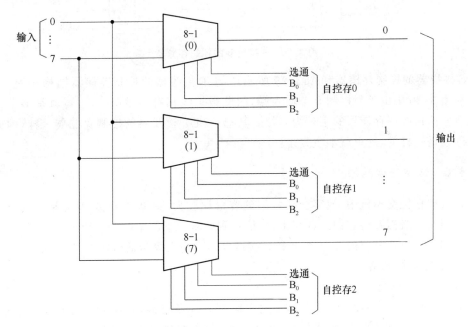

图 3.29　电子交叉接点矩阵的组成

图中的结构实际上是只对 1 位码的。一般交换网络内是 8 位并行码，因此需要有 8 套这种电路。

8 片 8-1 选择器各负责一个输出端，共有 8 个输出端，而每片的 8 个输入端按输入端号互相复接起来，形成 8 个输入端。

控制存储器通过 $B_{0\sim2}$ 送来选择数据，决定是哪一个输入端要和输出端接通，同时又送来选通信号,来决定选的是哪一片,即哪一个是输出端。

图中所表示的是输出控制方式,即每一个控制存储器控制一片 8-1 芯片,即控制一个输出端的所有 8 个交叉接点。读者可以自己考虑如何组成输入控制方式的矩阵。

2. 控制存储器

S 接线器的控制存储器的结构如图 3.30 所示。

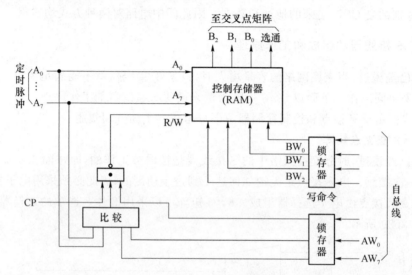

图 3.30 S 接线器的控制存储器

S 接线器的控制存储器和图 3.28 所示出的 T 接线器的控制存储器结构相差不多。只是在图 3.30 中由于只控制 8 个输入端,因此数据线只有 3 条($B_{0\sim2}$),再就是多了一条选通线。使得控制存储器的字长为 4 位。其他则和 T 接线器的控制存储器一样,因此工作原理也是一样的,这里就不重复了。

§3.5.6 数字交换网络

在大型程控交换机中,数字交换网络的容量比较大,只靠 T 接线器或者 S 接线器是不能实现的。必需要将它们组合起来,才能达到要求。下面举两个三级组合的例子,来看看如何利用上面所介绍的 T 接线器和 S 接线器组合成大容量的数字交换网络。

1. 三级交换网络

(1) T-S-T 网络

T-S-T 网络结构如图 3.31 所示。图中假设有 3 条母线(HW),每条母线有 32 个时隙。因此 A,B 两级话音存储器各有 32 个单元,各级控制存储器也各有 32 个单元。

各级的分工是这样的:

- A 级 T 接线器是负责输入母线的时隙交换;
- S 接线器则负责母线之间的空间交换;
- B 级 T 接线器负责输出母线的时隙交换。

因此 3 条输入母线就需要有 3 个 A 级 T 接线器;3 条输出母线需要有 3 个 B 级 T 接线器;而负责母线交换的 S 接线器矩阵就必然是 3×3。因而也有 3 个控制存储器。

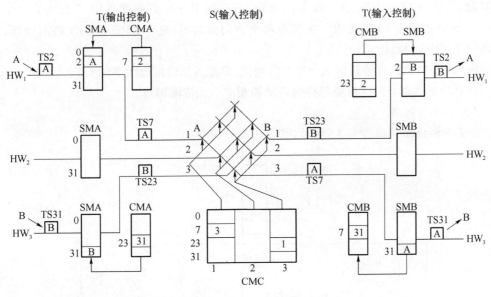

图 3.31　T-S-T 网络

图中的工作方式为:.

- A 级 T 接线器为输出控制;
- B 级 T 接线器为输入控制;
- S 接线器为输入控制。

这里要指出的是两级 T 接线器的工作方式必须不同,这以利于控制。而谁是输入控制,谁是输出控制则都可以。在以后讨论中还会用到与图 3.31 相反的控制方式(即 A 级 T 接线器为输入控制,B 级 T 接线器为输出控制)。

对于 S 接线器用什么控制方式也是两者均可,图 3.31 中采用输入控制,即每一个控制存储器控制 1 条输入 HW 的所有交叉点。假如在 A,B 之间要进行路由接续,其中 A 话音占用 HW_1 和 TS2;B 话音占用 HW_3 和 TS31。首先讨论 A→B 方向路由的接续。

CPU 在存储器中找到一条空闲路由,即交换网络中的一个空闲内部时隙,假设此空闲内部时隙为 TS7。这时 CPU 就向 HW_1 的 CMA 的 7 号单元送"2";HW_3 的 CMB 的 7 号单元送"31";1 号 CMC 的 7 号单元送"3"。

SMA 按顺序写入,在 TS2 时将 A 的话音信号写入到 HW_1 的 SMA2 号单元中去。在 TS7 时,顺序读出 CMA 的 7 号单元中的内容"2"作为 SMA 的读出地址。于是就把原来在 TS2 的 A 话音信号转换到了 TS7。1 号 CMC 读出时,控制 1 号输入线和 3 号输出线在 TS7 时接通,这样可以把 A 话音信号送至 B 级 T 接线器。

3 号线上的 SMB 在 CMB 控制下将 TS7 中的 A 话音信号写入到 31 号单元中去。在 SMB 顺序读出时,TS31 读出 A 话音信号并送给 B。

交换网络必须建立双向通路,即除了上述 A→B 方向之外,还要建立 B→A 方向的路由。B→A 方向的路由选择通常采用"反相法",即两个方向相差半帧。本例中一帧为 32

个时隙,半帧为 16 个时隙,A→B 方向选定 TS7,则 B→A 方向就选定了 $16+7=23$ 即 TS23。这样做使得 CPU 可以一次选择两个方向的路由,避免 CPU 的二次路由选择,从而减轻了 CPU 的负担。

B→A 方向的话音传输同 A→B 方向相似,只是内部时隙改为 TS23 了。

在话终拆线时,CPU 只要把控制存储器相应单元清除即可。

（2）S-T-S 网络

S-T-S 网络结构如图 3.32 所示,其工作原理如下：

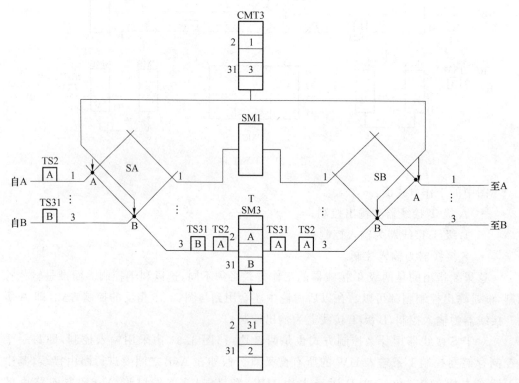

图 3.32 S-T-S 网络

仍设 A 信号占 HW_1,TS2;B 信号占 HW_3,TS31。

CPU 要选择空闲路由,这时要选择的是空闲链路,即空闲的 T 接线器。设选定 SM3,于是 CPU 便在 CMT3 中的 2 号单元写上"31",31 号单元中写上"2"。

设图中的 A 级 S 接线器（SA）为输出控制；B 级 S 接线器（SB）为输入控制,它们共用一个控制存储器,即每一条内部链路由一个控制存储器控制。由于 CPU 已选定 3 号内部链路,因此 CPU 也必须向 3 号控制存储器 CMS3 写入控制信息；2 号单元写入"1"；31 号单元写入"3"。

话音信号传送过程如下：

——在 TS2 时,在 CMS3 控制下两个 A 点接通,具体是：

SA:1 号入线和 3 号链路接通；

SB:3 号链路和 1 号出线接通。

同样,在定时信号控制下,在 TS2 时间由 3 号链路来的话音信号写入到 2 号单元中去。

——在 TS31 时,两个 S 接线器 B 点接通,即

SA:3 号入线和 3 号链路接通;

SB:3 号链路和 3 号出线接通。

同样,在 CMT3 控制下,将 SM3 中 2 号单元的 A 话音信号通过 B 点在 TS31 送给 B。在输入端,B 信号在 TS31 通过 B 点顺序写入 SM3 的 31 号单元。

——在下一个 TS2 时,两个 S 接线器的 A 点又接通,一方面将 SM3 的 31 号单元中的 B 话音信号送给 A,另一方面又可将输入 A 话音信号写到 SM3 中。如此往复循环,完成了 A 和 B 间的信息交换。

以上讨论的是假设 T 接线器为输出控制。若 T 接线器改为输入控制时,这时 T 接线器的情况读者可自行讨论。

2. 关于 T-S-T 网络几个问题的讨论

(1) 控制方式

图 3.31 中的 T 级接线器分别为:A 级采用输出控制方式;而 B 级则采用输入控制方式。在应用中可以采用相反的结构。即在 A 级采用输入控制方式;而在 B 级采用输出控制方式,如图 3.33 所示。对于 S 接线器,在这两个图中都采用了输入控制方式。其实,它们也可以采用输出控制方式,不会有本质差别。不管是哪一级,控制方式改变都意味着 CPU 向控制存储器写入的数据要有所改变。这从两个图中也可以看出来。当然,它们还具有某些性能上的差别,但是非本质的。

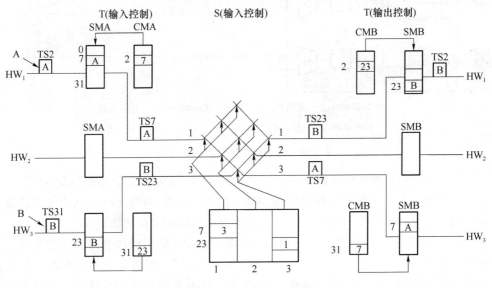

图 3.33 T-S-T 网络的另一方案

(2) 网络的阻塞问题

在一般情况下,T-S-T 网络存在内部阻塞。至于具体内部阻塞是如何形成的,阻塞率有多大,在什么情况下才能变成无阻塞网络,将在第 8 章"交换技术基础"中作详细介绍。

一般这种网络的阻塞率是很小的,大概是 10^{-6} 数量级。即可以近似为无阻塞网络。

除了三级网络结构之外,还存在多级网络结构。例如,有 T-S-S-T 结构的四级网络;有 T-S-S-T 和 S-S-T-S-S 等结构的五级网络以及具有 T-S-S-S-S-T 结构的六级网络,还有其他各种不同结构,这里不一一列举。

§3.5.7 数字交换机中话路的连接

到现在为止,已经了解了数字接线器(包括 T 和 S 接线器)及由它们组成的数字交换网络。但是,还不知道怎样利用它们来组成一个数字交换机的话路。在第 4 章中将要介绍的交换机的结构中,一个数字交换机可以分为选组级和用户模块(见图 4.1)。现在利用上面所学的内容来组合成一个数字交换机的话路部分。数字交换机的话路部分的典型连接如图 3.34 所示。图中的 M 和 D 分别表示复用器和分路器。它们相当于前面所讲的串→并和并→串电路。F 和 B 分别代表前向和后向通路,即发送和接收通路。

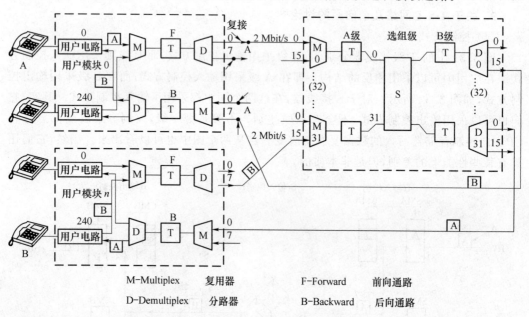

| M—Multiplex | 复用器 | F—Forward | 前向通路 |
| D—Demultiplex | 分路器 | B—Backward | 后向通路 |

图 3.34 数字交换机话路连接举例

图中每一个用户模块的结构和图 3.5 的结构一样,也可按 8 条母线(256 时隙)。其中 TS0 和 TS16 分别用作同步和信号(处理机间通信)之外,可接 240 个用户。模块输出端的 8 条母线(HW)用 2.048 Mbit/s 的速率连至选组级的交换网络。

选组级采用 T-S-T 结构的交换网络。两端分别通过复用器和分路器接至外线。图中每一个复用器 M 接 16 条母线,共有 $16 \times 32 = 512$ 时隙。经过串→并变换以后在 A 级 T 接线器对 512 时隙进行交换。这种 T 接线器和复用器共有 32 个,通过 S 接线器进行空间交换。因此 S 接线器的矩阵为 32×32。这样 T-S-T 交换网络总共可以交换的时隙数为 $512 \times 32 = 16\ 384$ 时隙,这就是选组级交换网络的最大容量。这是一个单向交换网络,双方通话要占用两个时隙。可以采用前面所介绍的"反相法"选择。

用户模块也有交换网络。分为前向(F)和后向(B)两种。各由一级 T 接线器组成。

其容量为 256×256 时隙。图中还标出了"复接",意思是图中所画出的每一个用户模块不完全,只画出了 1 个 240 用户组,其实 1 个用户模块可接不止一个组。例如接 2 个 240 用户组,这样 1 个用户模块可以接 480 个用户电路,而它们在至选组级的输出端上复接起来,合成 240 条话路(8 条母路),实现了话务量的集中。

图中只画了两个用户模块,分别接入选组级的复用器 M0 和 M31 的其中 8 条母线上。实际上应该接入选组级交换网络的不光是用户模块,还可能有中继线、信号设备等。用户模块也可能不止两个。也不一定接到这两个复用器上。具体要根据该交换局的设计和配置来定。

图中举出了 A,B 两个用户间的通话话路。它们分别用 A 和 B 的小方块标明。图中 A 用户的话音信号是首先进入模块 0 前向通路的交换网络(T 接线器)的,经过交换以后通过前向通路 F 的输出母线送至选组级。

选组级把 A 的话音信号进行时间和空间的交换,送至 B 用户所在的模块 n 的 8 条母线中的某一条空闲母线和某一个空闲时隙。模块 n 的后向通路将 A 用户的话音信号通过 T 接线器进行交换,使其进入 B 用户的时隙,这样 B 用户就能收到 A 用户的话音信号了。相反方向,用户 B 的话音信号经过用户模块 n 的前向通路送至选组级,经过交换以后送至用户模块 0 的后向通路,由 A 用户接收。

§3.5.8 数字接线器的集成化和交换网络的组成

随着数字交换机的发展,一些厂家推出了各种用于组成数字交换网络的集成芯片。芯片的容量也逐渐增大。从最早的容量较小的如 128 时隙 $\times$ 128 时隙、256 时隙 $\times$ 256 时隙的数字接线器芯片一直发展到今天的较大容量的如 16 k $\times$ 16 k 乃至 32 k $\times$ 32 k 或者更大。从交换网络的结构来看,由于 S 接线器的集成度较低,并且比起 T 接线器来,S 接线器进一步提高集成度的难度较大。因此,当前人们主要用 T 接线器集成芯片组成数字交换网络。在上面所讨论的关于 S,T 接线器以及由他们所组成的交换网络对于了解数字接线器和数字交换网络是有帮助的,并且,目前还有交换机仍采用这种结构。

下面作为例子让我们来看看一个小容量的(256×256)数字接线器芯片的内部结构原理。图 3.35 示出了这种芯片的结构图。从图中可见,在输入端也由串→并变换电路将串行信号变成并行信号,然后进入话音存储器进行交换;在输出端也由并→串交换电路将其复原成串行码,然后输出。话音存储器也由控制存储器控制。图中的 2 选 1 电路用于选择输出端是话音存储器内容或是控制存储器内容。话音存储器和控制存储器所需要的定时信号由时基电路产生。后者由时钟信号产生,并受同步信号控制。

CPU 通过数据线 $D_0 \sim D_7$ 来控制芯片工作。它可以通过各种指令使得芯片 8 条 PCM 线的每个"交叉接点"接通或释放。256×256 的交换网络芯片的交换速率为 2 Mbit/s。

图 3.36 是由上述芯片组成的容量为 $1\,024 \times 1\,024$ 的交换网络结构。它可以由更大容量的数字接线器芯片组成更大的数字交换网络。当然,这种结构方式仅仅是一个例子,还可以有其他的结构方式。但是,这种方式是人们所喜欢采用的一种结构方式。

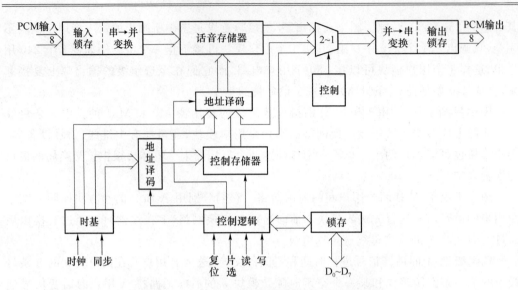

图 3.35　256×256 数字接线器芯片结构原理图

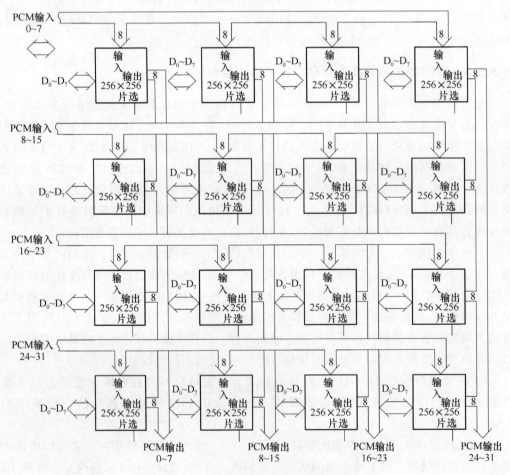

图 3.36　1 024×1 024 交换网络结构

§3.5.9　在数字交换网络上进行会议电话汇接

在模拟交换网络上进行会议电话汇接比较简单,主要任务是阻抗匹配和增益,但在数字交换网络上进行会议电话汇接却比较麻烦。因为要"相加"两个或多个话音信号在非线性编码的 PCM 中是不行的。人们想出各种办法来解决这一问题。在这里只介绍两种常用的办法。假设由 A,B,C 三用户进行会议电话。图 3.37 所示的办法是将数字信号首先变成模拟信号,然后相加,合到一起后再变回到数字信号。图中 A,B,C 三个用户分别将其 PCM 信号数字化后,再两两相加。相加后的模拟信号再进行 PCM 编码,变成数字信号后送至相应用户。图中两两相加的原因是自己不需要听到自己的话音信号。

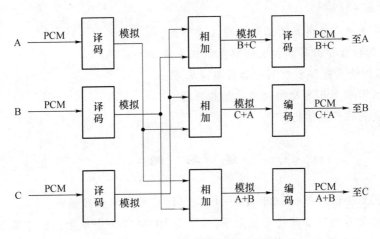

图 3.37　PCM 变成模拟信号后相加

图 3.38 所示方法是把 A 律 PCM 数字信号变成线性编码信号,然后将这种线性编码信号相加,合在一起后再变回至 A 律 PCM 数字信号。

目前,已有商用的会议电话芯片出售,不需要人们去拼搭上述电路。

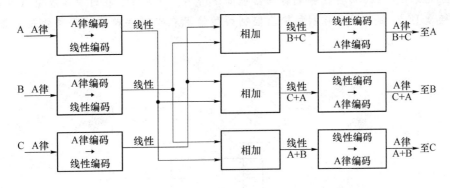

图 3.38　A 律 PCM 信号变成线性编码信号后相加

复 习 题

1. 数字交换机的典型结构和优越性。

2. 用户模块的基本结构。

3. 用户电路的基本结构和功能。

4. 模拟中继器的基本结构和功能。

5. 数字中继器的基本结构和功能。

6. 数字音频信号的产生原理。

7. 为什么要采用数字交换网络来交换数字信号？采用模拟网络是否可以交换数字信号？两者有何本质区别？

8. 串→并、并→串交换电路的工作原理及波形图。

9. T 接线器的话音存储器和控制存储器组成原理。

10. S 接线器的交叉矩阵和控制存储器组成原理。

11. 写出 T-S-T 和 S-T-S 交换网络的结构原理。

12. 数字交换机的典型结构。

练 习 题

1. 参照图 3.14 设计出产生 1 380 Hz＋1 500 Hz 信号的发生器框图。

2. 要产生 R1 信号的双音频信号发生器,需要用 ROM 多少个单元？请计算出重复频率、周期及其在这个周期内各频率的重复次数。

3. 图 3.20 中若输入输出母线条数改为 16 条(HW$_{0\sim15}$),那么图 3.21 中的波形图应如何修改？请画出串→并和并→串变换的波形图。

4. 有一 S 接线器,有 8 条输入母线和 8 条输出母线,编号为 0～7。如图 3.39 所示。每条输出母线上有 128 时隙。控制存储器也如图所示。现在要求在时隙 6 接通 A 点,时隙 12 接通 B 点,试就输入控制和输出控制两种情况在控制存储器的问号处填上相应数

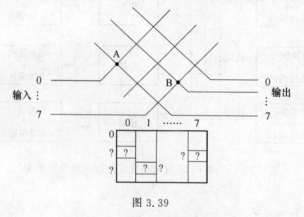

图 3.39

字(根据需要填,不一定都要填满)。

5. 有一 T 接线器如图 3.40 所示。设话音存储器有 512 个单元,现要进行时隙交换 TS5→TS20。试在问号处填入适当数字(分输入控制和输出控制两种情况进行)。

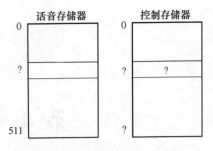

图 3.40

6. 图 3.37 的话音存储器为输出控制方式,若要变为输入控制方式,则应该如何改?

7. 图 3.29 中,交叉矩阵为输出控制方式,若要变为输入控制方式,则应如何改?

8. 如图 3.31 所示 T-S-T 交换网络,有 3 条输入母线和 3 条输出母线,每条母线有 1 024 时隙,现要进行以下交换:

输入母线 3　TS12→内部 TS38→输出母线 2　TS5。

问:①SMA,SMB,CMA,CMB,CMC 各需多少单元?

②分以下四种情况分别写出在上述存储器中哪一号单元应填上什么数?

SMA	SMB	S 接线器
输入控制	输出控制	输入控制
输入控制	输出控制	输出控制
输出控制	输入控制	输入控制
输出控制	输入控制	输出控制

③用反相法画出相反方向路由和各存储器内容(包括以上各种情况)。

第4章 程控交换系统控制部件的组成特点

交换设备要求在一天 24 小时内不间断工作。它的中断工作影响面较大。因此在设计交换机的控制部件时要充分考虑其能否安全、可靠地工作,同时也对其提出了各种要求。

§4.1 对控制部件的要求

一般说来,对控制设备有以下要求:

(1) 呼叫处理能力:这是在保证规定的服务质量标准前提下,处理机能够处理的呼叫要求。这项指标通常用一个专有名词"最大忙时试呼次数"来表示,其英文原名为 Maximum Number of Busy Hour Call Attempts,简称 BHCA。这个参数和控制部件的结构有关,也和处理机本身的能力有关,它和话务量(爱尔兰数)同样影响系统的能力。因此在衡量一台交换机的负荷能力时不仅要考虑话务量,同时要考虑其处理能力。

(2) 可靠性:控制设备的故障有可能使系统中断,因此要求交换机控制设备的故障率尽可能的低,一旦出现故障,要求处理故障的时间(维修时间)尽可能的短。

(3) 灵活性和适用性:这指的是要求控制系统在整个工作寿命期间能跟上技术发展的步伐,能适应新的服务要求和技术发展。

(4) 经济性:随着通用微处理器和单片机的大量问世,这个问题已变得不太重要了。控制设备在交换机成本上也只占较小的比重。但对于小容量、采用集中控制方式的交换机来说,却有可能还要考虑。

以上这些基本要求对控制部件的结构、处理机软件和硬件设计产生影响。

现代程控交换机的控制部分多数采用多处理机结构。各台处理机之间组成方式也各不相同。控制部件对交换机的技术、经济将产生较大影响。下面将对这一问题进行讨论。

§4.2 交换机控制系统的结构方式

随着工程技术的发展,越来越多地用到"系统"这个概念。关于"系统"有许多定义,广义的说,系统就是完成特定功能的集合。按照这个定义,小到一个部件,大到一个通信网都可以定义为一个系统。这里所讨论的系统指的是一台由若干处理机控制的程控交换机及其控制部分。

现代的程控交换机,其控制系统日趋复杂,但归结起来可以分为两种基本方法:集中控制和分散控制。

1. 集中控制

设某一台交换机的控制部分由 n 台处理机组成,它实现 f 项功能,每一项功能由一个程序来提供,系统有 r 个资源,如果在这个系统中,每一台处理机均能达到全部资源,也能执行所有功能,则这个控制系统就叫做集中控制系统,如图 4.1 所示。

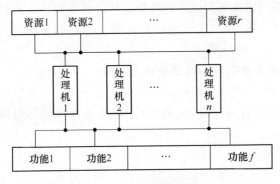

图 4.1　集中控制结构

集中控制的主要优点是处理机对整个交换系统状态有全面了解,处理机能达到所有资源。由于各功能间的接口主要是软件间的接口,所以改变功能也主要是改变软件,因此比较简单。

集中控制的主要缺点是它的软件包括所有功能,规模很大,因此系统管理相当困难,同时系统也相当脆弱。

2. 分散控制

在上述系统中,如果每台处理机只能达到资源的一部分,只能执行一部分功能,那末就称之为分散控制。

处理机之间的功能分配可能是静态的,也可能是动态的。所谓静态分配就是资源和功能分配一次完成。各处理机根据不同分工配备一些专门的硬件。这样做提高了稳定性,但降低了灵活性。静态分配不仅是上述的“功能分担”,还可能是“话务分担”。即每台处理机处理一部分话务量。这样做一方面软件没有集中控制复杂,另一方面可以做成模块化系统。从而在经济上和可扩展性这两方面显出优越性。

所谓动态分配就是每一台处理机可以处理所有功能,也可以达到所有资源,但根据系统的不同状态,对资源和功能进行最佳分配。这种方式的优点在于当有一台处理机发生故障时,可由其余处理机完成全部功能。缺点是这个动态分配非常复杂,因而也降低了系统的可靠性。

§4.3　多处理机结构

多处理机结构的含义是广泛的。它指的是在一个系统中有多于一台处理机配合来完成控制交换机的功能。现在的交换机中只有容量较小、较为简单的用户交换机还采用单处理机结构,即控制部分只采用一台处理机。绝大多数交换机都已采用了多处理机结构。

在多处理机系统中,各个处理机的分工方式也可能是各种各样的,大体上可以有以下几种方式。

1. 按功能分担

在这种方式下,不同处理机完成不同功能。按这种方式分工的有例如:

——控制用户模块(用户级)工作的用户处理机和控制交换网络(选组级)的中央处理机;

——直接控制硬件工作的前台区域处理机和后台的中央处理机;

——专门负责管理、调度或维护的处理机;

——各个具体部件如各种中继器、信号设备、甚至用户等都可能有专门处理机控制工作。

2. 按话务分组

在这种方式下,每一台处理机完成一部分话务处理功能。例如上述各种处理机可能每一种不止一台,它们之中的每一台完成一部分话务处理功能。

3. 备用工作

为提高控制部件的可靠性,有时对每台处理机配有备用处理机(有时也采用 $n+1$ 冗余)。这样就形成主/备用工作方式。上述各类处理机每一种都可能双机工作,其中一台处理机处于主用状态,另一台则处于备用状态。平时主用机工作,一旦主用机发生故障,立即进行主、备机倒换,让备用机接替主用机工作。

§4.4　备用方式

一般来说,备用方式有两种:冷备用和热备用。在这里所指的冷、热备用和可靠性设计上所说的不一样。从可靠性角度来看,备用机平时是否加电是一个重要问题,因为加电就意味着进入"使用状态",要考虑其使用寿命和设备的失效率问题。这种备用方式叫做热备用方式。还有一种冷备用方式,平时备用机不加电,只有在主用机发生故障,备用机倒为主用机时才加上电。因此在备用期间其失效率等于零。

在程控交换机中,平时控制部件主、备机都加电,即上述的热备用状态。但从呼叫处理的数据角度来看又分为热备用和冷备用。这里的冷、热备用的特点是这样的:

热备用:平时主、备用机都保留呼叫处理数据,一旦主用机故障而倒向备用机时,呼叫处理的暂时数据基本不丢失,原来处于通话或振铃状态的用户不中断。损失的只是正在处理过程中的用户;

冷备用:平时备用机不保留呼叫处理数据,一旦因主用机故障而倒向备用机时,数据全部丢失。新的主用机需要重新初始化、重新启动。一切正在进行的通话全部中断。

从服务质量来看,当然热备用方式较好,但是冷备用方式的硬、软件简单。

根据不同的处理方法,热备用还可有不同方式。

1. 同步方式

两台处理机的同步方式结构如图 4.2 所示,在这种方式下,两台处理机同时接收信息,同时执行同一条指令,并且比较其执行结果。如果相同,则转入下一条指令,好像是一台处理机在工作。如果发现比较后结果不同,则立即在几微秒内退出服务。

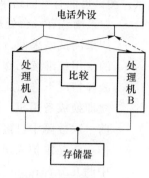

图 4.2 同步方式工作

从图中可见,A,B 处理机合用一个存储器,两台处理机之间有一个比较器,以便进行比较。两台处理机也可以各自备有存储器,但是这要求两个存储器内容保持完全一致,并且能自动校对数据、修改数据。

对电话外设的联系是这样的,从外设输入的数据由两台处理机同时接收,但只有一台处理机对外设发布命令和输出数据。相当于主用机(图中的处理机 A),若主用机发生故障时,则可倒向另一台,由新的主用机发布命令和输出数据。

2. 互助结构

两台或若干台处理机平时按话务分担工作,即每一台处理机各自负担一部分话务量,一旦有一台处理机发生故障,则它的部分工作由其他处理机负担。

3. 主/备机方式

在这种方式下,只有主用机参加运行处理,备用机只通电、不运行。一旦主用机发生故障、倒向备用机时,新的主用机仍可利用公用存储器中的数据。当然也可采用各自都有存储器的办法,但要求两个存储器内数据保持一致,即主用机要同时写入两个存储器。

§4.5 故障的处理方式和表现

发生故障时,不同备用方式的处理和表现不尽相同。

1. 同步方式

在同步方式下,备用机可能处于不同状态:

同步状态:这是备用机正常工作状态。它接收外来数据,和主用机并行工作,比较处理结果,并准备在主用机发生故障时接替工作;

脱机状态:备用机和主用机脱离,不接收外来数据,不运行和不比较结果,这种状态叫做脱机状态。这时备用机可能在修改软件或者对外设进行测试;

校验状态:当备用机要从脱机状态转向同步状态时,必须先进入校验状态。这时对主用机存储器内容和备用机存储器内容仔细校验。只有当确认全部内容无误时,才允许备用机进入同步状态。

在同步状态下两台处理机不断比较数据。当发现比较结果数据不符时,这说明至少其中有一台处理机发生故障。这时要作如下紧急处理。

首先要终止现在执行的程序,两台处理机立即脱离。然后各自启动自己的检查程序进行检查。为了使故障处理对呼叫处理的影响降到最小,终止正常处理时间必须很短,例如不超过 200 ms 时间。因而在这么短时间内不可能对处理机作彻底检查,而只能作一般测试。测试可能有不同结果:

- 如果确认有一台处理机有故障,那末就令它退出服务,进一步作故障诊断;
- 如果测试结果两台处理机都良好,这可能是偶然性故障或干扰。这时可令原来的主用机继续工作,备用机退出服务。但这时必须标志出处理机是在没有弄清故障情况下进行工作或退出服务的。以后如果主用机再发生短暂故障,也必须立即换成备用机。但是这时进入主用的备用机是没有进行过校验的。如果在前一次故障中已经将程序或数据弄乱了,那末就会发生更坏后果,不能正常工作。于是维护人员需要将全部呼叫复原,进行重新初始化。这就有可能使服务中断几分钟;
- 如果在主用机工作 10~20 s 以后没有发现异常,这时一方面可以证明主用机是正常的,同时也可以在这段时间内对备用机进行彻底检查。如果还是没有问题,说明前面的故障是偶然性故障或干扰,并且未影响程序或数据。这时就要用主用机对备用机进行校验。然后进入正常同步工作。

2. 互助方式

为便于比较,在这里也讨论两台处理机工作的情况。在两台处理机工作情况下,实际上形成各负担一半话务量的状况。如果有一台处理机产生故障,便立即退出服务,这时全部呼叫由另一台好的处理机单独处理。在发现故障时,正在处理的呼叫就丢失了,但是对在振铃、通话阶段的呼叫却不丢失,由完好的处理机接着进行处理。

3. 主/备机方式

在这种方式下,平时备用机不参加呼叫处理,只在主用机发生故障时才将备用机换上。这样,新的主用机是没有经过事先校验的,如果出现问题,就可能使全部呼叫复原,重新初始化。

4. 冷备用

前面已经说过,在冷备用方式下,备用机是没有呼叫处理数据的。当它成为新的主用机时没有数据,这时只好将全部呼叫中断。为防止或减少由于主/备机倒换引起的呼叫中断,尽可能多的保留原来的呼叫数据。有的交换机定期向外存复制现有的呼叫数据以备倒换后使用。

5. 优缺点比较

同步工作对故障反应快,而且不易丢失呼叫,它的软件品种也少(两台处理机有同样的软件)。其缺点是增加了校对时间,使得处理机处理能力降低,并且对偶然性故障,特别对软件故障处理不十分理想。有时甚至可以导致整个服务中断。

双机互助方式对偶然性故障和软件故障的处理效果就较好一些,尤其对软件故障的保护能力较强。由于两台处理机不同时执行一条指令,因此也不可能在两台处理机中同时产生软件故障,由于平时它们处于话务分担工作状态,因此总的处理能力就比同步方式来得高,对话务过载的适应能力也强。其主要缺点是软件复杂。

主/备机方式由于采用了公用存储器,对软件复杂性要求也降低了。但是由于存储器是公用的,因此在可靠性以及双机倒换以后的正常工作效率上都相应要降低一些。

冷备用工作方式硬、软件都十分简单,但故障时对呼叫丢失较多。它适用于容量较小的交换设备。

§4.6　处理机间通信方式

在多处理机系统中,处理机间通信形成一个“通信网”。因此人们也很自然的和计算机通信网联系起来。处理机间的通信方式也是采用类似计算机通信网的方法。当然从中也利用了程控数字交换机的特殊条件。

由于数字交换机采用用户模块(或远端用户模块)的结构方式,因此,处理机间通信有时也要考虑较远距离的通信。

处理机间通信方式和交换机控制系统的结构有紧密联系。目前所采用的通信方式很多,在这里仅介绍几种常见方式。

1. 通过 PCM 信道进行通信

这种通信方式是利用 PCM 信道的条件,具体有两种不同方法。

(1) 利用 TS16 进行通信

在数字通信网中,TS16 用来传输数字交换局间的数字线路信号之用。在到达交换局以后 TS16 的功能就告结束。因此有人就将它作其他用途。其中,用作处理机间通信就是一个例子。

这种通信方式的优点是外加硬、软件的费用小,也可以作为和远端 CPU(远端用户模块)之间的通信。但信息量小,速度慢。

(2) 通过数字交换网络的 PCM 信道直接传送

在有的交换机中,处理机之间的通信信息和话音数据信息同等对待,可以通过 PCM 话音信道传送(任意一个时隙),并且也通过数字交换网络进行交换,只不过用不同的标志加以识别。用这种方式也能进行远距离通信。缺点是占用通信信道、费用大,并且在数字交换网络相对固定情况下,限制了通信信息量的提高,从而限制了通信业务的进一步发展。

2. 采用计算机网常用的通信结构方式

计算机通信网有不同结构方式,在这里只介绍在程控交换机中常见的部分方式。

(1) 多总线结构

多总线结构是多处理机系统的一种总线结构。这个总线是作为一种多处理机之间共享资源和系统中各处理机之间通信的一种手段。在这种结构中处理机组成一个总线型网络。有两种基本方式:

紧耦合系统:在这个系统中多个处理机之间是通过一个共享存储空间传送信息的方式互相通信的。

松耦合系统:在这个系统中多个处理机之间是以通过输入/输出结构传送信息的方式互相通信的。

不管哪一种方式都共享一组总线,因此必须有组多总线协议,以及一个决定总线控制权的判优电路。处理机要占用总线前必须判别总线是否可用。因此使用这种系统必须十分小心,要注意通信的效率问题,否则处理机的处理能力就会受到它的制约。

① 共享存储器方式

这是一种由若干处理机与若干存储器互连的方法。有下列几种基本互连方法。

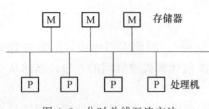

图 4.3 分时总线互连方法

(a) 时分总线互连方法

最简单的方法是图 4.3 所示的分时总线互连方法。在这种结构中所有处理机和所有存储器都连在一条公共总线上。处理机采用了信息写入存储器的办法与另一台处理机进行通信。在接收端处理机可以直接从存储器读取信息。在这里必须有一种方法来分配总线的控制权。常用的是有一个集中式总线判别器,也有不同的判别总线方法。

总线判别的第一种方法为每台处理机有一条专用请求线和一条专用允许线接至判别器。这样判别器可以根据优先级别来对处理机的请求进行选择,因此灵活性较大。但每台处理机需要有两根联络线,这会提高成本,并且对增加处理机数的灵活性较小。

总线判别的第二种方法是所有处理机合接一条请求线和一条允许线。判别器收到请求时查询地址(空分)或时间片(时分)来判别请求的处理机。

总线判别的第三种方法为请求线对所有处理机复接,而允许线则与所有处理机串联。一旦判别器发现请求,立即通过允许线发出允许信号,没有请求的处理机只将允许信号往下传。第一台发出请求的处理机就被赋予总线控制权。

除上述三种方式之外,集中判别还可以不用集中判别器,而是让总线时分复用。第一台处理机分给一个周期("时隙")。这种方式适用于所有处理机同样忙碌(占用总线时间较为均匀)的场合。否则总线的容量利用率就会降低。

前面已经说过,在有些系统中处理机数较多,尤其在大型系统中,总线的通信可能会制约处理机的效率,形成一个"瓶颈",因此需要想办法提高总线的效率。人们很自然就会想到使用多组总线,例如每一台处理机,每一存储器接一组独立总线。这样就产生了第二种互连结构。

(b) 交换矩阵互连方法

第二种互连结构如图 4.4 所示。图中处理机和存储器分别接在一个交换矩阵的纵、横端,交换矩阵用一台处理机控制。但当处理机和存储器数增加时,矩阵容量就会以平方增长。

(c) 多通道互连方法

还有一种方法是存储器有多个通道,分别接不同处理机,最常见的是双向存储器,或者是存储器双向端口控制器,供两台处理机从不同总线输入或输出信息。当然这里也有一个判优问题,但总线分开以后问题就会简单一些。

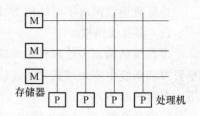

图 4.4 交换矩阵连接方法

共享存储器的方法能提供较高的速度和通信信息量。但处理机间的物理距离不能很远。

② 通过共享输入/输出接口进行通信

在这种方式下,一台处理机把对方处理机看作一般的输入/输出端口。这些端口可以是并行口,也可以是串行口,它适用于通信信息量和速率都不十分高的场合。它们的物理距离比串行口可以远一些。

(2) 环形结构

在大型系统中,尤其是在分散控制的系统中处理机数量多,而它们之间往往是平级关系。这时采用环形通信结构就有优越性了。环形结构和计算机的环形网相似,其结构如图 4.5 所示。它使各处理机连成一个环状,每台处理机相当于环内一个节点。节点和环通过环接口连接。

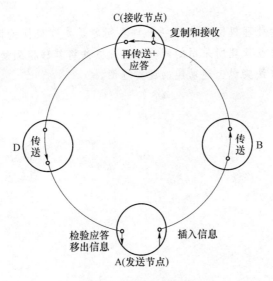

图 4.5　环形通信结构

令牌环是用得较多的一种环形网。网中有一种叫做"令牌"的码组绕环前进(例如码组为 01111100)。平时各处理机检测通过本节点的信息,当一台处理机(图中为 A 处理机)需要发送信息,它就将信息准备好,等待令牌到来。当检测到令牌以后,就将令牌码组改变成标志码组(例如 01111101),并将信息送上环路,信息沿环传送;信息传到节点 B,由于后者不是接收节点,只将信息稍作延迟后继续向前发送;当信息传到 C 节点后,处理机 C 检测出信息的目标地址是它自己,它就将信息接收下来,经检查无误后在源信息上打上确认(ACK)记号(若检查有错,则打上否定(NAK)记号),让其继续向前传送;信息经 D 节点又回到 A 节点,后者测得该信息是它本身,且已绕行环路一圈,则把信息从环路中取出,检查 ACK 或 NAK 记号。若是 ACK,这次通信结束;若是 NAK,则要下次令牌到来时再传送一次。

环形通信还有其他方法。它和计算机环形网相似,这里从略。

复 习 题

1. 对程控交换机控制部件的要求。
2. 集中控制和分散控制基本概念。
3. 多处理机系统的各种工作方式。
4. 热备用和冷备用。
5. 不同备用方式的特点。
6. 各种处理机间通信方式和适用场合。

练 习 题

1. 共享存储器方式的处理机间通信的一个重要问题是处理机间的同步和互斥问题。试参考操作系统中进程管理所采用的同步和互斥方法将其移植到处理机间通信上来。
2. 设计一个用硬件方法实现上述功能的逻辑框图。

第5章 程控交换机软件概况

§5.1 程控交换机的运行软件

§5.1.1 对运行软件的要求

程控交换机运行软件的基本任务是控制交换机的运行,而交换机的基本目的是建立和释放呼叫。因此运行软件的主要任务是呼叫处理。除此之外,运行软行还要完成交换机的管理和维护功能,系统的安全运行和保护功能等等。随着程控交换技术的不断发展,其功能也不断扩大,尤其在通信网上的功能,诸如信号方式、网络管理等功能也逐渐加强。

程控交换机的特点是业务量大,实时性和可靠性要求高。因此对运行软件也要求有较高的实时效率,能处理大量呼叫,而且必须保证通信业务的不间断性。对程控交换机的运行软件具体要求如下。

1. 实时性

交换机必须满足一定的服务质量标准。首先不能因为软件的处理能力不足而使用户等待时间过长。如摘机后至听到拨号音的等待时间,拨完号码后至听到回铃音等待时间等。而更为重要的是拨号号码的接收时间。拨号是由用户控制的,受拨号盘参数约束。处理机不能及时接收拨号号码意味着错号,即呼叫失败。因此给程控交换机的控制系统规定了一个呼叫处理能力的指标,它就是单位时间(忙时)能处理的试呼次数。

2. 多道程序运行

程控交换机中处理机是以多道程序运行方式工作的。也就是说同时进行许多任务。例如一个 10 000 用户的交换机,忙时平均同时可能有 1 200～2 000 个用户正在通话。再加上通话前、后的呼叫建立和释放用户数,就可能有 2000 多项处理任务。软件系统必须把这些和呼叫处理有关的数据都保存起来,并且等待一个新的外部事件,以使呼叫处理往下进行。除此之外,还要同时完成维护、测试和管理任务。

3. 业务的不间断性

程控交换机一经开通运行就不能间断。我国要求局用程控交换机的系统中断时间为平均每年不超过 10 分钟。这是很高的要求,它也在许多方面影响运行软件的设计。

当发生故障时,交换机必须采取措施使得呼叫处理能继续进行。对于程控交换机来说其对故障处理的基本观点不同于数据处理或科学计算用计算机对故障处理的基本观点。对于后者，其错误结果比计算机因故障停机要严重得多。但是在程控交换机中出现万分之一或十万分之一的错误一般还是可以容许的，但整个系统中断则会带来灾难性的损失。程控交换机的处理机的维护工作（包括软件的维护工作）必须不中断进行，不能干扰呼叫处理。

§5.1.2 运行软件的组成

程控交换机的运行软件分为两大类：系统软件和应用软件。在这里的系统软件相当于一个通用计算机的操作系统。它们是交换机硬件同应用软件之间的接口。交换机运行软件组成分类如图5.1所示。

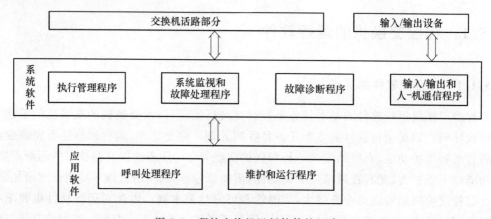

图 5.1 程控交换机运行软件的组成

不同性能的交换机其软件系统的结构是不同的。但从功能上说，正如图 5.1 所表示的那样，除了直接人-机接口部分之外，和交换机话路部分直接有关的有以下几部分：

1. 执行管理程序（或叫操作系统）

和其他计算机系统一样，操作系统用来管理计算机资源和控制程序的执行。

2. 呼叫处理程序

呼叫处理程序实际上是直接负责电话交换的软件，它负责以下功能：

（1）交换状态管理：在呼叫处理过程中有不同状态（如空闲状态、收号状态等，详见第6章），由交换状态管理程序负责状态的转移及管理；

（2）交换资源管理：交换机有许多电话外设，如用户设备、中继器、收发码器、交换网络等，它要在呼叫处理过程中测试和调用，因此由呼叫处理程序管理；

（3）交换业务管理：程控交换机有许多新的交换业务（如叫醒业务等），它是属于呼叫处理的一部分；

（4）交换负荷控制：根据交换业务的负荷情况、临时性控制发话和入局呼叫的限制。

3. 系统监视和故障处理程序

系统监视程序主要是监视整个系统的工作情况。遇到故障时要进行紧急处理（如主/备用机的倒换等），并要重新启动系统。系统监视程序负责以下各项功能：

（1）系统监视和故障识别

对交换机的公用设备的工作监视,除在硬件上设置核对电路之外,软件上也要进行监视校验。对故障要进行及时识别,进行中断处理;

（2）故障分析与处理

在发生故障后,就要对故障进行分析,如果确定为暂时性差错,则应对系统进行恢复处理,若为固定性故障,则要进行主/备机倒换,重新组织系统;

（3）系统重新组织

在发生故障后,主要进行主/备机的倒换,然后可以建立新系统;

（4）恢复与再启动处理

对新系统要进行再启动,进行系统的初始化,并进行数据的恢复,使系统能够正常工作。

4．故障诊断程序

故障诊断程序要求对发生故障的设备进行故障诊断,即确定故障的部位,打印出诊断结果。维护人员则可根据诊断结果更换插件板。

故障诊断程序也可以按照维护人员的命令对交换系统进行例行测试。

5．维护和运行程序

维护和运行程序用于维护人员存取和修改有关用户和交换局的各种数据,统计话务量和打印计费清单等各项任务。它主要负责以下功能:

（1）话务量的观察、统计和分析。结果可以送入外存,也可以打印输出;

（2）对用户线和中继线定期进行例行维护测试;

（3）业务质量的监察。它监视用户的通话业务的情况和质量,如监视呼叫信号,通话接续是否完成或异常情况。

它还包括收费检查,即在用户要求下,根据对用户进行收费数据的详细记录来核对收费记录情况。数据包括从用户摘机起到话终挂机止的各种数据,如呼叫时间、所拨号码、费率、应答时间、应答前计费表数字和挂机后计费表数字、挂机时间等等,并可打印出来。

（4）业务变更处理:

业务变更处理有两方面任务:

· 用户的变动处理,包括新用户登记、用户撤消、用户改号、话机类别的更改等等;

· 用户业务登记、更改和撤消。

（5）计费及打印用户计费帐单;

（6）负荷控制,对话务过载进行处理;

（7）进行人-机通信,对操作员打入的控制命令进行编辑和执行。

§5.2　程序文件的组成

交换机的程序必须满足所要求的功能、服务性能以及在经济上的要求。同时要求今后在管理上方便。交换技术的发展必然要求不断增加新的功能,要求软件系统能够允许方便地进行增添和修改。

不同交换局的业务和功能是不相同的,其外部参数如:交换局容量、中继线数等等也千差万别。但是不可能为每个交换局单独制作软件,即软件必须有通用性。

通用性的第一步就是程序和数据分开。其次是把数据区分为不同局共同的数据(叫做系统数据)和各局不同的数据(叫做局数据)。

程序和系统数据一起叫做系统程序。

此外,交换局还应该有反映用户情况的用户数据。

这样,交换局程序文件包括系统程序、局数据和用户数据三部分。

系统程序是程序的主体,它对不同交换局(如市话局、长话局或国际局等)均能适用,不随交换局的外部条件改变而改变。包括系统程序的文件叫系统文件。

局数据指示交换局设备安装条件,包括硬件配置、编号方式、中继线信号方式等。这部分内容随不同交换局而异。包括局数据的文件叫做局数据文件。

用户数据指示交换局中用户分配、新业务类别、话机类型和其他用户类别(如单机或同线电话等)。包括用户数据的文件叫做用户数据文件。

数据库用来提供动、静态实际数据,包括局数据和用户数据。数据库管理程序则提供系统和这些数据的接口,它加强了软件系统的模块化和可移植性。

在程控交换机中的数据库管理程序具有以下特点:

(1) 数据的存取必须满足实时要求;

(2) 由于数据库是一种公共资源,因此必须要随时控制对数据库的存取;

(3) 要维持数据的完整性,满足系统对可靠性的要求;

(4) 在交换机引入新功能时,数据库结构要求尽可能保持不变;

(5) 要有可能使维护人员查询所存放的数据。

目前,程控交换机日益增多对数据库的应用。

§5.3 软件支援系统

程控交换机的软件系统极为复杂,其程序容量也极为庞大,因此必须有一整套"支援系统"在整个软件的寿命期间(从设计开发到运行)来完成各项大量的设计、开发、生产、维护和管理交换机软件的复杂任务。或者说,用计算机来代替人工实现这些繁重的劳动,并且提高工作效率和可靠性。

支援系统范围很广,程序容量很大,大体上包括以下各方面的软件:

1. 软件开发支援系统

这个软件系统是用来建立源文件和建立用机器语言的目标文件(装入模块),它包括:

a) 源文件的生成和程序的编译(或汇编)程序。它把用高级语言或汇编语言编成的源程序翻译成机器语言的目标程序;

b) 连接编辑程序。它把生成的各个独立模块连接在一起,装配成一个完整的程序;

c) 调试程序。程序编好以后,就要利用调试程序来检验源程序和目标程序的工作的正确性。它可以模拟各种呼叫状态的事件,驱动现有程序。经过检验以后的目标程序可以在硬件上试运行。

2. 应用工程的支援系统

它用于交换局的各项工程,如规划、设计、安装等。可以根据输入交换局的具体数据来提供交换局所需的硬件和软件的各项数据。它包括以下程序:

a) 交换网规划程序。它提供最优的电话交换网的设计,包括局所容量、数量、局址、工程费用等数据;

b) 话局工程设计程序。它可提供话局中设备数量、备品数量等;

c) 装机工程设计程序。它可以用来提供话局机房内各种数据。如拟定机房平面布局、画出机房平面图、确定机架排列等。它也可以确定机架布局(包括机架上各种设备)、配线架布局(端子板数量)等。它也可以提供交换机内部的软件和硬件各部分的连接,如电源的布置(包括电源设计、路由、测试等),以及规定其他各种连接导线;

d) 安装测试程序。它用来进行装机测试,也可用来进行出厂前的测试。

3. 软件加工支援系统

它可以按照交换局的要求生成并装入各种特定程序和数据。它包括:

a) 局数据生成程序。它用来生成交换局的各种局数据,如计费数据、路由数据等,并装入交换机的数据库;

b) 用户数据生成程序。它可以生成用户数据,装入交换局的数据库;

c) 交换机程序的组合。它将系统程序和数据库中各种局数据及用户数据组合起来,形成某一交换局的特定程序。

4. 交换局管理支援系统

它主要用于在交换机整个寿命期间的交换局的管理、资料的更改和综合、编辑等项工作。它包括:

a) 资料的搜集和分析。如话务量分析程序用来统计和分析话务量,以便确定交换局目前的工作性能和今后发展趋势;

b) 交换局资料(包括程序和数据)的更改,它包括以最短时间进行更改,并对更改结果提供统计、归档;

c) 资料的编辑和输出。它提供各项资料的编辑、管理等功能,以便建立、更新、管理、检索、出版以及发送相关资料和输入/输出设备(如打印机、绘图机等)接口实用程序。

还有其他支援系统

从上面看到,支援系统牵涉面很广。它不仅牵涉到从交换局的设计、生产到安装等交换局的运行前各项任务,还牵涉到交换局开始运行到以后整个寿命期间的软件管理、数据设计、修改、分析以及资料编辑等各项工作。

程控交换机软件系统极为复杂,必须在计算机的辅助下才能工作。而支援程序正是实现这一任务的辅助软件。

§5.4 软件设计语言

程控交换机的软件中常用两类语言:汇编语言和高级语言。在最初,人们曾广泛使用汇编语言,但是随着降低生产成本的要求和人们在软件维护中所遇到的困难很快就倾向

于使用高级语言了。语言的选择决定于谁能更适合于用途。当我们挑选一种语言时,应该考虑如下因素:

- 程序的效率。它包括空间上(占用存储空间)的效率和时间上(占用机时)的效率;
- 编程人员的生产效率,即每人每天能编的语句数;
- 结构化程序设计和软件模块化的适用性;
- 便于程序的调试;
- 可维护性和可移植性;
- 数据修改的可能性和方便性。

显然,除第一项外,都对高级语言有利。即使是第一项也由于随着存储器价格的下降而消除了一半,即空间上的效率可以忽略不计。剩下的是时间上的效率。这个问题现在还不得不考虑。尤其是交换机容量日趋增大,功能日趋增多,要求人们优化软件,因此目前许多人采用的是高级语言和汇编语言混合使用的办法。具体两者如何分工则各有不同。也有的纯粹用高级语言编写的。

程控交换机采用的高级语言有其特殊要求。它的处理数据往往长度较短,甚至是以1比特为单位。最早,采用了专用处理机,也从通用高级语言经过改造以后派生出程控交换机专用高级语言。

在我国采用了 PL/M 语言,更多的用 C 语言编程。

CCITT 建议了一种程控交换机专用的编程语言,叫做 CHILL 语言(CCITT High Level Language),它包括了运行软件和支援软件两方面。它的目标是指向通信语言所不可少的特点:目标代码生成的效率、软件可靠性、程序易读性、易于使用等等。

CCITT 还建议了 SDL 语言和 MML 语言。前者为功能规格和描述语言(Specification and Description Language);后者为人-机通信语言(Man-Machine Language)。

这三种语言是针对交换机生存周期的不同阶段提出的。它们可用来开发程控交换系统的软件,也可用于其他通信软件。三种语言的不同使用阶段如图 5.2 所示。

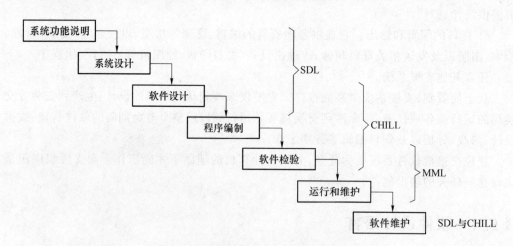

图 5.2　三种语言的不同使用阶段示意图

从图中可见,SDL 语言主要用于软件系统设计,即设计的前阶段。它包括系统功能的规格和描述、软件系统的设计、软件的详细设计等部分。在软件详细设计阶段开始采用了 CHILL 语言。因此这里要求有两种语言的转换和连接。CHILL 语言主要用于软件的编程阶段；MML 语言是用于人-机对话。因此在软件调试检验和交换机的运行维护阶段都需要由它参加工作。

下面简单介绍一下 SDL 语言的用途。

SDL 是一种图像语言。它用来说明程控交换机的各种功能要求和技术规范。并且协助高级功能文件描述已实现功能的变化情况。

在软件系统设计的开始，首先要对其功能进行描述。这是第一步，也是以后各阶段的基础。

在程控交换软件系统的设计过程中，把它分解成许多功能块，每个功能块可包括若干进程，而每一个进程可以用 SDL 图例来描述。它反映各进程的可能状态，并且利用输入、输出，通过相互交换信号来反映进程之间的通信。

SDL 语言用途十分广泛。它的应用领域可以归结为"能够由可通信的、扩展的有限状态机有效地模拟各项目"。例如电话、用户电报、数据交换、信令系统（例如 No.7 信令系统）、信令系统和数据规约的相互配合、用户接口等。

对于程控交换系统来说，能使用 SDL 来作说明的功能的例子有：呼叫处理过程（如呼叫处理、路由选择、信号、计费等），维护和故障处理（如报警、自动故障清除、系统构成、例行测试等），系统控制（如过负荷控制）和人机接口等。CCITT 一些建议书，例如 No.7 信令系统、ISDN 等建议书均用 SDL 来说明其动态特性。

图 5.3 示出了 SDL 在交换通信系统中应用的范围。图中方框表示功能群体；有向线

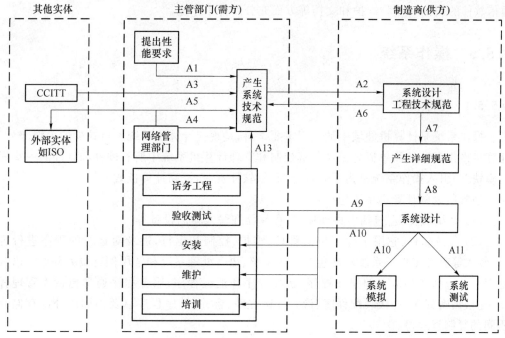

图 5.3　SDL 应用示意图

代表一组从一个功能群体通向另一功能群体的文件。SDL 可用来作为每一组文件的组成部分。图中的符号分别表示为：

    A1：一种功能或特性的规格要求，它与实现方法和网络无关；

    A2：和实现方法无关，但和网络有关的系统规格，包括对系统环境的描述；

    A3：CCITT 的建议和规范。例如对 No.7 信令系统的规范。预计，CCITT 的所有新的电话信号系统都将用 SDL 说明；

    A4：有关网络管理和运行方面的要求；

    A5：有关的其他建议。它可用来向用户解释先进的新性能；

    A6：一个实现的建议的描述；

    A7：一项工程项目的技术规范；

    A8：一份详细的技术规范说明；

    A9：完整的系统描述；

    A10：系统和环境描述文件，以供系统模拟之用；

    A11：提供测试之用的系统和环境的描述；

    A12：安装和运行手册；

    A13：来自主管部门内专门小组参加拟订的技术规范。

SDL 语言于 1976 年首次成为国际标准。1980～1988 年又提出进一步的性能和扩充。以后并连续巩固和扩大 SDL 的应用。并发展 SDL 建议书以便在计算机数据库中存储 SDL 文件和可以自动检查、模拟、比较和生成该文件。

用 SDL 语言描述的系统功能确切、简单明了、便于培训和维护、缩短研制周期。它在通信软件的研制、管理、维护和文档等方面充分发挥了作用。

§5.5　操作系统

§5.5.1　基本概念

操作系统是计算机领域中的一门重要学科，是现代计算机系统不可缺少的关键部分。计算机操作系统的简单概念是："负责控制和管理计算机系统中所有硬件和软件的一些程序模块"。引入操作系统是为了合理分配硬、软件资源，提高计算机效率。

通常所说的计算机系统包括：

(1) 系统硬件：它包括中央处理机、存储器和输入输出设备等。

(2) 系统软件：它用于计算机的管理、维护、控制和运行，以及对运行的程序进行翻译、装入等服务工作。系统软件包括操作系统、语言处理系统和常用例行服务程序。语言处理系统包括各种语言的编译程序、解释程序和汇编程序；服务程序通常包括库管理程序、连接编辑程序、连接装配程序、诊断排错程序、合并/排序程序以及不同的外部存储介质间的复制程序等。

(3) 应用软件：这是指为了某一种应用需要而设计的程序，或用户为解决某个特定问题而编制的程序。

上述三部分在计算机系统中形成一个层次关系,如图 5.4 所示。

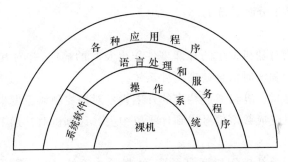

图 5.4　计算机系统分层结构

计算机的硬件系统通常称做裸机。它对用户的使用不甚方便,功能上也受到局限。因此要在裸机上加上软件来改造计算机,加强计算机的功能。软件之间的关系也是这样,一部分软件的运行要以另一部分软件的存在并为其提供一定的运行条件为基础,而新加的软件可以看作是在原来那部分软件基础上的扩充与完善,使其变为功能更强的机器。通常把这种"新的功能更强的机器"称做"虚拟机"。

操作系统是紧挨着硬件层的第一层软件,它对硬件进行首次扩充,如果是多用户的操作系统,那么经过扩充以后一个实际的处理机就可以扩成多个虚拟机,使得每一个用户都有一个虚拟机。

操作系统同时又是其他软件运行的基础。

§5.5.2　操作系统分类

按照计算机的服务对象不同,操作系统可以分为:
- 批处理操作系统,用于批处理系统中;
- 分时操作系统,用于分时系统中;
- 实时操作系统,用于实时系统中;
- 网络操作系统,用于计算机网中;
- 分布式操作系统,用于分布式处理机系统中。

1. 批处理系统

所谓批处理是指这样一种操作方式,用户和其作业之间没有交互作用,不能直接控制其作业运行,而由用户将自己的程序和数据提供给操作员,由后者将一批作业输入到计算机中去。由操作系统控制该作业运行。

目前的批处理系统常常是多道批处理系统。所谓多道是指在内存中同时有若干道作业运行。它用于例如计算中心的较大的计算机系统。

2. 分时系统

在分时系统中多个用户分享同一台计算机。也就是把计算机的系统资源(尤其是处理机时间)进行时间上的分割,即分为一个个时间片。每个用户轮流使用时间片。在用户看来,这台计算机好像仅供他一人使用。分时系统的主要特点是它和用户是交互会话的工作方式。这样给用户带来了方便。用户,特别是远程终端用户在自己终端上就可以上机,用户通过终端可以直接同程序之间进行"会话",直接控制程序运行。目前颇为经济的UNIX 操作系统是属于分时系统的。

3. 实时系统

所谓"实时"是指对随机发生的外部事件作出及时的响应,并对其运行处理。实时系统通常包括实时控制和实时信息处理两种系统。

实时控制系统是指计算机通过特定的外围设备对被控制对象发生联系。这些外围设备将采集到的物理量变成数字信号送到计算机中去。计算机对其加工处理后再变成控制信号去控制有关对象。

实时信息处理系统是指例如订票系统、情报检索系统、银行系统等等。在这些系统中,用户也是通过终端提出服务请求,系统完成服务后通过终端回答用户。从形式上看它同分时系统相似。但是实时信息处理系统对用户提供的服务只限于系统所管理的实时信息范围。如飞机订票系统只能提供某月某日某次航班有否空位、票价多少等信息。而分时系统提供给用户的是一般目的的计算机系统,用户可以用来进行程序开发或是运行专门设计的应用程序。

程控交换系统属于实时控制系统。

4. 网络操作系统

随着计算机技术和通信技术的发展和结合,产生了计算机网络。所谓计算机网络是指通过通信设备和通信线路把地理位置上分散的独立的计算机连接起来,以便实现更加广泛的资源共享。根据网络作用的地理范围不同分为广域计算机网和局域计算机网。前者地理范围从几百公里到几千公里,甚至可达上万公里;而后者的地理范围通常是几公里。

提供网络通信和网络资源共享功能的操作系统称为网络操作系统。一个网络操作系统既要为本机用户提供本机的资源,也要为他们提供简便有效的使用网络资源的手段。因此网络操作系统除了普通操作系统的功能之外,还要增加网络管理模块,其主要功能是支持网络中各计算机、终端之间的通信。

5. 分布式操作系统

分布式计算机系统由多台计算机组成,并且具有以下特点:

- 系统中任意两台计算机可以通过通信来交换信息;
- 系统中各台计算机完全平等,无主次之分。没有控制整个系统的主机,也没有受控于主机的从机;
- 系统的资源为所有用户共享;
- 系统中若干台计算机可以通过互相协作来完成一个共同任务。

用于管理分布式计算机系统资源的操作系统称做分布式操作系统。它在资源管理、进程通信和系统结构上区别于前面所讲的操作系统。

程控交换系统是一个实时控制系统,因此它的操作系统具有实时操作系统的特点。除此之外,由于在程控交换系统中常常采用多处理机系统,它的结构有计算机局域网的特点,因此其操作系统还具有网络操作系统的功能。对于全分散控制的交换系统来说,其操作系统也具有分布式操作系统的特点。

§5.5.3　实时操作系统的特点

实时操作系统具有如下特点：

1. 实时性

这是实时系统的重要特征。实时系统要完成实时操作,在一个实时控制系统中,对一组"激励"（输入）在满足一定的时间要求的条件下系统应产生相应的"响应"（输出）。这就是实时操作。要求响应十分及时、迅速。如果在响应出现时,输入已经离开初始对响应的激励状态,以致该响应失去实际控制意义,那就不是实时操作。

2. 一体性

通用操作系统一般是计算机厂家提供的。用户在操作系统的控制下利用通用计算机系统提供的手段,开发自己的应用程序。因此系统软件和应用软件界限分明。而在实时系统中这一界限是不十分分明的。I/O 操作可能是不标准的,有的要由应用程序来提供。因此有时就把实时控制系统中运行的操作系统和应用程序通称为运行软件。把它们作为一个整体来考虑、设计和实现。

3. 多任务与并发性

许多大型操作系统都支持多道程序。多道程序技术支持了用户作业的并发执行。每个作业可以由若干个顺序执行的任务所组成。在一个作业内支持若干个任务并发地执行的技术称做多任务技术。实时操作系统就要求能支持多任务操作。在实时操作系统中对"作业"和"道"的概念不十分明显,而只有明确的"任务"。实时系统往往只提供两种作业：一种是有一定实时要求的定时作业；另一种是允许延迟执行的延迟作业。

并发性分为两种情况：一种情况是在单处理机系统中多个任务在宏观上是并发的,但在微观上是顺序执行的；另一种情况是在多处理机系统中或在分布式系统中多个任务分别在不同的处理机上执行。因此在宏观上和微观上都是并发的。多任务的并发性引起任务间的同步、互斥、通信以及资源共享与保护等问题。

4. 环境行为的随机性

一切被控过程实质上都是随机过程。各种并发的外部事件是随机出现的,并且都有实时要求。即使在最忙时间也不允许因处理不当而推迟处理时间。因此系统各部分的处理能力必须按照忙时负荷来计算。对于那些随机到达的信号大多采用中断方式处理。因此中断技术是实时系统的重要特点之一。

5. 高可靠性

实时控制系统的可靠性十分重要。任何故障往往引起巨大损失。因此许多实时系统采用各种冗余技术来提高系统的可靠性。

§5.5.4　程控交换系统中任务的分级和调度举例

程控交换系统中任务的调度要结合实时要求来进行。下面举一个例子来说明具体任务调度方法。

在程控交换系统中任务按照紧急性和实时要求不同大体上分为三级：

- 故障级。负责故障识别、故障紧急处理等功能。其优先级别最高；

· 周期级。按周期性启动,由时钟中断启动执行;

· 基本级。实时要求较低,可以延迟执行,可以等待和插空处理,由队列启动。

不同级别任务启动与处理顺序如图 5.5 所示。图中设每隔 8 ms 产生一次中断,在第一个 8 ms 中断周期中,处理机已执行完周期级和基本级任务,暂停并等待下一个中断到来;在第二个 8 ms 周期中,基本级任务未执行完就被中断。中断后又转向执行周期级任务。执行完后,才再执行基本级。在第三个周期中表示了产生故障后,优先执行故障级任务的情况。

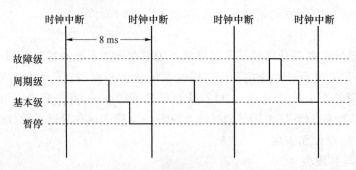

图 5.5   各级任务执行举例

下面介绍由时间表启动周期级程序的例子。

图 5.6 示出了用时间表启动周期级程序的基本原理,从图中可见,整个控制由时间计数器、屏蔽表、时间表和功能程序入口地址表组成。

设周期级程序及其启动周期如下:

· 拨号脉冲识别程序,启动周期为 8 ms;

· 测试用拨号脉冲识别程序,启动周期为 8 ms;

· 按钮号识别程序,启动周期为 16 ms;

· 位间隔识别程序,启动周期为 96 ms;

· 用户群扫描程序,启动周期为 96 ms;

· 中继器扫描程序,启动周期为 96 ms;

· 时间计数器清零,启动周期为 96 ms。

工作过程如下:

① 时间计数器初值置为"0",每 8 ms 中断时,时间计数器加 1;

② 以时间计数器的值为指针,找到时间表相应单元;

③ 时间表每一单元的每一位对应于相应的功能程序入口地址表的每一入口地址。若时间表相应位为"1",则该程序要执行,否则不执行;

④ 先检查时间表相应单元的 D_0(0 位),若等于"1",转向拨号脉冲识别程序,执行完毕返回时间表;

⑤ 检查时间表的 D_1,D_2,…,并转而执行其为"1"的相应程序;

⑥ 等所有位均检查完,并执行完相应程序以后,表明这 8 ms 周期中已执行完周期级程序,可以转向执行基本级程序;

⑦ 在最后一个单元(TB)的最后一位上,将时间计数器清零,以便在下一个 8 ms 周

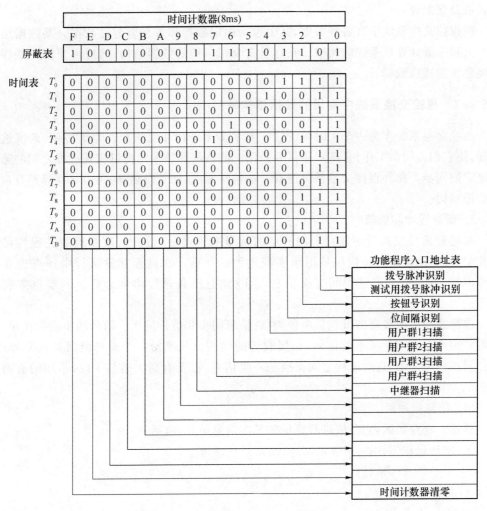

图 5.6　用时间表启动周期级程序

期重新开始。

　　图中的屏蔽表内容决定该程序在这时间是否执行。若屏蔽表相应位为"0",表示不执行。因此在实际执行中是先要将时间表的相应单元内容和屏蔽表中的内容相"与"后才能逐位检查、执行。

　　屏蔽表中的值(1 或 0)可以根据需要调整。

§5.6　数据结构

§5.6.1　数据结构的基本概念

　　一般说,数据结构包括数据的逻辑结构和数据的物理结构。数据的逻辑结构仅考虑数据元素之间的逻辑关系;数据的物理结构又叫存储结构。它是指数据元素在存储器中的表示及其配置。

在程控交换系统中有各种数据,其中包括固定数据和各种暂时性数据。其数据结构基本上和一般计算机系统的相似。在这里先介绍一般的数据结构,然后再介绍一些程控交换系统的特殊数据。

§5.6.2 程控交换系统中常用的数据结构举例

程控交换系统作为一个实时系统往往要求多个进程并发执行。为了协调、调度这些进程,使它们能同步工作,管理程序需要采用一些特殊的数据结构以实现进程之间的通信并使它们同步。此外程控交换系统还有一些特殊要求,如号码翻译、路由寻找等都有自己的数据结构。

1. 信息缓冲和信箱

在进程的并发执行中往往利用一定的信号来管理一组进程,被管理的进程均可对它作 P 和 V 操作。这种信号是用于实现进程的互斥。在进程并发执行中还有进程的同步问题,同步要求各进程间交换信息,这些信息使各进程协调运行。同步也需利用信号。

进程之间的同步通信可包括两种类型:信号同步和信件同步。信号同步较为简单,发送者只须给对方一个简单的信号,而接收者的响应也只须给一个简单的回答信号即可。信件同步较为复杂,这时进程之间交换是一组信息,需要有高级通信手段,常用的有两种方法。

(1) 信息缓冲区

这是一块存储区,它存放进程通信的基本信息单元,包括:

- 发送进程指针;
- 下一缓冲区指针;
- 消息长度;
- 消息正文等。

它们可以是顺序表,也可能是链表。

(2) 信箱

信箱在逻辑上分为两部分,一部分是信箱头,用它描述信箱体;另一部分是信箱体,由若干格组成,每格存放一封信件。发送进程向空闲格子投放信件,接收进程取走相应信件。格子数(信件数)可根据需要决定。

有时采用双向信箱,使得双方均能发送和接收信件。

2. 任务调度和启动

在前面介绍了用时间表来调度周期级程序,在这里我们介绍用另一种表格形式来启动周期级程序,如图 5.7 所示。图中由多级线性表进行调度,程序周期分为 10 ms,200 ms, 1 s,15 s,60 s 等种。通过第一表分配周期为 10 ms 的程序,使其均匀分布在不同时钟周期内,同时通过不同计数器来启动其他程序。

3. 队列

在程控交换系统中队列常常用于周期级程序和基本级程序的一种接口,队列可以是

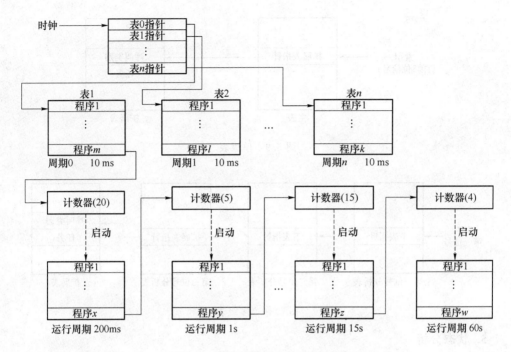

图 5.7　周期级程序启动表格一例

顺序(循环)的,如图 5.8(a)所示,也可以是链形队列,如图 5.8(b)所示。

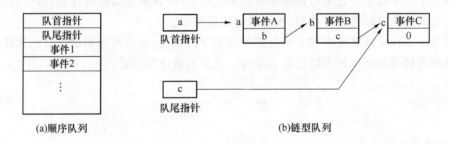

(a)顺序队列　　　　　　　　　　(b)链型队列

图 5.8　队列

4. 号码预译和翻译

号码预译是在收到一定位数(例如 3 位,称做号首)以后进行的。它的主要任务是确定呼叫类型、号长以及下一步要调用任务。号码预译可采用预译表。它们可能由单级表格或多级表格组成。

单级表格是将 3 位号首变成表格索引,找到相应数据和任务,也可以分为主表和扩展表两级。前者存放扩展表指针,后者则存放相关内容,如图 5.9 所示。

多级表可以按每一位号单独进行译码。每一位号有自己的分析表。很显然,分析表数量是越来越多的。例如,第一位号有一个分析表,则第二位号就可能有 10 个分析表(10个第一位号码);第三位号就可能有 100 个分析表,如图 5.10 所示。

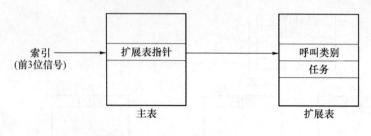

图 5.9　单级表

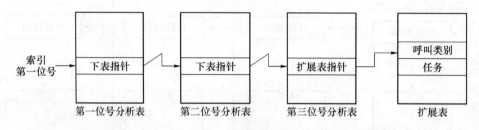

图 5.10　多级表

5. 状态分析

我们将在呼叫处理软件一章介绍状态分析，在这里只讨论状态分析的数据结构。在状态分析中某一输入（例如挂机信号输入）要根据不同状态进行不同处理，调用不同任务，然后确定下一个状态。这里可以用多级表来处理，这些表格可以是线性表，也可以是数组形式。它的结构可以是树形结构，也可采用图形结构。

其他在程控交换系统中的各种处理如控制字的查找、电话簿号和设备号的翻译、链路和出线的寻找等等都采用不同的数据结构。这里不再详细讨论。

复 习 题

1. 程控交换机软件组成。
2. 为什么要有局数据和用户数据？它们主要包含什么内容？
3. 软件支援系统包含哪些方面？
4. SDL,CHILL 和 MML 语言的使用范围和相互关系。
5. 程控交换机操作系统的特点。
6. 操作系统基本功能和结构。
7. 程控交换系统任务、分级和调度方法。
8. 数据结构分哪些种类？特点是什么？
9. 数据库的分类和结构。
10. 软件工程的基本概念。
11. 面向对象的程序设计方法有什么优越性？

练 习 题

1. 假设 A,B 两个火车站之间是单轨线,许多列车可同时到达 A 站,然后经 A 站到 B 站。又列车从 A 到 B 的行驶时间为 t,列车到 B 站后的停留时间为 $t/2$。试问在该问题模型中,什么是临界资源? 什么是临界区?

2. 在信箱方式的进程通信中,可能由于发送进程和接收进程的速度不一致而产生上溢或下溢。你能否设定两个信号量,用 P,V 操作来防止这个问题。

3. 顺序队列和链形队列各有什么优缺点? 在什么场合用什么队列合适? 能否举几个例子?

4. 图 6.9 的时间表中要加上一个执行周期为 192 ms 的程序,不扩展时间表容量,如何做到? 若要加一个执行周期为 200 ms 的程序又怎么办?

第6章 呼叫处理的基本原理

§6.1 一个呼叫处理过程

在开始时,用户处于空闲状态,交换机进行扫描,监视用户线状态。用户摘机后开始了处理机的呼叫处理。处理过程如下:

1. 主叫用户 A 摘机呼叫

- 交换机检测到用户 A 摘机状态;
- 交换机调查用户 A 的类别,以区分同线电话、一般电话、投币话机还是小交换机等等;
- 调查话机类别,弄清是按钮话机还是号盘话机,以便接上相应收号器。

2. 送拨号音,准备收号

- 交换机找寻一个空闲收号器以及它和主叫用户间的空闲路由;
- 找寻一个空闲的主叫用户和信号音源间的路由,向主叫用户送拨号音;
- 监视收号器的输入信号,准备收号。

3. 收号

- 由收号器接收用户所拨号码;
- 收到第一位号后,停拨号音;
- 对收到的号码按位存储;
- 对"应收位"、"已收位"进行计数;
- 将号首送向分析程序进行分析(叫做预译处理)。

4. 号码分析

- 在预译处理中分析号首,以决定呼叫类别(本局、出局、长途、特服等),并决定该收几位号;
- 检查这个呼叫是否允许接通(是否限制用户等);
- 检查被叫用户是否空闲,若空闲,则将其示忙。

5. 接至被叫用户

测试并预占空闲路由,包括:

- 向主叫用户送回铃音路由;

- 向被叫送铃流回路(可能直接控制用户电路振铃,而不用另找路由);
- 主、被叫用户通话路由(预占)。

6. 向被叫用户振铃

- 向用户 B 送铃流;
- 向用户 A 送回铃音;
- 监视主、被叫用户状态。

7. 被叫应答和通话

- 被叫摘机应答,交换机检测到以后,停振铃和停回铃音;
- 建立 A,B 用户间通话路由,开始通话;
- 启动计费设备,开始计费;
- 监视主、被叫用户状态。

8. 话终,主叫先挂机

- 主叫先挂机,交换机检测到以后,路由复原;
- 停止计费;
- 向被叫用户送忙音。

9. 被叫先挂机

- 被叫挂机,交换机检测到后,路由复原;
- 停止计费;
- 向主叫用户送忙音。

§6.2　用 SDL 图来描述呼叫处理过程

从前一节可以看出,整个呼叫处理过程就是处理机监视、识别输入信号(如用户线状态、拨号号码等),然后进行分析,执行任务和输出命令(如振铃、送信号等)。接着再进行监视、识别输入信号、再分析、执行……循环下去。

但是,由于在不同情况下,出现的请求以及处理的方法各不相同,一个呼叫处理过程是相当复杂的。例如从识别到挂机信号,又分用户听拨号音时中途挂机、收号阶段中途挂机,振铃阶段中途挂机还是通话完毕挂机,处理方法也各不相同。为了对这些复杂功能用简单的方法表示,采用了 SDL 图来表示呼叫处理过程。

§6.2.1　稳定状态和状态转换

图 6.1 是一个局内接续过程的图解示意图,从图中可见,把整个接续过程分为若干阶段,而每一阶段可以用稳定状态来标志。两个稳定状态之间由要执行的各种处理来连接。

例如,用户摘机,从“空闲”状态转移到“等待收号”状态。它们之间由主叫摘机识别、收号器接续、拨号音接续等各种处理来连接。又如“振铃”状态和“通话”状态间可由被叫摘机检测、停振铃、停回铃音、路由驱动等处理来连接。

在一个稳定状态下,如果没有输入信号,即如果没有处理要求,则处理机是不会去理

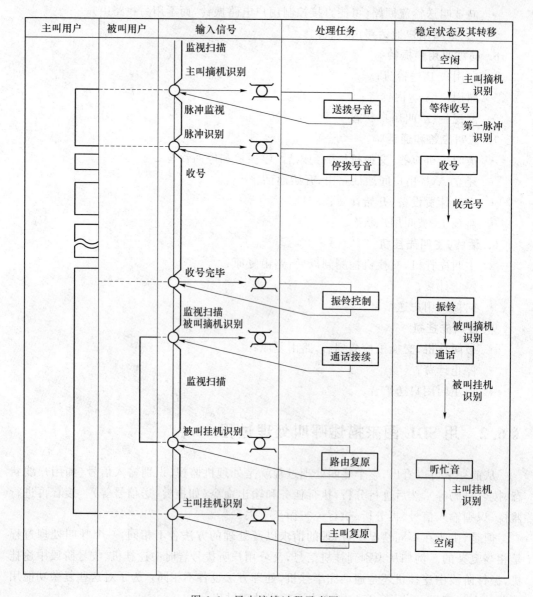

图 6.1　局内接续过程示意图

眯的。如在空闲状态时，只有当处理机检测到摘机信号以后，才开始处理，并进行状态转移。

　　同样输入信号在不同状态时会进行不同处理，并会转移至不同的新状态。如同样检测到摘机信号，在空闲状态下，则认为是主叫摘机呼叫，要找寻空闲收号器和送拨号音，转向"等待收号"状态；如在振铃状态，则被认为是被叫摘机应答，要进行通话接续处理，并转向"通话"状态。

　　在同一状态下，不同输入信号处理也不同，如在"振铃"状态下，收到主叫挂机信号，则要作中途挂机处理；收到被叫摘机信号，则要作通话接续处理。前者转向"空闲"状态，后者转向"通话"状态。

在同一状态下,输入同样信号,也可能因不同情况得出不同结果。如在空闲状态下,主叫用户摘机,要进行收号器接续处理。如果遇到无空闲收号器,或者无空闲路由(收号路由或送拨号音路由),则就要进行"送忙音"处理,转向"听忙音"状态。如能找到,则就要转向"等待收号"状态。

因此,用这种稳定状态转移的办法可以比较简明地反映交换系统呼叫处理中各种可能的状态、各种处理要求以及各种可能结果等一系列复杂过程。

§6.2.2　SDL 图简介

SDL 图是 SDL 语言中的一种图形表示法。SDL 语言是以有限状态机为基础扩展起来的一种表示方法。它的动态特征是一个激励—响应过程。即机器平时处于某一个稳定状态,等待输入。当接收到输入信号(激励)以后立即进行一系列处理动作,输出一个信号作为响应,并转移至一个新的稳定状态,等待下一个输入。如此不断转移。可以看出,SDL 的动态特征和前面所讲的状态转移过程是一致的。因此用 SDL 语言来描述呼叫处理过程是十分合适的。在这里只介绍 SDL 进程图有关内容,以后的呼叫处理描述也只限于一个进程范围之内。

SDL 图常用图形符号如图 6.2 所示。在图中只列举了部分常用图形符号,以便大家能够读 SDL 进程图。

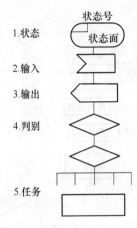

图 6.2　SDL 进程图部分常用符号

§6.2.3　描述局内呼叫的 SDL 进程图举例

图 6.3 是根据图 6.1 所举的局内呼叫的例子而用 SDL 语言来描述的例子。图中共有六种状态,在每个状态下任一输入信号可以引起状态转移。在转移过程中同时进行一系列动作,并输出相应命令。根据这个描述可以设计所需要的程序和数据。

§6.2.4　呼叫处理过程

根据图 6.3 的描述,可知一个局内呼叫(也包括其他呼叫)过程包括以下三部分处理:

- 输入处理:这是数据采集部分。它识别并接受从外部输入的处理请求和其他有关信号;
- 分析处理:这是内部数据处理部分。它根据输入信号和现有状态进行分析、判别,然后决定下一步任务;
- 内部任务执行和输出处理:这是输出命令部分,根据分析结果,发布一系列控制命令。命令对象可能是内部某一些任务,也可能是外部硬件。

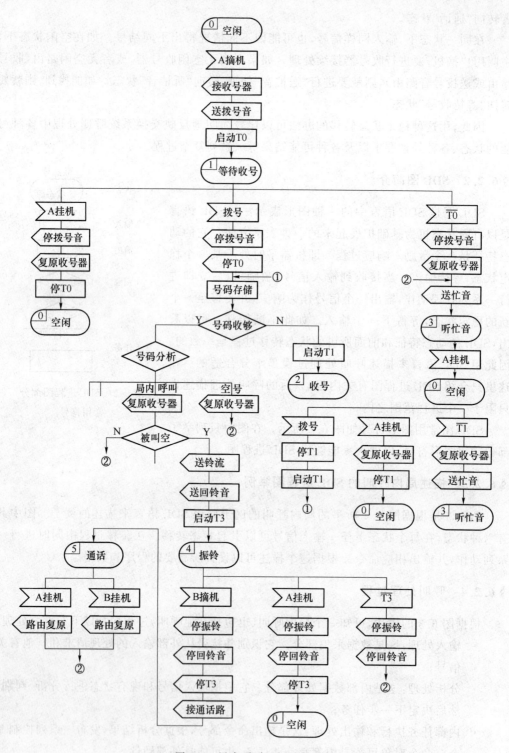

图 6.3 局内呼叫 SDL 进程图

§6.3　呼叫处理有关的数据和表格

在前一章已经说过,程控交换机数据分为通用数据和专用数据。前者称做系统数据,它对所有交换机的安装环境都不变;而后者则要根据交换机安装环境和条件在开局时输入,这部分数据包括局数据和用户数据两部分。用户数据指的是每个用户的情况;而局数据则是指本交换机总的情况。本节要介绍的就是这两类专用数据。

§6.3.1　用户数据

用户数据反映的是用户的情况,它为每个用户所特有,即每一个用户都有自己特有的用户数据,用户数据大体上有以下几方面内容:

- 用户情况:包括该用户现在所处情况。如呼出拒绝、呼入拒绝、临时接通等;
- 用户类别:包括单线用户、同线用户、测试用户、PABX 用户、公用电话用户、传真用户等等;
- 话机类别:是号盘话机还是 DTMF 话机;
- 出局权限类别:它指的是用户有权出局呼叫的范围。如只允许内部呼叫不允许出局呼叫,只允许本地网呼叫、国内长途呼叫以及国内、国际长途呼叫等;
- 用户专用情况:如是否热线(专用)电话、有否装计数器、是否优先用户、优先第几级、能否作为国际呼叫被叫等;
- 用户对新业务的使用权:用户对哪些新业务有使用权,如缩位拨号、叫醒呼叫等;
- 用户登记的新业务:对新业务有使用权的用户已登记的各种数据。如热线电话号码、缩位拨号号码、叫醒时间、自动回叫号码、转移呼叫号码等等;
- 用户计费类别:包括专用计数器、定期计费、立即计费、营业厅和免费等;
- 用户费率等级:根据用户线长短划分的不同费率等级以及非话终端(如传真机等)的费率等;
- 各种号码:包括用户电话簿号、用户设备号、时隙号、局号、密码等;
- 用户状态数据:包括用户的忙、闲状态,用户闭锁,用尸正在测试、维修等;
- 呼叫过程中的临时数据:包括用户的各种状态、拨号脉冲计数、所收号码、所占收号器、话路等。

§6.3.2　局数据

局数据指的是交换局的情况,它包括以下各类数据:

- 交换局公用硬件配备情况:包括出/入局中继器数和类别,信号设备数和类别,DTMF收号器数。上述设备接入交换机的位置、交换网络结构、公共链路数等等;
- 局间环境的参数:包括局向数,每局的中继器数和类别等;
- 迂回路由设置情况:包括出局呼叫迂回路由情况和入局呼叫迂回路由提供情况等;
- 接用户交换机情况:包括用户交换机类别、中继线数、入网方式以及号码等;

- 公用设备忙、闲状态；
- 计费方式：各种附加费，是 LAMA 计费还是包括 CAMA 计费，各种费率；
- 话务量、接通率统计数据和计费数据；
- 特服情况：特服种类和线数；
- 新业务提供情况：能提供新业务的品种和数量；
- 复原方式：各种呼叫的复原方式；
- 交换机类别：是长市农合一、市农合一还是市话交换机；
- 能接的非话终端品种和数量；
- 各种号码：本地网编号号长、局号、最多能收几位号等。

还有根据实际情况所设的各种数据。

§6.4 输入处理

输入处理程序的主要任务是对用户线、中继线等进行监视、检测并进行识别，然后进入队列或相应存储区，以便其他程序取用。

输入处理可分为：

（1）用户线扫描监视——监视用户线状态变化；

（2）中继线线路信号扫描——监视中继器的线路信号；

（3）接收数字信号——包括拨号脉冲、按钮拨号信号和多频信号等；

（4）接收公共信道信号方式的电话信号；

（5）接收操作台的各种信号。

在这一节中，只对一些必要的、常用输入信号作一些说明并介绍一些识别方法。

§6.4.1 用户线扫描监视

用户线扫描监视程序是负责检测用户线的状态和识别用户线状态的变化。这是输入处理软件的一部分。

在第 3 章用户电路节中已经介绍过，用户线有各种不同状态。它们有：

- 用户话机的摘/挂机状态；
- 号盘话机的拨号信号（拨号脉冲）；
- 投币话机的输入信号；
- 用户通话时的环路状态。

这些状态有以下特点：

（1）它们在用户线上的反映为两种情况：形成直流回路（续）和断开直流回路（断）。如上述用户挂机时，用户线为"断"状态，摘机时则变为"续"状态；同样在拨号时，送脉冲为"断"状态，脉冲间隔为"续"状态等等。用一个二进制位来表示。例如"0"表示"续"状态；"1"表示"断"状态。

（2）用户线状态变化是随机的而程控交换机中的处理机工作是"串行"的，因此在程控交换机中对用户线状态只能作定期、周期性监视。这就叫"扫描监视"。一般用户摘、挂机识别的扫描周期为 $100\sim200$ ms；拨号脉冲识别的扫描周期为 $8\sim10$ ms。

用户摘、挂机识别原理如图 6.4 所示。

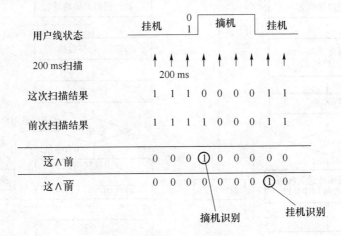

图 6.4　用户摘、挂机识别原理

设用户在挂机状态时扫描点输出为"1"，摘机状态时扫描点输出为"0"。则用户摘、挂机识别程序的任务就是识别出用户线状态从"1"变为"0"或者从"0"变为"1"的状态变化。

假设处理机每隔 200 ms 对每一用户线扫描一次，即读出用户线的状态。扫描结果可能为"1"，也可能为"0"。这个扫描结果是图中的"这次扫描结果"。图中的"前次扫描结果"是在 200 ms 前扫描所得的信息。它是前一次扫描（200 ms 以前）时将"这次扫描结果"存入存储区供这次读用。从图中可以看出，只有在从挂机状态变为摘机状态或者从摘机状态变为挂机状态时两次扫描结果是不同的。这代表在这个时候状态变化了。将"这次扫描结果""取反"和"前次扫描结果"相"与"可得到一个"1"。这代表用户从挂机变为摘机的状态变换，叫做"摘机识别"。如果将"前次扫描结果""取反"和"这次扫描结果"相"与"也可得到一个"1"。这代表用户从摘机状态变为挂机状态的状态变换，叫做"挂机识别"。为什么要进行这么复杂的运算？是否直接用"这次扫描结果"识别，是"1"即为挂机状态；是"0"即为摘机状态。这不是更简单吗？这样是不行的。因为在识别摘、挂机以后要进行处理，如果每次摘机或挂机状态都要进行处理（200 ms 一次）既不可能也没有必要，最后还可能将呼叫处理数据弄乱了。因此规定对每次摘、挂机只在状态变化时识别一次。这就是图 6.4 进行运算的目的。图 6.5 为用户摘、挂机扫描程序的流程图。

从上面讨论中发现，每个用户的摘、挂机状态数据只占一个二进制位。每次只对一个二进制位进行检测，这效率太低了。因此在实际处理中采用"群处理"办法，即每次对一组用户（例如 8 位处理机每次对 8 个用户）进行检测。这样既节省机时又提高了扫描速度。用群处理方法对用户组进行扫描的流程图如图 6.6 所示。

图 6.7 是采用群处理扫描的一个例子。图中是 8 个用户一组进行扫描。我们看到，根据运算结果：

这 $\wedge$ 前 $=00100001$ 代表第 0 号用户和第 5 号用户摘机；

这 $\wedge$ $\overline{\text{前}}$ $=10000000$ 代表第 7 号用户挂机。

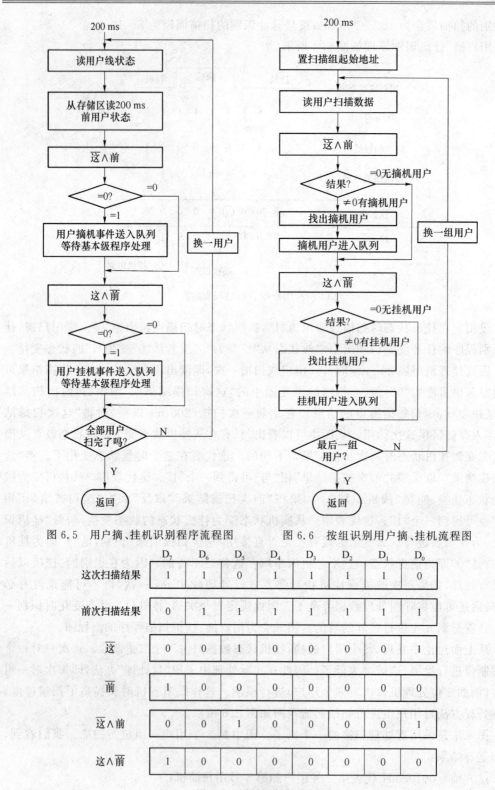

图 6.5 用户摘、挂机识别程序流程图   图 6.6 按组识别用户摘、挂机流程图

	D_7	D_6	D_5	D_4	D_3	D_2	D_1	D_0
这次扫描结果	1	1	0	1	1	1	1	0
前次扫描结果	0	1	1	1	1	1	1	1
这	0	0	1	0	0	0	0	1
前	1	0	0	0	0	0	0	0
这∧前	0	0	1	0	0	0	0	1
这∧前	1	0	0	0	0	0	0	0

图 6.7 群处理扫描举例

§6.4.2 号盘话机拨号号码的接收

号盘话机送来的是脉冲,也是用户线的断、续状态。因此也可以用判别用户线状态变化的办法来识别。此外,我们还必须区分每一串脉冲,即要识别出二位号码之间的"位间隔",以便接收完整号码。因此我们将分两部分来讨论拨号号码接收的原理。

1. 脉冲识别

拨号盘所发的拨号脉冲有规定的参数。我国规定的号盘脉冲的参数有:

- 脉冲速度:即每秒钟送的脉冲个数。规定脉冲速度为每秒种 8～16 个脉冲;
- 脉冲断、续比:即脉冲宽度(断)和间隔宽度(续)之比,如图 6.8 所示。规定的脉冲断、续比范围为 1∶1～3∶1。

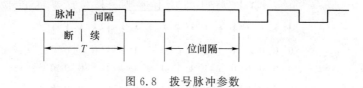

图 6.8 拨号脉冲参数

我们来算一算在最坏情况下,即最短的变化间隔(脉冲或间隔宽度)是多少,由此来决定扫描间隔时间。

规定的号盘最快速度是每秒 16 个脉冲,也就是说脉冲周期 $T=\dfrac{1\,000}{16}=62.5\,\text{ms}$。断续比为 3∶1 时续的时间最短。它占周期的 1/4,即 15.625 ms。这样要求扫描的最长间隔不能大于这个时间,否则要丢失脉冲。假定取扫描间隔为 8 ms。

脉冲识别原理如图 6.9 所示。

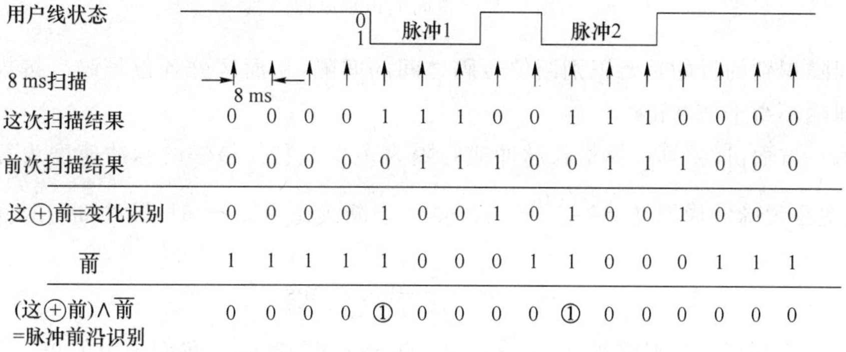

用户线状态					0 1	脉冲1				脉冲2							
8 ms扫描 8 ms																	
这次扫描结果	0	0	0	0	1	1	1	0	0	1	1	1	0	0	0	0	
前次扫描结果	0	0	0	0	0	1	1	1	0	0	1	1	1	0	0	0	
这⊕前=变化识别	0	0	0	0	1	0	0	1	0	1	0	0	1	0	0	0	
前	1	1	1	1	1	0	0	0	1	1	0	0	0	1	1	1	
(这⊕前)∧前 =脉冲前沿识别	0	0	0	0	①	0	0	0	0	①	0	0	0	0	0	0	

图 6.9 脉冲识别原理

在图 6.9 中,这⊕前＝变化识别,它标志状态的变化。当用户线状态变化(从"1"变为"0"或者从"0"变为"1")时,变化识别为"1"。对于一个脉冲来说,是前沿和后沿各识别一次。可以任取一个来识别脉冲。图 6.9 中采用的是脉冲前沿识别。因此又将"变化识别"和前次结果相与。图中有 2 个脉冲,就出现 2 个"1"

从逻辑上讲,

$$(A\oplus B)\wedge \overline{B}=(A\,\overline{B}+\overline{A}B)\wedge \overline{B}=A\,\overline{B}$$

也就是说，

$$（这\oplus前）\wedge\overline{前}=这\wedge\overline{前}$$

相当于前面所说的挂机识别。同样

$$（这\oplus前）\wedge前=\overline{这}\wedge前$$

相当于摘机识别。

在这里采用比较麻烦的逻辑运算的原因是需要"变化识别"这个结果。这在位间隔识别中要用到。

2. 位间隔识别

位间隔识别原理如图 6.10 所示。

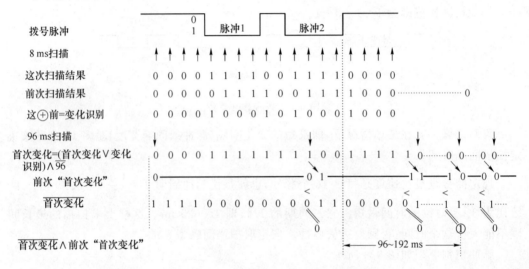

图 6.10　位间隔识别原理

位间隔识别的目的是要识别两位号码之间的间隔，从而区分各位号码。按规定拨号盘的位间隔不小于 250 ms。

从另一方面讲，要算一算最长脉冲或间隔为多少毫秒。最慢的脉冲速度为每秒 8 个脉冲，这就是说脉冲周期 $T=\dfrac{1\ 000}{8}=125$ ms。当断续比为 3∶1 时，脉冲(断)时间应为

$$125\ \text{ms}\times\frac{3}{4}=93.75\ \text{ms}$$

所以位间隔识别程序要能鉴别 93.75 ms 和 250 ms 间的间隔。我们采用了 96 ms 扫描程序来识别。

图 6.10 中，在"变化识别"以前的数据和图 6.9 中的脉冲识别完全一样。以后就要由 96ms 程序和 8ms 程序协同工作。位间隔识别要讨论的主要也是这段工作过程。

位间隔识别的基本原理是要识别两个关键点：

(1) 识别在前 96 ms 周期内没有发生过变化。这就排除了脉冲变化的因素。因为脉冲最长间隔如前面所计算的那样为 93.75 ms＜96 ms；

(2) 识别出在此以前的最后一次变化是在 96 ms 以前的那个周期内（即前 96～

192 ms 期间)。这一条件可以保证在位间隔开始 96 ms 后的第一个周期就能识别到。而且保证以后各次扫描(>192 ms)不识别。

为此引入了"首次变化"这个变量,它标志着首次碰到了"变化"。平时它为"0",当首次碰到了变化以后,它就变为"1",以后永远为"1"。这个要求可以在下式的逻辑运算上实现:

$$首次变化 = 首次变化 \lor 变化识别$$

当首次变化＝0 时,只要变化识别＝0,则首次变化永远为"0"。一旦出现"变化",即变化识别＝1,首次变化就变为"1",而且以后不管变化识别如何改变都不能改变首次变化的"1"值。

为保证上述的首次变化平时为"0"这一点,让 96 ms 程序每次都将它清"0"。这样就形成了下列计算式

$$首次变化 = (首次变化 \lor 变化识别) \land \overline{96}$$

在每次 96 ms 程序执行期间来检查"首次变化"这个变量,若为"0",说明在前 96 ms 周期内没有发生过变化;若为"1",说明已发生过变化(可能是脉冲变化,也可能是位间隔变化)。那末就看下一个 96 ms 周期,若仍有变化,那就是脉冲变化;若无变化,那就是位间隔变化(>96 ms 无变化)。在再下一个周期内仍能识别出"无变化"。但是已经识别出一次了,不能再作重复识别。

综上所说,只要识别两个变量就可以了:①上一个 96 ms 周期内无变化;②再上一个周期内(96~192 ms)有变化就可确认为位间隔了。图 6.10 中的首次变化是识别变量①的,$\overline{首次变化}＝1$,说明上一周期内无变化,否则有变化。图中的前次"首次变化"是识别后一个变量的,前次"首次变化"是读取"首次变化"的存储内容,不过 96 ms 读一次。读的正是再上一个周期的最后结果。前次"首次变化"＝1,说明再上一个周期(96~192 ms)有过变化,否则无变化。将这两个变量进行"与"运算,结果为"1",表示有位间隔。

仅上面所识别的"位间隔"还不够,因为它只证明了前一次变化在 96 ms 以前。那末用户中途挂机也可以达到这个条件,因此必须区别是"位间隔"还是"中途挂机"。区别这个容易,只要区别现在用户处于挂机还是摘机状态即可。前者为中途挂机,后者为位间隔。这时可以查一下"前次扫描结果"的内容。若为"1",说明此时用户已挂机,那末识别的是"中途挂机";若为"0",说明用户正处摘机状态,应为位间隔。

脉冲识别和位间隔识别往往是协同工作的,图 6.11 示出了它们的流程图,图中的(a)为 8 ms 扫描程序;(b)为 96 ms 扫描程序。

§6.4.3　按钮话机拨号号码的接收

1. 按钮话机拨号特点

按钮话机送出的拨号号码由两个音频组成。这两个音频分别属于高频组和低频组。每组各有 4 个频率。每一个号码取其中一个频率(四中取一)。具体按钮话机的按键和相应频率的关系如图 6.12 所示。按钮收号器的基本结构如图 6.13 所示。

2. 收号方法

CPU 从按钮收号器读取号码信息采用"查询"方式。即首先读状态信息 SP。若 SP＝0,表明有信息送来,可以读取号码信息。若 SP＝1,则不能读取。读 SP 后也要进行逻辑运

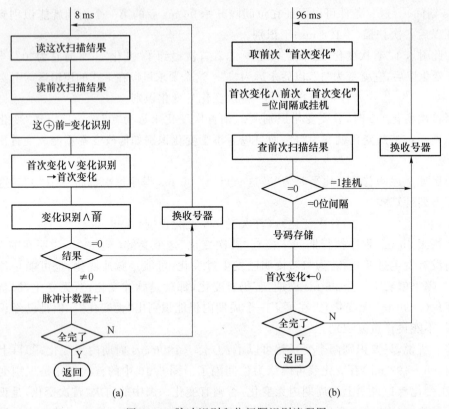

图 6.11　脉冲识别和位间隔识别流程图

	1 209 Hz	1 336 Hz	1 477 Hz	1 633 Hz
697 Hz	1	2	3	A
770 Hz	4	5	6	B
852 Hz	7	8	9	C
941 Hz	*	0	#	D

图 6.12　按钮话机号盘示意图

算识别 SP 脉冲的前沿,然后读出数据。这个方法和前面所述一样,这里不再重复。按钮号码识别方法如图 6.14 所示。一般按钮信号传送时间大于 40 ms,因此用 16 ms 扫描周期已能识别。

§6.4.4　多频信号的接收

多频信号用于局间信号,它是六中取二信号,因此也是接收两个频率的音频信号,它的接收和按钮话机的拨号信号的接收一样。

§6.4.5　中继器监视扫描

中继器监视扫描主要是检测线路信号,一般线路信号在交换机输入端表现为电位的

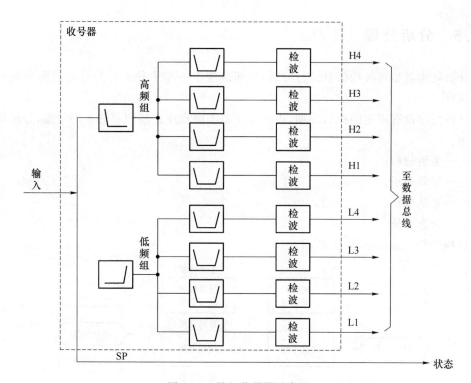

图 6.13　按钮收号器示意图

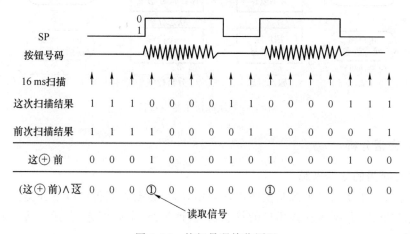

图 6.14　按钮号码接收原理

变化(或脉冲)。因此对线路信号的识别和用户线监视扫描的方法相同。

§6.4.6　处理机间通信信息的接收

处理机间的通信信息是通过专用的时隙(例如 TS16)来实现的。它也和其他输入信息一样,可能引起状态的转移。一般它由处理机间通信控制程序控制。

§6.5　分析处理

分析处理就是对各种信息进行分析,从而决定下一步干什么? 分析处理由分析程序负责执行。

分析程序没有固定的执行周期,因此属于基本级程序。按照要分析的信息,分析处理可分为:

——去话分析;

——号码分析;

——来话分析;

——状态分析。

各种分析功能如图 6.15 所示。

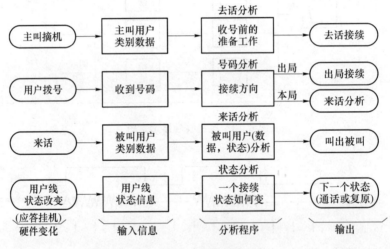

图 6.15　分析程序基本性能

§6.5.1　去话分析

1. 供分析用的数据来源

去话分析的主要信息来源是主叫用户数据,用户数据大概包括以下各类:

- 用户状态:包括现在该用户的状态,如去话拒绝、来话拒绝、去话来话均拒绝、临时接通等;
- 用户类别:包括单线用户、投币话机、测试用户、集团用户、数据传真等。此外,还可以进一步分类,如投币话机可以按计费方法分为单式计费、复式计费等;
- 出局类别:这指的是用户能够呼叫的范围,如只允许本区内部呼叫、允许市内呼叫、允许国内长途呼叫、允许国际呼叫等;
- 话机类别:是按钮话机还是号盘话机;
- 用户的专用情况类别:例如是否热线电话、是否优先用户、优先几级? 能否做国际呼叫被叫等;

- 用户服务类别和服务状态:这包括是否有以下各类服务:缩位拨号、呼叫转移、电话暂停、缺席服务、呼叫等待、三方呼叫、叫醒服务、遇忙暂等、密码服务等;
- 用户计费类别:包括自动计费、专用计数器计次、免费等;
- 各种号码:包括用户电话簿号、用户内部号、用户所在局号、呼叫转移电话簿号、热线电话簿号、呼叫密码等。

对于不同用户可能用不同用户电路,如普通用户电路、带极性倒换的用户电路、带直流脉冲计数的用户电路、带交流脉冲计数的用户电路、投币话机专用用户电路等。这些内容也要在用户类别数据中得到反映。

2. 分析程序流程图

去话分析程序主要是对上述有关主叫用户情况进行逐一分析。然后作正确判断。去话分析程序流程图如图 6.16 所示。

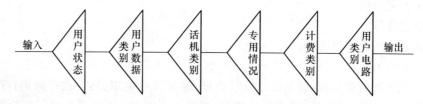

图 6.16　去话分析程序流程图

3. 分析方法

由于用户数比较多,情况比较复杂,为节省存储器容量,往往采用逐次展开法。

各类相关数据装入一个表中,各表组成一个链形队列,然后根据每级分析结果逐步进入下一表格。逐次展开分析方法如图 6.17 所示。

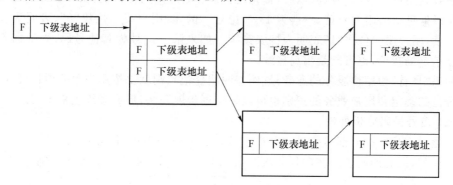

图 6.17　逐次展开法查表

图 6.17 中 F 为标志位。F＝1 表明存在下级表;F＝0 表示不存在下级表。

4. 分析结果处理

分析后要将结果转入输出处理程序,执行相应任务。例如,分析结果表明允许呼叫,则向其送拨号音,并根据话机类别接上相应收号器;若结果表明不允许呼出,则向其送忙音。又例如,若表明为热线用户,则立即查出被叫号码,转入来话分析处理程序。

§6.5.2 号码分析

1. 分析数据来源

号码分析的数据来源是用户所拨的号码,它可能直接从用户话机接收下来,也可能通过局间信令传送过来,然后根据所拨号码查找译码表进行分析。

译码表的寻址是根据用户所拨号码,即电话簿号而编排的。译码表可以包括以下内容:

- 号码类型:包括市内号、特服号、国际号等;
- 剩余号长:即还要收几位号;
- 局号;
- 计费方式;
- 重发号码:包括在选到出局线以后重发号码,或者在译码以后重发号码;
- 录音通知机号;
- 电话簿号;
- 规定的用户数据区号;
- 特服号码索引:包括申告呼叫、火警、匪警、呼叫局内操作员等各项特服业务;
- 用户业务的业务号:包括缩位拨号登记、缩位拨号使用、缩位拨号撤消;呼叫转移登记、呼叫转移撤消;叫醒业务登记、叫醒业务撤消;热线服务登记、热线服务撤消;缺席服务登记、缺席服务撤消等等。

2. 分析步骤

可分为两部分:

(1) 预译处理

在收到用户所拨的"号首"以后,首先进行预译处理,分析用户提出什么样的要求。

预译处理所需用的号首,一般为1～3位号。例如,用户第一位拨"0",表明为长途全自动接续;用户第一位拨"1"表明为特服接续。如果第一位号为其他号码,则根据不同局号可能是本局接续,也可能是出局接续。

如果"号首"为用户服务的业务号(例如叫醒登记),则就要按用户服务项目处理。

号位的确定和用户业务的识别也可以采用逐步展开法,形成多级表格来实现。

(2) 拨号号码分析处理

这是对用户所拨全部号码进行分析。可以通过译码表进行,分析结果决定下一个要执行的任务,因此译码表应转向任务表。图 6.18 为号码分析程序流程图一例。

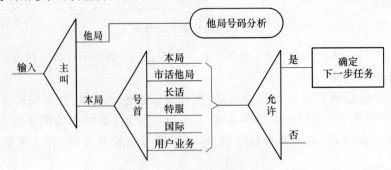

图 6.18 号码分析程序流程图

§6.5.3　来话分析

来话分析的数据来源是被叫方面的用户数据以及被叫用户的用户忙闲状态数据。此外，对于被叫用户还有专门的类别数据，这些数据按照电话簿号码寻址。它们有：

- 用户状态：如去话拒绝、来话拒绝、去话来话均拒绝、临时接通等；
- 用户设备号：包括模块号、机架号、板号和用户电路号；
- 截取呼叫号码；
- 恶意呼叫跟踪；
- 辅助存储区地址；
- 用户设备号存储区地址等。

用户忙闲状态数据包括：

- 被叫用户空；
- 被叫用户忙，正在作主叫；
- 被叫用户忙，正在作被叫；
- 被叫用户处于锁定状态；
- 被叫用户正在测试；
- 被叫用户线正在作检查等等。

在来话分析时还要采用用户其他数据，如计费类别数据、服务类别和服务状态数据等。

来话分析流程图如图 6.19 所示。来话分析也可采用逐次展开法。

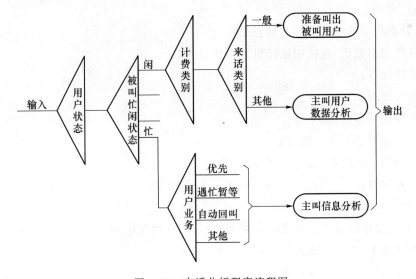

图 6.19　来话分析程序流程图

§6.5.4　状态分析

状态分析的数据来源是稳定状态和输入信息。在 SDL 图中已可见到,用户处于某一稳定状态时,CPU 一般是不予理睬的,它等待外部输入信息。在外部输入信息提出处理要求时,CPU 才能根据现在稳定状态来决定下一步应该干什么,要转移至什么新状态等等。

因此,状态分析的依据应该是:

- 现在稳定状态(如空闲状态、通话状态等);
- 输入信息:这往往是电话外设的输入信息或是处理要求。如用户摘机、挂机等;
- 提出处理要求的设备或任务:如在通话状态,挂机用户是主叫用户还是被叫用户等。

状态分析程序根据上述信息经过分析以后,确定下一步任务。例如,在用户空闲状态时,从用户电路输入摘机信息(从扫描点检测到摘机信号),则经过分析以后,下一步任务应该是去话分析。于是就要转向去话分析程序。如果上述摘机信号来自振铃状态的用户,则应为被叫摘机,下一步任务应该是接通话机。

输入信息也可能来自某一"任务"。所谓任务,就是内部处理的一些"程序"或"作业",与电话外设无直接关系。例如忙闲测试(用户忙闲测试、中继线忙闲测试和空闲路由忙闲测试与选择等),CPU 只和存储区打交道,与电话外设不直接打交道。调用程序,这也是任务。它也有处理结果,而且也影响状态转移。例如,在收号状态时,用户久不拨号,计时程序送来超时信息,导致状态转移,输出送忙音命令,并使下一状态变为"送忙音"状态。

状态分析程序的输入信息大致包括:

- 各种用户挂机,包括中途挂机和话毕挂机;
- 被叫应答;
- 超时处理;
- 话路测试遇忙;
- 号码分析结果发现错号;
- 收到第一个脉冲(或第一位号);
- 优先强接;
- 其他。

状态分析程序也可以采用表格方法来执行,表格内容包括:

- 处理要求,即上述输入信息;
- 输入信息的设备(输入点);
- 下一个状态号;
- 下一个任务号。

前两项是输入信息,后两项是输出信息。图 6.20 为状态分析流程图一例。

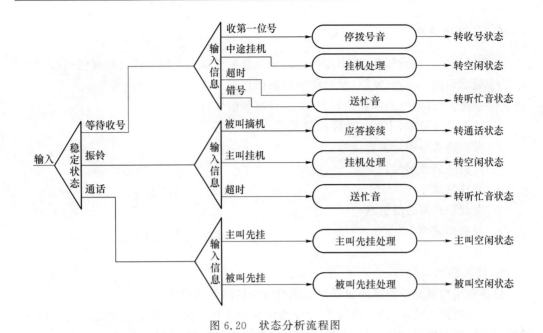

图 6.20　状态分析流程图

§6.6　任务执行和输出处理

在进行分析处理后,分析程序给出结果,并决定下一步要执行的任务号码。

任务的信息来源于输入处理,任务的执行就是要完成一个交换动作。

§6.6.1　任务执行

任务执行分为三个步骤:

(1)动作准备

首先要准备硬件资源,即要启动的硬件和要复原的硬件。并在启动以前在忙闲表上示忙。要编制启动或复原硬件设备的控制字(控制数据),准备状态转移。所有这些均在存储器内进行。

(2)输出命令

即根据编制好的命令进行输出,也就是进行输出处理。关于输出处理具体内容将在下面介绍。

(3)后处理

硬件动作,转移至新状态后,软件又开始新的监视。下一步怎么办就要根据监视结果来决定。对已复原设备要在忙闲表中示闲。

任务执行也可采用表格方法,可组成若干任务表,由分析处理程序执行结果来选择相应任务表。

任务表中列出各项具体任务:如话路管理任务、控制字编辑任务等等,按顺序一一调用。

§6.6.2 输出处理

上面已经说过执行任务、输出硬件控制命令是属于输出处理。输出处理包括:

- 通话话路的驱动、复原(发送路由控制信息);
- 发送分配信号(例如振铃控制、测试控制等信号);
- 转发拨号脉冲,主要是对模拟局发送;
- 发线路信号和记发器信号;
- 发公共信道信号;
- 发计费脉冲;
- 发处理机间通信信息;
- 发送测试码;
- 其他。

1. 路由驱动

包括对用户级交换网络的驱动和对选组级交换网络的驱动。

数字交换网络的接线器(包括 T 接线器和 S 接线器)的驱动命令主要是编辑控制字,然后写入控制存储器,控制字还要反映双套交换网络和双套 CPU 的关系。

要驱动的路由包括通话话路,信号音发送路由和信号(包括拨号信号和其他信号)接收路由。

路由的复原只要向控存相应单元填入初始化内容(全 1 或全 0)即可。

2. 发送分配信号

分配信号驱动的对象可能是电子设备,也可能是继电器(例如振铃继电器、测试继电器等)。这两者的驱动方法有区别,电子设备动作速度较快,不需等待;而继电器动作较慢,可能是几毫秒,甚至十几毫秒时间。因此,CPU 在执行下一任务之前要作适当"等待"。即要等几毫秒钟(例如 20 ms)以后,确认继电器已动作完毕,才能转向下一步任务。

分配信息也要事先编制。例如向用户振铃,则要编制用户设备号,同时要参考用户组原先状态,以免出现混乱。

3. 转发脉冲

有时需要转发直流脉冲。

在发送脉冲号码以前应把所需转发的号码按位存放在相应存储区内,由脉串控制信号逐位移入"发号存储区"。

发号存储区存放现在应发号码(脉冲数),在发号过程中,每发一个脉冲减 1,直至变零为止。

发号存储区还包括发号请求标志、节拍标志、脉串标志等内容。

脉冲转发的原理可以由下例说明。

为简单起见,设备发送的脉冲周期为 96 ms,脉冲断续比为 2∶1,即断(脉冲)64 ms,续(间隔)32 ms。这样做是可以使得转发脉冲程序每隔 32ms 周期执行一次,以便简化时间表。

节拍标志由两位组成,它们可能为:

节　　拍	F_1	F_2	动　　作
节拍 0	0	0	送脉冲
节拍 1	1	0	不变(继续送脉冲)
节拍 2	0	1	停送脉冲

脉串标志为 1 位。在送脉冲串期间为"1",间歇期间为"0"。

脉串程序可以每隔 96 ms(脉冲周期)执行一次。每次使发号存储区内应发号码减 1,直至减到零时,将脉串标志变为零。这时就不送脉冲,表示位间隔。位间隔的延时也可以在发号存储区中设一个计数器来控制。转发脉冲示意图见图 6.21。

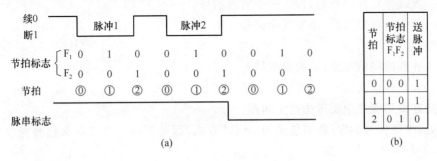

图 6.21　脉冲转发原理

其工作过程如下:

整个工作由转发脉冲程序(执行周期为 32 ms)和脉串程序(执行周期为 96 ms)控制执行。当要求转发脉冲时,就将转发的各位号码放入发号存储区内,然后将"发号请求标志"置"1",表示要求转发脉冲,并把要发号的位数放入号位计数器。

(1) 脉串程序发现号位计数器不为零,并且发号请求标志为"1",表示要转发脉冲,于是就将脉串标志置"1",代表开始转发脉冲;

(2) 转发脉冲程序每 32 ms(一个节拍)将节拍标志修改一次。如图中一开始为节拍 0,即 $F_1=0$,$F_2=0$,就把"送脉冲信号"置"1"启动硬件送出"1"(送脉冲"1",见图 6.21),并修改节拍标志,使 $F_1F_2=10$;

(3) 下一次转发脉冲程序发现 $F_1F_2=10$,则保持送脉冲信号为"1"状态,继续送出脉冲,同时置 $F_1F_2=01$,并将脉冲计数器减 1,表示已送出一个脉冲;

(4) 再下次转发脉冲程序发现 $F_1F_2=01$,表示应送脉冲间隔或者一串脉冲结束。这时先检查脉冲计数器是否为零,若为零,表示一串脉冲结束,下面应送位间隔,不送脉冲间隔,这留待脉冲程序解决。若脉冲计数器内容不为零,表示要送脉冲间隔,这时就把"送脉冲信号"置"0",硬件送出"0"(脉冲间隔),修改节拍标志使 $F_1F_2=00$;

(5) 脉串程序检查脉冲计数器内容为零,则将脉冲串标志置"0"。这时即使 F_1F_2 变化也不受影响,即转发送脉冲信号为常"0"。这个时间由计数器控制,保证位间隔大于 300 ms。同时把下一个号移入发号存储区,并将号位计数器减 1。如检查脉冲计数器内容不为零,表示不需要送位间隔,则可以不予理睬。

300 ms 以后脉冲标志为"1",重复上述过程,直到号位计数器为零,表示转发完毕。

4. 多频信号的发送

多频信号的发送和发脉冲方法相似,但多频信号的发送和接收分为四个节拍,即:

(1) 发端发送前向信号;

(2) 终端收到前向信号后,发后向信号;

(3) 发端收到后向信号后,停前向信号;

(4) 终端发现停前向信号后,停后向信号;

(5) 发端发现停后向信号后,发下一个前向信号,开始下一循环。

这四个节拍是发端和终端各占二拍,即要求:

发端:

——发现停后向信号后,发下一个前向信号;

——收到后向信号后,停发前向信号。

终端:

——收到前向信号后,发后向信号;

——发现停前向信号后,停后向信号。

因此在发送程序中要考虑这个问题。

此处,多频信号的发/收可能采用"互控"方式,因此下一个要发什么信号与收到的信号有关,处理起来麻烦一些。

5. 线路信号的发送

线路信号的发送可由硬件实现,处理机只发有关控制信号。

公共信道信号的处理在第 9 章中专门讨论。其他如计费问题比较复杂,要根据具体情况处理,处理机间通信如采用内部总线或者 TS16 等专用时隙,则仅仅是处理机间的数据交换,若采用 CCITT No.7 信号,则和上述问题同样处理。这就分内容将在第 9 章中讨论。

复 习 题

1. 一个呼叫的处理过程分几个大步骤?

2. 局内接续过程的状态迁移图。

3. 用户摘、挂机识别原理。

4. 脉冲识别原理。

5. 位间隔识别原理。

6. 按钮号识别原理。

7. 四种分析程序的基本功能、输入信号、输出信号和分析范围。

8. 输出处理的基本功能。

9. 软件转发脉冲原理。

练 习 题

1. 画出对用户扫描的流程图,要区别它们的摘、挂机状态变化,并分别送入"摘机队列"和"挂机队列"中去(采用群处理方法)。

2. 是否可以用图 6.4 原理来进行脉冲识别? 若可以,则参照图 6.9 画出识别原理。这时会产生什么问题?

3. 上题中,若是倒过来,用图 6.9 原理来识别摘、挂机是否可以? 你对此有何评价? 你可以利用哪些有利条件?

4. 图 6.14 中按钮号接收采用什么方法? 为什么还要做"这⊕前"的运算,没有它将会产生什么问题?

5. 试利用逐次展开法设计图 6.15 中各项分析程序的任务表。

6. 利用图 6.21 设计断续比为 1∶1(断续各为 48 ms)的转发脉冲程序,并画出流程图。

7. 图 6.10 中若位间隔识别程序放在用户群扫描程序以后,会有什么不同? 哪一种更好一些(从识别的正确性方面考虑)?

第7章 交换技术基础

§7.1 话务量基本概念

§7.1.1 话务量定义

1. 什么叫话务量

电话用户进行通话要占用电话交换机的机键设备。用户通话次数的多少和每次通话所占用的时间都从数量上说明了用户需要使用电话的程度，或者说交换机键被占用的程度。从数量上表明用户占用交换网络和交换机键程度的量叫做"话务量"。话务量与用户的呼叫次数和每次呼叫的平均占用时间有关。它可用以下公式表示：

$$A = C \times t \tag{7-1}$$

其中：A——话务量；

C——呼叫次数；

T——每次呼叫的平均占用时间。

话务量的单位叫"爱尔兰"（Erlang），或叫"小时呼"，简写为 Erl。例如在某一小时内用户共发生 250 次呼叫，并且每次呼叫的平均占用时间为 3 分钟。则认为在这一小时内该交换机承受的话务量为

$$A = c \times t = \frac{250 \times 3}{60} = 12.5 \ \text{Erl}$$

单位时间内流过的话务量叫话务强度，它表示在单位时间 T 内形成的话务量。话务强度可由下列公式表示：

$$A = \frac{C \times t}{T} \tag{7-2}$$

其中单位时间 T 可以是一小时，也可以是若干小时。但其结果都是一小时（单位时间）形成的话务量。

话务量也可用分钟呼（cm）或百秒呼（ccs）来表示。它们和爱尔兰的关系为

1 爱尔兰（小时呼）＝60 cm＝36 ccs

2. 忙时、忙时呼叫和忙时话务量

对某个交换局来说,一昼夜期间所承受的话务量是变化的。而且变化范围很大。一般夜间达到最低值,而在上午工作繁忙时间达到某一最高值,中午休息期间有所减弱,到下午某一时间出现另一峰值。图 7.1 是这种变化的一个例子。

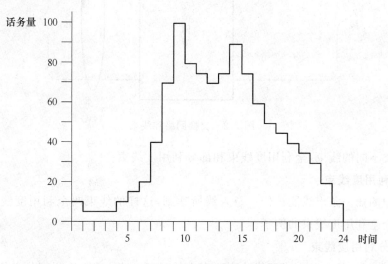

图 7.1　全天话务量变化示例

我们在考虑交换局的机键数量时,总是以忙时话务量为基本数据。

3. 呼损概率

如果在用户的一次呼叫时,由于在交换网络中找不到空闲出线而未能完成通话,把它叫做"呼叫损失",简称"呼损"。呼损是偶然事件,所以应该叫做呼损概率。

有两种对待呼损的不同处理方式:明显损失制和等待制。在呼叫中如果遇到出现全忙而找不到空闲出线时,用户立即听到忙音,表示本次呼叫遭到损失。这是明显损失制。在等待制中,当用户找不到空闲出线时,不是立即听忙音而是等待有空闲出线时给予接续。

4. 原发话务量和完成话务量

加入到交换网络的输入线上的话务量称作原发话务量;而在输出端送出的话务量叫做完成话务量。它们之差叫做损失话务量,即由于交换网络有阻塞而遭受损失的话务量。

三者间的关系可以用下式表示:

$$A_c = A_o(1-B) = A_o - A_o B \tag{7-3}$$

式中　A_c——完成话务量(Carried traffic);

$\quad$ A_o——原发话务量(Offered traffic);

$\quad$ B——呼损;

$A_o B$——损失话务量(Lost traffic)。

§ 7.1.2　线束的概念

交换网络是一个将若干入线和能被这些入线达到的若干出线之间的交叉矩阵。这些出线可以组成一个或几个线束。图 7.2 表示出具有一个线束的交换网络。

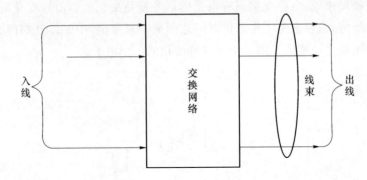

图 7.2 交换网络和线束

有两类不同的线束:全利用度线束和部分利用度线束。

1. 全利用度线束

线束中的任一条出线能被任一条入线所达到,这样的线束叫全利用度线束。图 7.3 示出了一个全利用度线束的例子。

2. 部分利用度线束

在图 7.4 中,任一条入线不能达到所有出线的任一条,只能达到部分出线,这就是部分利用度线束。图中入线 1~50 只能达到 15 条出线中的 10 条,即 1~5 和 11~15 号出线;而入线 51~100 只能达到 6~10 和 11~15 号出线。

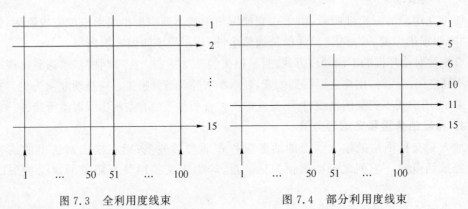

图 7.3 全利用度线束   图 7.4 部分利用度线束

§7.1.3 爱尔兰呼损公式及其应用

1. 爱尔兰呼损公式

在已知话务量和规定呼损情况下要计算出线需要使用呼损公式。有各种不同的呼损公式,这里我们只介绍常用的爱尔兰呼损公式。爱尔兰呼损公式适用于明显损失制全利用度系统。

爱尔兰呼损公式由下式表示:

$$E_n(A) = \frac{\dfrac{A^n}{n!}}{\displaystyle\sum_{i=0}^{n}\dfrac{A^i}{i!}} \tag{7-4}$$

其中: $E_n(A)$ ——呼损;

A ——原发话务量(爱尔兰);

n ——出线数。

这个公式计算起来十分麻烦。为了工程上计算方便,有人已将公式制成表格,叫做"爱尔兰呼损公式表",简称"爱尔兰表"。只要已知公式(7-4)中 A, n, E 三个变量中任意两个,就可查出第三个变量。

2. 爱尔兰公式的应用

下面来看几个例子:

例 1 一个交换机,其交换网络接 1 000 个用户终端,每个用户忙时话务量为 0.1 Erl。该交换机能提供 123 条话路同时接受 123 个呼叫。求该交换机的呼损。

解 交换机的总话务量为

$$A = 0.1\ \text{Erl} \times 1\ 000 = 100\ \text{Erl},\text{出线数}\ n = 123$$

查爱尔兰表(本书中没有)可得呼损 $B = 3‰$。

例 2 设有 10 个用户公用交换机的 2 条话路。每个用户的忙时话务量为 0.1 Erl,求呼损。

解 总话务量为

$$A = 0.1\ \text{Erl} \times 10 = 1\ \text{Erl}, n = 2$$

查表可得呼损 B = 0.2。

§7.2　交换网络的内部阻塞

前面我们讨论的是交换网络的入线和出线之间的关系。其呼损仅仅是由于出线全忙而引起的。但是在交换机中,交换网络往往是有若干级组成。在入线和出线之间还有内部各级之间的连线,叫做"链路"。这样,当链路全忙时,由于入线找不到空闲链路而不能达到空闲出线,也可引起呼损。由于交换网络内部级间链路不空而导致呼叫损失的情况叫做交换网络的"内部阻塞"。

图 7.5 为一个 TST 三级交换网络,有 16 条输入母线和 16 条输出母线,每条母线有 256 个时隙,即输入和输出各有 $256 \times 16 = 4\ 096$ 条话路。A 级和 B 级之间的有 16 条母线,有 4 096 条 AB 链路。B 级和 C 级之间也有 4 096 条 BC 链路。

根据计算,这种无集中、无扩散的网络在话务量较高(譬如 0.8 Erl)时有较大的呼损(内部阻塞)。其阻塞的概率可达 67%。要减少内部阻塞,就要扩大链路数,AB 级是扩散的,而 BC 级是集中的。等到链路数是入、出线数的 2 倍(本例中的母线数达到 512 条),这时网络就没有内部阻塞了。这种网络叫"无阻塞网络"。当然这是以增加设备、提高成本为代价的。设计者要考虑的是如何折中,尤其在当今广泛采用的多级(大于三级)网络中,

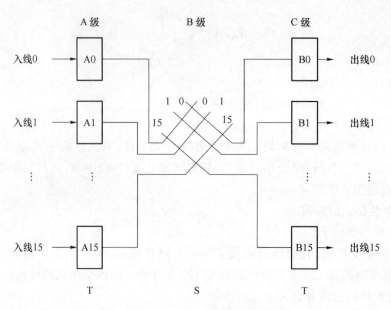

图 7.5　TST 交换网络

更要核算。好在交换网络在整个交换机的成本中所占的比重不大，还比较好办。

§7.3　控制部件的呼叫处理能力—— BHCA

评价一台程控交换机的话务能力一般有两个基本参数：
- 通过交换网络可以同时连接的路由数，即前面所介绍的话务量，用 Erl 数表示；
- 单位时间内控制设备能够处理的呼叫数。

对于数字交换机来说，一般交换网络的阻塞率很低，能通过的话务量较大，因此交换机的话务能力往往受到控制设备的呼叫处理能力的限制。

控制部件对呼叫的处理能力——BHCA：(Busy Hour Call Attempts)以忙时试呼次数来衡量。这是一个评价交换系统的设计水平和服务能力的一个重要指标。

§7.3.1　计算 BHCA 的基本模型

首先引入几个定义：

系统开销：在充分长的统计时间内，处理机用于运行处理软件的时间和统计时长之比，即时间资源的占用率。

固有开销：与呼叫处理次数（话务量）无关的系统开销，例如各种扫描的开销。

非固有开销：与呼叫处理次数有关的系统开销。

控制部件对呼叫处理能力通常用一个线性模型来粗略地估算。根据这个模型，单位时间内处理机用于呼叫处理的时间开销为

$$t = a + bN \tag{7-5}$$

其中：a 为与呼叫处理次数（话务量）无关的固有开销。它主要是用于非呼叫处理的机时，

并与系统结构、系统容量、设备数量等参数有关。

b 为处理一次呼叫的平均开销。这是非固有开销。不同呼叫其所执行的指令数是不同的，它和呼叫的不同结果（中途挂机、被叫忙、完成呼叫等等）有关，也和不同的呼叫类别（如局内呼叫、出局呼叫、入局呼叫、汇接呼叫等）有关。这里取的是它们的平均值。

N 为单位时间内所处理的呼叫总数，即处理能力值（BHCA）。

例如，某处理机忙时用于呼叫处理的时间开销平均为 0.85（称它为占用率），固有开销 $a=0.29$，处理一个呼叫平均需时 32 ms，则可得

$$0.85=0.29+\frac{32\times10^{-3}}{3\ 600}\cdot N$$

$$N=\frac{(0.85-0.29)\times3\ 600}{32\times10^{-3}}=63\ 000\ \text{次/小时}$$

这就算出了该处理机忙时呼叫处理能力值。

§7.3.2　影响程控交换机呼叫处理能力的因素

影响程控交换机呼叫处理能力的因素很多，从系统容量、系统结构、处理机能力、软件结构到软件编程和编程语言等各方面都对其产生影响。

1. 系统容量的影响

系统容量和呼叫处理能力直接有关，一台处理机所控制的系统容量越大，它用于呼叫处理所花费的开销也就越大，尤其是用于（例如扫描的）固有开销越大，从而降低了处理机的呼叫处理能力。

2. 系统结构的影响

不同的系统结构其开销也不相同。当前的程控交换机多半属于多处理机结构。处理机之间的通信方式，不同处理机之间的负荷（或功能）分配，多处理机系统的组成方式都和系统的呼叫处理能力有关。系统结构合理，各级处理机的负荷（功能）分配合理，使得所有处理机都能充分发挥效率。这相当于提高了处理机的处理能力。相反，若某一个或某一级处理机负荷过重，其他处理机的效率不能得到充分发挥，显然系统的呼叫处理能力就相对降低了。在多处理机系统中，在处理机通信上往往要花费一定开销。处理机越多，开销越大。通信的方式也直接影响系统的能力。效率低的通信方式（如串行口通信）有时会形成高效能处理机能力的"瓶颈"，而使系统能力降低。

不同的处理机备用方式其开销也不相同。例如同步方式的结构要增加校对的额外开销；话务分担方式的结构要求增加单机处理能力和余量，以便在故障状态时有单机工作的可能性。这些都直接影响系统处理能力。

3. 处理机能力的影响

处理机的处理能力，包括指令系统功能的强弱，主时钟频率的高低，能访问的存储空间范围以及 I/O 口的类别和数量等等都影响呼叫处理能力。

同样处理一个呼叫，功能强的指令系统需要执行的指令数来得少，因此所需的开销要少一些。相反则要花费较多开销。主时钟频率高的处理机处理速度快、能力强。处理机能访问的存储空间范围越大，也就是说可能配置的内存空间越大，则程序执行的效率越

高,时间资源也越能得到充分利用。

处理机的 I/O 口主要用来控制电话外设和处理机间的通信,部分用于维护运行等功能。不同 I/O 口其控制和通信的效率不同。处理机提供的 I/O 口效率越高,其呼叫处理能力也越强。

4. 软件设计水平的影响

软件设计水平也是影响处理能力的一个重要因素。首先是有没有一个精炼的操作系统,然后是程序编制是否精炼。我们希望同样处理一个呼叫花费最少的开销。程控交换系统是一个实时系统,实时要求很高。在软件设计时是否注意实时要求对处理能力影响很大。提高操作系统的效率和数据结构的合理性均能减少系统开销和提高处理能力。

编程语言的选择是至关重要的。高级语言有较高的可读性和可移植性,编程效率较高,但其执行文件效率较低。因此在实时要求高、重复次数多的部分采用汇编语言能提高处理机的处理能力。

§7.3.3 系统开销及其分配

时间是一种资源,在实时系统中时间更是一种重要资源。在软件设计中不得不加以精打细算。

在程控交换机运行期间,其控制系统的机时主要由操作系统和呼叫处理软件来占用。因此在讨论时间开销时主要也是讨论这两部分开销。

操作系统任务调度是要占一定开销的,它不随话务负荷大小而变化,因此属于固有开销,其他如通信控制、存储器管理、处理机管理、进程管理、文件管理、时间管理等各项开销是和话务量有关的,话务负荷越大,开销越大,因此属于非固有开销。

呼叫处理软件中的周期级程序如各种扫描的开销是不随话务负荷的大小而变化的。属于固有开销。基本级程序如各种分析处理软件的开销是和话务负荷有关的,属于非固有开销。

除此之外,通常处理机的占用率不设计成100%,而是留有余量以备必要时(过负荷)的需要,这部分开销叫做余量开销。这样可以得出图 7.6 所示的关系曲线。图中的横坐标为 BHCA 值,单位为“次”。纵坐标为系统开销值,以百分比表示。$a1,b1,a2,b2$ 分别

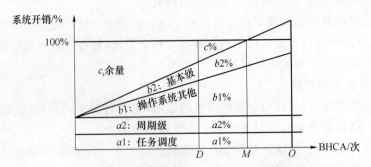

图 7.6 系统开销和 BHCA 的关系

表示前面所讲的操作系统和呼叫处理软件的两个组成部分,其中 $a1$ 和 $a2$ 为固有开销,它们不随话务负荷,即 BHCA 而变化,因此是两条平行于横轴的水平线;$b1$ 和 $b2$ 为非固有开销,即随话务负荷而变化(设它们和 BHCA 形成一个线性关系);还有一部分为余量开销 c。它是 100% 开销减去上述 4 项开销值。

图中横轴上的 M 点为系统能够达到的最大 BHCA 值。这时余量开销 $c\%=0$。设计时当然要留有余量。如图中的 D 点。这时就有一定的 $c\%$,当 BHCA 值达到横轴中的"O"点时,就产生过负荷。

§7.3.4　呼叫类别和试呼的不同结果

1. 呼叫类别

呼叫分为局内呼叫、出局呼叫、入局呼叫、汇接呼叫、出中继呼叫和入中继呼叫等。它们的定义如图 7.7 所示。

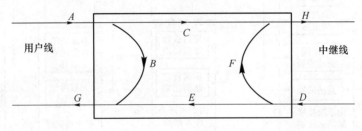

图 7.7　呼叫类别

图中:

A——发端呼叫;B——局内呼叫;C——出局呼叫;D——入中继呼叫;

E——入局呼叫;F——汇接呼叫;G——终端呼叫;H——出中继呼叫。

其中 A 和 D 为始发呼叫量。因此

$$总呼叫量 = B + C + E + F = A + D$$

2. 成功呼叫和不成功呼叫

一次试呼就完成通话,叫做成功呼叫,否则就是不成功呼叫。呼叫不成功有许多原因,如由于用户原因引起的不成功呼叫有摘机不拨号、拨号不全、拨号错误、被叫忙、被叫不应答等等;由交换机本身引起的不成功呼叫原因有交换网络阻塞、系统故障、公用资源全忙等原因。图 7.8 示出了试呼事件的各种情况进行过程。

来自用户线或入中继线的占用信号形成始发呼叫(A 和 D)。它可能遇到:

- 地址有效。代表向交换机送来的占用信号为交换机正确接收;
- 未接通或无效试呼。这可能是由于主叫用户的错误或对端交换机的错误而引起的试呼失败;可能是拨号(或送信号)超时或主叫放弃使得拨号不全;或者可能是主叫或对端局送出不存在地址或非法号码;
- 由于交换机原因引起的试呼失败。包括交换网络阻塞、无空闲公用资源或系统故障。

只有在第一种情况,即收到有效地址以后呼叫才能继续。

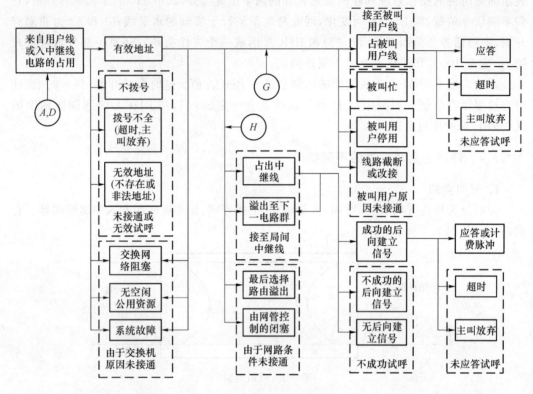

图 7.8 试呼过程流程

若呼叫的被叫为本局用户,进入终端呼叫 G,这时可能由于被叫用户的原因而使试呼失败,其中包括被叫忙、被叫用户停用或线路截断或改接。当被叫空闲时才可占用被叫用户线,向被叫振铃。这时被叫应答,试呼成功,否则若由于超时(被叫久不应答)或主叫放弃则试呼失败。

若为出局呼叫,进入 H(出中继呼叫),这时试呼的结果与网络条件有关。若有关中继线全忙,甚至最后迂回的电路群也溢出,或者路由为网管中心所闭塞,那末试呼就失败了。若能占用到一条出中继线或者一条迂回中继路由就可以进行下一步,即和下一个交换局交换信号。若由下一个交换局来的后向信号表明选择完毕,并且地址全和被叫空,则可进入下一步,否则试呼失败。

下一步是向被叫振铃。若被叫应答,可从下一级交换局收到应答信号或者计次脉冲信号,就算试呼成功,否则试呼失败。

§7.3.5 BHCA 的测量

在上一节中我们是从外部,即试呼结果,或者说从话务负荷角度来考虑呼叫处理能力的。但是实际的情况很复杂。首先不同类型的呼叫其处理的繁简程度是不一样的。另外是在试呼过程中遇到的各种不同情况使得试呼成功或者失败,其处理机的开销也不一样,这样要获得最终的 BHCA 值是不容易的。它必须首先给出各种呼叫类型和各种呼叫结果所占的百分比,而这些参数本身又是随机的和不准确的。因此在测量一台交换机的 BHCA 值时必须加以简化。

测量呼叫处理能力一般采用模拟呼叫器,利用大话务量测试,在进行大话务量测试时规定了几点:

(1)一次试呼处理指一次完整的呼叫接续,即从摘机开始到通话、挂机为止的一次成功呼叫。其他不成功呼叫不考虑。

(2)只考虑最大始发话务量。例如我国规定交换机用户话务量最大为 0.20 爱尔兰/用户,中继话务量为 0.70 爱尔兰/中继线。其中用户线话务量规定为双向话务量。因此又规定用户的发话和受话话务量相等;即用户的始发话务量为 0.1 爱尔兰/用户。

(3)每次呼叫平均占用时长对用户定为 60 s;对中继线定为 90 s。

这样,可以得出 BHCA 值的计算公式

$$BHCA = \frac{用户话务量(爱尔兰/用户) \times 用户数}{每次呼叫平均占用时长}$$
$$+ \frac{入中继线话务量(爱尔兰/线) \times 入中继线数}{每次呼叫平均占用时长}(试呼次数/时) \qquad (7\text{-}6)$$

其中:用户话务量的单位为爱尔兰/用户。

入中继线话务量的单位为爱尔兰/线。

对于每一个用户来说可得

$$BHCA_{用户} = \frac{0.1 \times 1}{60/3\,600} = 6 \text{ 次/时}$$

对于每一条中继线来说可得

$$BHCA_{中继线} = \frac{0.7 \times 1}{90/3\,600} = 28 \text{ 次/时}$$

这就是要测量的标准值。交换机达到该值就算达到指标。

根据以上的计算公式可以得到图 7.9(a)的关系曲线。图中的横坐标为提供的 BHCA 值,纵坐标为完成的 BHCA 值。由于规定只考虑完成的试呼,因此曲线的前半部分形成一个斜率为 1(曲线和轴线成 45°角)的直线。图中设某交换机设计提供的处理能力为 10 万次(注:万次指万次/时)。在正常情况下这 10 万次应该全部完成,即完成的 BHCA 值也是 10 万次。随着提供的试呼次数增加,形成过负荷状态,当过负荷达到设计值的 50%(即 15 万次)时,进行过负荷控制,规定要求这时完成的 BHCA 值不低于 9 万次,(即 90%设计值)。图中由上述两个数所包括的虚线区为不可接受区。也就是说,当负荷值超过设计能力,但尚未达到 50%过负荷值时,完成的呼叫处理能力应该不低于设计的完成能力的 90%(即 9 万次),只有超过 50%设计能力,曲线逐步下降,完成能力低于 90%设计能力时才进行过负荷控制,以保证优先用户的接通率。

图 7.9(b)中示出了交换机有过负荷控制和无过负荷控制时的曲线的对比。从图中可以看出,没有过负荷控制的交换机在发生过负荷时,其实际完成的呼叫处理数急剧下降。过负荷控制能大大改善过负荷状态下的呼叫处理能力。

前面已经说过,在测量 BHCA 时规定了一些前提条件,而实际情况往往不是这样的。那末测量的结果在实际应用中是否有效?实际值和测量值有没有差距?差距是多少?下

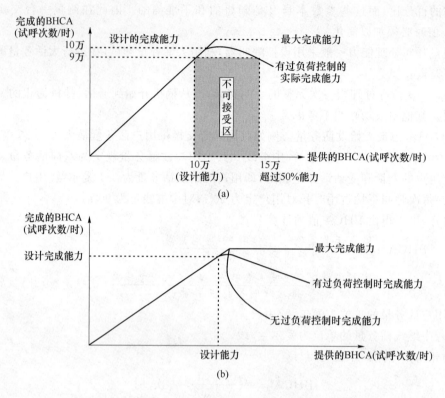

图 7.9　呼叫处理能力的特性曲线

面就来讨论这一个问题。

　　(1) 首先是因为假设了全部试呼为成功呼叫,同时规定了平均一次呼叫占用时长为 60 s。实际上还有一定的百分比的未成功试呼。这一方面造成平均一次呼叫占用时长降低(例如 45 s),另一方面未成功试呼所占系统开销往往来得少一些。这都使得实际 BH-CA 值要比测试值高一些;

　　(2) 另一方面在测量时取的是最大始发话务量,实际中会小一些,这使得实际 BHCA 值要比测试值小;

　　(3) 对于那些接通率较高的交换局来说,它们的平均呼叫占用时长可能超过 60 s,这也促使 BHCA 的减少。

　　有人对一些地区的交换机进行了调查,结果是实际值比测量值高 20%～30%。这是一个参考数,但可以看出,测量的结果误差不至于太大。

　　在测量中对接通率要求很高,我国规定测量呼叫的不成功的概率不应大于 4.4×10^{-4}。即在 1 万次测量试呼叫中不成功的试呼平均不能超过 4.4 次。

§7.3.6　过负荷控制

　　在上一节中已经说过,程控交换机必须有过负荷控制才能保证在过负荷情况下保持一定的处理能力。同时我们看到,当负荷超过设计能力 50% 时,还要保证不低于 90% 的试呼获得成功。因此在现代的程控交换机中过负荷控制是一个重要指标。

在过负荷控制中对交换机的始发呼叫源（用户或入中继线）分为不同的优先级别。在发生过负荷时首先尽快停止处理优先级最低的呼叫源的呼叫，并将其接入录音通知机，以降低总负荷量，若仍过负荷，停止高一级的呼叫源，直到停止对最高优先级呼叫源的处理。由于规定过负荷控制对于已经处理的呼叫要等到它们复原以后才进行，因此在遇到这类呼叫源很多时，每次控制一级起作用就会小一些，甚至效果甚微。这时有可能对优先级最高的呼叫源也进行过负荷控制——停止处理。如何将呼叫源分级还没有具体规定，各类交换机也各不相同，例如有的分为 10 级，有的分为 4 级。

过负荷控制采用以下原则：

- 对终结呼叫的处理优待；
- 优待优先级高的呼叫源（用户或入中继线）；
- 优待对优先级高的终端的呼叫（这要在号码分析以后才能确定）；
- 优待带有优先指示码的入局呼叫（在采用 No.7 信号方式时）；
- 延缓某些非基本的话务处理类型的操作，如管理和维护功能等。但对于一些优先操作所必须的人机通信仍受优待；
- 对网络管理系统的接口提供高优先级，因为它们对缓解过负荷能起重要作用；
- 维持正常的计费和监视功能，对已经建立的接续要等到其释放后才进行控制；
- 优待已经处理的呼叫；
- 赋予交换机重要测试以优先级。

§7.3.7　呼叫处理能力的提高

程控交换机的呼叫处理能力受到各方面因素的影响，因此要提高其处理能力也必须从这些因素出发来考虑。在这一节中提出若干具体需要考虑的因素。

1. 提高系统结构的合理性

当前的程控交换机的控制系统多半是多处理机系统。如何组成这个系统，系统中各处理机如何分工，每台处理机所承担的负荷是否合理，处理机间通信采用什么方式，效率如何，这些都属于系统结构设计中的一些问题。由于当前微处理器乃至微计算机芯片较为便宜，人们在设计控制系统时喜欢用功能较强的处理机，在处理能力上留有较大的富裕。并且尽可能采用这些通用处理机。在整个系统中采用的处理机数量也较为富裕。这样对提高呼叫处理能力来说无疑是有好处的。但是如果处理机的分工不合理，负荷分配不匀，即使某些处理机超负荷工作，但整个系统的处理能力还是不能提高。例如对于分级集中控制系统来说，主处理机往往是中央控制功能，它的负荷一般不会很大。从处理机则往往担负一些重复、处理简单而执行频率又很高、实时要求也很高的工作。它们的负担过重，系统处理能力也提不高。

同样道理，处理机间的通信效率也起着重要作用。低效率的通信会形成"瓶颈"，限制处理机能力的发挥。

2. 提高处理机本身处理能力

除了选用功能强的处理机之外,如何提高现有处理机的能力是一个重要因素。

对于处理机要预计一个占用率,即留多大余量,然后又要分配固有开销和非固有开销;操作系统开销和呼叫处理开销等等。在合理安排的基础上进行软件设计才能心中有数。

提高处理机的主时钟频率当然也能提高处理能力。

3. 设计高效率的操作系统

程控交换系统是一个实时系统,因此要有一个实时操作系统。同时由于程控交换机的特殊性,通用操作系统不完全合适。设计一个简单而又高效的操作系统对提高呼叫处理能力是有益的。

4. 提高软件设计水平

合理按排软件功能模块,以便尽量减少不必要的任务调度和通信的开销。设计中珍惜时间资源,提高处理效率。

5. 精心设计数据结构

尤其要注意提高时间上的效率。必要时可以以空间来换取时间,以减少系统开销。

6. 合理选用编程语言

对一个大型程控交换机来说选用高级语言有许多好处。它的编程效率高,可读性好,易于移植。但对于那些实时要求高、启动频繁的程序采用效率较高的汇编语言以减少系统开销是合理的。

§7.4 可靠性设计

可靠性设计问题最早是在军用电子设备上提出来的,以后逐步发展到各种民用电子设备。可靠性工程本身的发展也是一个从定性要求到定量描述,经过一系列工程方法实现定量控制,逐步发展成为一个专门学术及工程技术分支的过程。可靠性工程涉及面十分广泛,它有一套实用的理论和方法。在这一节中我们只讨论一些基本实用的方法和在程控交换机中的应用。

§7.4.1 概述

1. 基本概念

可靠性就是指产品在规定的时间内和规定的条件下完成规定功能的能力。如果将这句话改成"在规定的时间内和规定的条件下完成规定功能的成功概率"这就是可靠度的定义。这是一个定量指标。

"完成规定功能"有不同含义。如果"完成规定功能"是指系统的技术性能,则可靠性指标可用系统平均故障间隔时间(MTBF)来描述。它依赖于系统中各元器件正常工作的概率和系统的组成。通常所指的可靠度就是这个含义。如果"完成规定功能"是指系统的维修性能,则可靠度就可用系统的平均维修时间(MTTR)表示。这种条件下的"成功概率"通常称为"维修度"。如果"完成规定功能"是指技术性能和维修性能的综合,则可用可

用度 A 来表示:

$$A = \frac{\text{MTBF}}{\text{MTBF} + \text{MTTR}} \tag{7-7}$$

对于可维修系统来讲主要是采用可用度 A 以及有关的 MTBF 和 MTTR。至于太复杂的"完成规定功能"的各项要求,这还是一个学术界中讨论的问题,就不在这里讨论了。

人们对可靠性的认识是逐步深化的。在过去的产品中主要是以机电产品为主,传统的安全设计比较保险,往往会看到傻大粗黑的产品。它们主要矛盾常集中在几何尺寸、重量等的加工质量的保证上。人们首先关心的是性能可靠性及装配的合格率。随着电子产品的不断出现和增多,产品质量的含义就越来越广泛,它的重要性也越来越突出。

长期以来对通信产品没有可靠性指标,但是随着通信技术,尤其是程控交换技术的发展,逐步在通信产品的技术规范中也提出了可靠性指标。

程控交换系统的可靠性定义、概念和预计同一般电子产品大致相同。但又有它的特点。在一般的有关可靠性书籍中比较容易看到的是一般电子产品,尤其是军用产品的可靠性设计。而有关程控交换机的可靠性设计资料较少。在这里首先介绍一般的可靠性定义、概念和预计,然后结合程控交换机的特点来讨论这些问题。

2. 和可靠性指标有关的一些基本定义

在讨论可靠性计算以前先来弄清一些有关名词和定义。

(1) 失效率和平均故障间隔时间

失效率就是单位时间内出现的失效次数,即失效速率。从一定意义上讲失效率是时间的函数。但是对于大量电子元件构成的电子设备来说,经过一段老化以后,失效率是一个常数,这点从理论上也已得到证明。把失效率记做"λ",单位为 $1/\text{h}$(或记做 h^{-1}),国外也有用 $\text{FIT} = 10^{-9}\text{h}$ 或 $\%/\text{h}$ 为单位的(例如 $10^{-5}/\text{h}$ 可记做 $\%/10^3\text{h}$)。对于可维修系统来说,失效率也称做故障率。

和失效率相对应的为"平均故障间隔时间",即是经常碰到的 MTBF(Mean Time Between Failure)。

失效率和平均故障间隔时间互为倒数,即

$$\text{MTBF} = \frac{1}{\lambda} \tag{7-8}$$

(2) 修复率和平均故障修复时间

单位时间内修复的故障数叫做修复率,记做 μ,单位为 h^{-1}。

和修复率相对应的是平均故障修复时间 MTTR(Mean Time To Repair)。它们的关系为

$$\text{MTTR} = \frac{1}{\mu} \tag{7-9}$$

(3) 可靠度和维修度

前面已经说过,可靠度就是"在规定的时间内和规定的条件下系统完成规定功能的概率"。可靠度是时间的函数,用 $R(t)$ 表示。在时刻 t 的可靠度为

$$R(t) = \text{e}^{-\lambda t} \tag{7-10}$$

对于可维修系统来说，系统的可维修的概率称做维修度。它的定义为"可维修系统在规定的条件和规定的时间内，完成维修而恢复到规定功能的概率"。在时刻 t 的维修度为

$$M(t) = 1 - \mathrm{e}^{-\mu t} \tag{7-11}$$

（4）可用度和不可用度

对于可维修系统来说，要考虑系统的维修率因素。这时系统在规定时间内和规定条件下完成功能的概率叫做"可用度"或"有效度"，记作 A。在系统稳定运行时 λ 和 μ 都接近为一个常数值。这时可用度为

$$A = \frac{\mu}{\mu + \lambda} = \frac{\mathrm{MTBF}}{\mathrm{MTBF} + \mathrm{MTTR}} \tag{7-12}$$

和可用度相对应的是"不可用度"或"失效度"。它是在考虑系统的维修率因素时，在规定时间内和规定条件下丧失规定功能的概率，记作 U。

$$U + A = 1$$

或

$$U = 1 - A = 1 - \frac{\mu}{\mu + \lambda} = \frac{\lambda}{\mu + \lambda} = \frac{\mathrm{MTTR}}{\mathrm{MTBF} + \mathrm{MTTR}} \tag{7-13}$$

§7.4.2 可靠性指标预计

对产品的可靠性指标预计有不同的方法。预计结果和两个因素密切相关，即所用模型的真实性和参数的真实性。由于预计时所用的参数大都是统计数据，实际应用条件与统计条件也不尽相同，所以预计结果与真实结果有可能相差 $50\% \sim 200\%$。这都被认为是正常的。

比较常用的方法是"通用元器件计数法"。这就是说，某系统由若干元器件组成，通过了解元器件的失效率来计算系统的失效率。系统的失效率为

$$\lambda_s = \sum_{i=1}^{m} N_i (\lambda_G \pi_Q) \tag{7-14}$$

式中：λ_G——第 i 个通用元器件的通用失效率；

　　π_Q——第 i 个通用元器件的质量系数；

　　N_i——第 i 个通用元器件的数量；

　　m——不同的通用元器件种类数。

有时为了简化计算，认为不同元器件的失效率 λ_G 相同，即为一个常数，或者把它们折合成一个等效失效率（例如折合成一种与非门的失效率），且认为质量系数 $\pi_Q = 1$。这时

$$\lambda_s = N \lambda_G \tag{7-14}'$$

我国机械电子工业部曾颁布元器件失效率数据。一般在 $\lambda_G = 10^{-5} \sim 10^{-6} \mathrm{h}^{-1}$ 之间。国外元器件的失效率要低得多，有时能达到 $10^{-8} \sim 10^{-9} \mathrm{h}^{-1}$ 数量级。随着微电子技术的不断发展，元器件的失效率还在进一步降低。

§7.4.3 降额设计

1. 降额设计基本原理和应力

系统的可靠性指标除了和所使用的元器件本身可靠性有关之外，还和系统的设计有

关。而设计的一个重要环节就是元器件的降额设计。所谓"降额"就是使元器件在低于其额定值的应力条件下工作。合理的降额可以大幅度降低元器件的失效率。降额设计已成为电子设备可靠性保障设计的最有效方法之一。

元器件的设计通常是保证元器件使用时能承受一定的预定应力。一个合格的产品只有在各种应力的综合作用下才出现老化、失效。对产品有影响的应力包括时间、温度、湿度、腐蚀、机械应力(直接负荷、冲击、振动等)、电应力(电压、电流、效率等)等等。如将大量元器件放在额定条件下工作可以观察到一定的失效率,这叫"额定失效率"。当工作应力高于额定应力时,失效率增加,反之要下降。"降低元器件所承受的应力可以显著地降低失效率"。这就是降额设计的理论基础。但同时还必须指出,降额设计必须合理,降额不足或降额太大都会产生不良后果。

元器件所受的应力是随机的,要求用通用公式进行计算是不容易的。涉及环境应力的许多问题目前还没有解决。目前分析环境应力最常用的公式为阿仑乌尼斯化学反应速率公式

$$反应速度 = A\mathrm{e}^{\Delta E/kT} \tag{7-15}$$

式中:A——常数。

ΔE——激活能。超过这个能量,材料的化学反应就能演变成故障状态;

k——玻耳兹曼常数,即 $1.380 \times 10^{-23} \mathrm{J/K}$;

T——绝对温度(K)。

这里的反应速度就是失效率的增加/减少的倍数。根据元器件在较高温下进行温度应力试验获得的经验公式,温度每升高 $10\,℃$ 左右,失效率就会增大一倍。这对大多数元器件来说,在额定工作温度以上时是符合的。

电子元器件的工作电压过高就会产生击穿失效。根据电场强度理论可得元器件的寿命和加到它上面的电压 u 存在下列关系

$$t = \frac{1}{Ku^c} \tag{7-15}'$$

式中:t——元器件平均寿命(h);

K, C——均为常数。

从式中可见,常数 C 影响较大,元器件的失效率与电压应力的 C 次方成正比。通常认为 $C \approx 5$。例如纸电解电容器在 100% 额定电压下使用平均寿命为 1 年;在 70% 额定电压下使用平均寿命为 5 年;在 50% 额定电压下使用平均寿命为 20 年。

不同元器件的电应力标准不尽相同。如对电容器来说应为工作电压和额定电压之比,而电阻器则为相应功率之比;晶体管为功耗之比;而一般二极管则是正向电流之比,但要乘一个修正系数 $C.F$。对于硅器件 $C.F = 1$,锗器件和光电器件

$$C.F = \frac{T_{\mathrm{jm}} - T_{\mathrm{s}}}{150} \tag{7-16}$$

其中:T_{jm}——额定最高结温($℃$);

T_{s}——起始降额温度($℃$)。

此外,设备的工作环境和寿命也有关系。如固定环境下比移动或振动环境下的寿命来得长。工艺也对可靠性产生影响,好的工艺显然要比差的工艺可靠性来得高。

2. 常用元器件的降额设计

各种元器件对降额要求、应力的反应都有差别。在可靠性设计理论上也有相应的计算公式。在这里只对常用元器件的降额使用提供一些有关数据。

(1) 电阻器

电阻器的寿命和工作功耗直接有关。它的电应力应为功率应力。

$$S_P = \frac{P}{P_H} \tag{7-17}$$

式中：P——实际功耗值；

P_H——额定功耗值。

在温度为 45℃时 $S_P = 0.6$ 和 $S_P = 1$ 的失效率比大约为 1/20。温度从 45℃增到 65℃时失效率大约增加一倍。从 45℃增到 70℃时大约增加两倍。

所以电阻器的降额系数(应力 S_P)取在 0.1～0.6 较为合理。环境温度应低于 65℃,最好低于 45℃。当 $S < 0.1$ 时,电阻会受潮气影响,增加化学腐蚀,失效率反而会增加。此外,可变电阻器的失效率比固定电阻器高 1～2 个数量级。所以尽量少用可变电阻器。

(2) 电容器

电容器品种较多,使用材料各不相同,基本失效率比电阻器大约高出 1～3 个数量级。大部分电容器在温度大于 50℃时,每增加 10℃失效率大约要增大(10%～50%)。

电容器的电应力是电压应力,即

$$S_U = \frac{U}{U_H} \tag{7-18}$$

式中：U——工作电压值；

U_H——额定电压值。

当 $S_U > 0.6$ 时,S_U 每增加 10%,失效率就会增加一倍。因此一般建议电容器工作温度在 50℃以下。电应力应选 $S_U < 0.6$。对金属化纸介电容可选 0.5～0.8。

(3) 半导体器件

半导体器件品种很多,其失效率和应力的标准也有所区别。一般二极管和光电管的应力为电流应力；而稳压二极管、晶体管的应力应为功率应力。电应力的表达式为

$$S_I = \frac{I}{I_H}(C.F) \tag{7-19}$$

$$S_P = \frac{P}{P_H}(C.F) \tag{7-20}$$

式中：I 和 P 分别为工作电流和功耗；

I_H 和 P_H 分别为额定电流和功耗；

$C.F$ 为应力修正系数,见(7-16)式。

一般建议,S 取在 0.5 以下,温度小于 50℃。

(4) 电感元件

电感元件包括各类变压器,各种电感线圈。建议工作温度不要大于 75℃,最好在 50℃以下。电流应力应取 0.6～0.7 较为合理。

（5）继电器

继电器的降额主要是指接点工作电流的降额。对于纯电阻负载的额定电流而言，若负载是灯，则应力应小于 0.15 才能保证在接通灯负载瞬时电流不大于额定值。对于电感性负载，应取 $S \leqslant 0.3$；在脉冲开关工作时应考虑设计接点保护电路，尤其是在电感负载时。

（6）接插件

接插件的降额主要考虑两个因素：

- 工作环境温度对接插件中嵌入材料的影响；
- 电流通过接点时火花发热时对接点寿命的影响。

对于程控交换机来说，第一个因素可以不予考虑，因为程控交换机工作温度远离这些材料的极限温度。至于接点负载电流的降额应和继电器相同。

（7）开关

开关接点负载电流的降额也可参照继电器接点的降额设计。

§7.4.4 系统可靠性模型

可靠性结构模型就是从可靠性的角度出发用方框图描述系统与分系统之间的逻辑关系。它是可靠性数学模型的一种图形表示。

1. 独立串联系统

所谓"独立"是指事件（可以指故障也可以指安全等）的发生与否相互均不产生影响，否则就是非独立或相关。独立串联结构如图 7.10 所示。这个系统由若干个分系统 $S_1, S_2, \cdots, S_n$ 组成，任何一个分系统发生故障则系统失效。根据概率的乘法定理，所有分系统都正常系统才正常的概率等于所有分系统正常的概率的乘积，即系统的可靠度为

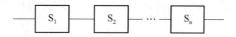

图 7.10 独立串联结构模型

$$R_s(t) = \prod_{i=1}^{n} R_i(t) \tag{7-21}$$

对于 λ 等于常数的分系统来说

$$R_s(t) = \mathrm{e}^{-t\sum_{i=1}^{n}\lambda_i} = \mathrm{e}^{-\lambda_s t} \tag{7-22}$$

因此系统失效率为

$$\lambda_s = \sum_{i=1}^{n} \lambda_i \tag{7-23}$$

系统的平均故障间隔时间为

$$\mathrm{MTBF}_s = \int_0^{\infty} R_s(t)\mathrm{d}t = \frac{1}{\lambda_s} \tag{7-24}$$

这种独立串联型结构模型碰见得很多。

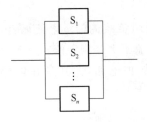

图 7.11　独立并联结构模型

2. 独立并联系统和表决系统

所谓并联系统特点是指"当所有分系统都坏时,系统才坏"。独立并联系统结构如图 7.11 所示。

根据概率的乘法定理,系统的不可靠度等于所有分系统不可靠度之乘积,即

$$F_s = \prod_{i=1}^{n} F_i \tag{7-25}$$

或

$$R_s = 1 - F_s = 1 - \prod_{i=1}^{n} F_i = 1 - \prod_{i=1}^{n}(1 - R_i) \tag{7-26}$$

在实际应用中还采用一种"表决系统"。它也属于独立并联系统的一种。在这种系统中有可靠度相同的 n 个分系统,只要有 k 个($k \leqslant n$)分系统正常时,系统就正常。例如常见的三中取二的表决系统就属于此类。对于这类(n,k)系统结构可用二项分布的公式计算。在这种系统的 n 个系统中有 k 个,或$(k+1)$个,$(k+2)$个,……,直至 n 个正常时,系统就正常。根据概率的加法定理,系统正常的概率即可靠度为

$$R_s = \sum_{i=1}^{n} C_n^i R^i (1-R)^{n-i} = \sum_{i=1}^{n} \frac{n!}{i!(n-i)!} R^i (1-R)^{n-i} \tag{7-27}$$

对于失效率为常数的系统

$$R_s = \sum_{i=k}^{n} \frac{n!}{i!(n-i)!} e^{-i\lambda t} (1 - e^{-\lambda t})^{n-i} \tag{7-28}$$

根据 MTBF 和 $R(t)$ 的关系,经过数学推导以后可以得出

$$\text{MTBF} = \frac{1}{\lambda} \sum_{i=0}^{n-k} \frac{1}{n-i} \tag{7-29}$$

对于三中取二的表决系统来说,$n=3$,$k=2$ 并且当 $R=e^{-\lambda t}$ 时式(8-40)变为

$$R_s = \sum_{i=2}^{3} \frac{3!}{i!(3-i)!} e^{-i\lambda t} (1 - e^{-\lambda t})^{3-i} = 3R^2 - 2R^3 \tag{7-30}$$

$$\text{MTBF}_s = \frac{1}{\lambda} \sum_{i=0}^{3-2} \frac{1}{3-i} = \frac{1}{\lambda} \cdot \left(\frac{1}{3} + \frac{1}{2} \right) = \frac{5}{6\lambda} = \frac{5}{6} \text{MTBF}$$

所以说,在三中取二的表决系统中,系统的 MTBF_s 要比单个分系统的来得低。这是因为 3 个分系统同时工作时,至少要有 2 个是好的,这两个等效为串联结构的缘故。从式(7-30)可以算出,若分系统的可靠度 $R=0.5$,这时系统可靠度 $R_s=0.5$。若分系统的可靠度大于 0.5,这时系统可靠度就能高于一个分系统的可靠度。因此从可靠度来讲是提高了。

3. 简单的混合系统——串、并联结构

如果一个系统可以等效为上述独立串联和独立并联的混合结构,则系统就成为简单的混合结构,如图 7.12 所示。

计算这种结构的可靠度可以分别采用串联和并联结构的计算公式,然后把它们按一定方式合并计算,就可以得到系统的可靠度。图中所示就是几个简单的例子。

4. 复杂系统

如果系统中各分系统之间的关系不能等效为串联和并联结构,就成为复杂系统。复

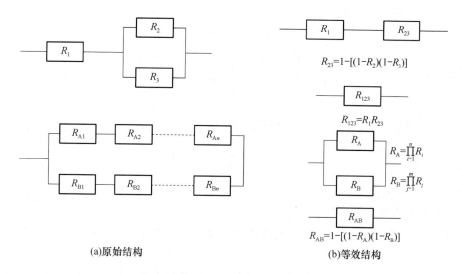

(a)原始结构　　　　　　　　　　(b)等效结构

图 7.12　混合结构及其等效结构图

杂系统有许多算法,这里就不讨论了。

§7.4.5　马尔科夫过程

前面所讨论的可靠性是假定系统元器件是互相独立的。如果元器件是相互依赖的或者是可修复的情况,则由于修复本身也包含有随机因素,问题就要复杂得多。在失效率和修复率为常数时,常用马尔科夫过程求解。

设考虑某个可以重复试验的场合。如果现在的试验结果只和过去有限次数试验有关,而与在此以前的经过无关,则这样的概率过程称为马尔科夫过程。如果现在的状态仅仅与前一个状态有关的马尔科夫过程叫做简单的马尔科夫过程。例如某程控交换机有两台控制机并联工作,它们构成的并联系统有三个状态,即"0"态是两台设备都正常工作的系统状态;"1"态是一台设备工作,另一台设备故障(不管哪一台)的系统状态;"2"态是两台设备都故障的状态。在状态转移过程中,假设任何一个状态只与相邻的前一状态和后一状态有关,把跨越一个和两个以上的状态,即同时两台设备故障或同时两台维修的概率看作为零。这就是简单的马尔科夫过程。简单的马尔科夫过程较简单而又有足够精度,因此通常就用它来对可维修系统进行分析。

马尔科夫过程是随机过程,可用状态转移图来描述。状态转移图的画法是用圆圈表示状态,标号为状态符号,箭头表示从一个状态到另一状态的转移。λ 和 μ 分别为状态转移的失效率和修复率。这时两台相同设备并联的系统状态转移图如图 7.13 所示。

在"0"态的总失效率为 2λ,呈环状箭头为该状态无转移,也叫自循环。自循环的转移概率是"该状态下箭头向外指向的转移之和取负号"。根据状态转移图可直接写出微分转移

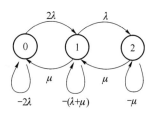

图 7.13　两台并联设备系统状态转移图

矩阵如下(从 0 行 0 列开始编号)。

$$\mathbf{A} = \begin{array}{c} \\ P_0 \\ P_1 \\ P_2 \end{array} \begin{array}{ccc} P'_0 & P'_1 & P'_2 \\ \begin{pmatrix} -2\lambda & 2\lambda & 0 \\ \mu & -(\lambda+\mu) & \lambda \\ 0 & \mu & -\mu \end{pmatrix} \end{array} \tag{7-31}$$

根据微分转移矩阵可直接写出微分方程组

$$P'_i(t) = \sum_{i,j=0}^{2} A_{ji} P_j(t) \tag{7-32}$$

式中:$i,j = 0,1,2$;

A_{ji} 表示 $\mathbf{A}$ 矩阵之第 j 行第 i 列元素。

根据微分方程组可解出各个状态的概率 $P_0(t), P_1(t), P_2(t)$。解微分方程组可用拉普拉斯变换。

系统的可靠度和可用度是求系统能正常工作的各状态概率之和。即可靠度为

$$R(t) = \sum_{i=0}^{1} P_i(t) \tag{7-33}$$

对于可维修系统的可用度为

$$A(t) = \sum_{i=0}^{1} P_i(t) \tag{7-34}$$

在这里"0"态和"1"态系统正常工作。若是有多台设备,其中从"0"态到"m"态系统正常工作,可得

$$R(t) = \sum_{i=0}^{m} P_i(t) \tag{7-35}$$

$$A(t) = \sum_{i=0}^{m} P_i(t) \tag{7-36}$$

§7.4.6 可维修系统的可靠性指标的计算

程控交换机是可维修系统,因此我们更关心的是可维修系统的可靠性计算。在这种系统中,系统可以从设备损坏——故障状态——经过维修,以一定维修概率使系统转移到正常状态。这种状态转移过程可以用马尔科夫过程来计算。从前一节已经知道,用马尔科夫过程计算时首先确定系统可能存在的各种状态,列出微分转移矩阵,求解各状态的概率,最后算出系统的可用度(对可维修系统)。

在可维修系统中,系统的故障概率服从指数分布,修复的概率也近似服从指数分布,即

$$R(t) = \mathrm{e}^{-\lambda t} \qquad \lambda = \frac{1}{\mathrm{MTBR}}$$

$$M(t) = 1 - \mathrm{e}^{-\mu t} \qquad \mu = \frac{1}{\mathrm{MTTR}}$$

$$A = \sum_{i=0}^{m} P_i(t) \qquad (7\text{-}37)$$

式中：$P_i(t)$ 是系统能正常工作的状态的概率。

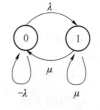

图 7.14　单一系统的
状态转移

1. 单一系统

1 台设备有两种状态，即工作状态为"0"态，故障状态为"1"态。其状态转移图如图 7.14 所示。其转移矩阵如下：

$$\boldsymbol{A} = \begin{matrix} & P'_0 \quad\ P'_1 \\ \begin{matrix} P_0 \\ P_1 \end{matrix} & \begin{pmatrix} -\lambda & \lambda \\ \mu & -\mu \end{pmatrix} \end{matrix}$$

微分方程组为

$$P'_0(t) = -\lambda P_0(t) + \mu P_1(t)$$
$$P'_1(t) = \lambda P_0(t) - \mu P_1(t)$$

解微分方程组可得

$$A(T) = \frac{\mu}{\lambda+\mu} + \frac{\lambda}{(\lambda+\mu)^2 T} - \frac{\lambda e^{-(\lambda+\mu)T}}{(\lambda+\mu)^2 T} \qquad (7\text{-}38)$$

上述为过渡态可用度。它随时间变化。当时间 $T \to \infty$ 时得

$$A(\infty) = \frac{\mu}{\lambda+\mu} = \frac{\text{MTBF}}{\text{MTBF}+\text{MTTR}} \qquad (7\text{-}39)$$

这是系统处于长期连续工作状态的可用度。叫做稳定状态可用度或系统的固有可用度。

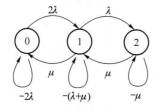

图 7.15　两台设备串联
时的状态转移

2. 串联系统

设在由两个分系统（设备）串联的系统中，其两个分系统的失效率和维修率相等，分别为 λ 和 μ。其三个状态的状态转移图如图 7.15 所示。

其转移矩阵为

$$\boldsymbol{A} = \begin{matrix} & P'_0 \qquad\quad P'_1 \qquad\quad P'_2 \\ \begin{matrix} P_0 \\ P_1 \\ P_2 \end{matrix} & \begin{pmatrix} -2\lambda & 2\lambda & 0 \\ \mu & -(\lambda+\mu) & \lambda \\ 0 & \mu & -\mu \end{pmatrix} \end{matrix}$$

微分方程组为

$$P'_0(t) = -2\lambda P_0(t) + \mu P_1(t)$$
$$P'_1(t) = 2\lambda P_0(t) - (\lambda+\mu)P_1(t) + \mu P_2(t)$$
$$P'_2(t) = \lambda P_2(t) - \mu P_2(t)$$

解微分方程组可得

$$A(\infty) = \frac{\mu^2 + (2\lambda\mu + 2\lambda^2)}{\mu^2 + 2\lambda\mu + 2\lambda^2} - \frac{(2\lambda\mu + 2\lambda^2)}{\mu^2 + 2\lambda\mu + 2\lambda^2}$$

当 $\lambda \ll \mu$ 时可得

$$A(\infty) \approx 1 - 2\frac{\lambda}{\mu} \qquad (7\text{-}40)$$

若有 n 台相同设备串联时稳态解为

$$A(\infty) = \frac{\mu}{n\lambda + \mu} \qquad (7\text{-}41)$$

3. 等待系统

等待系统中两台设备处于主/备用工作方式。这里分为冷备用和热备用两种方式。所谓冷备用系统是指系统中两台设备有一台工作，另一台备用不通电，当主用机故障时转换。而所谓热备用系统中的两台设备都处于通电状态。由于通电、振动和高温影响，备用机在备用状态时的失效率不等于零。

对于程控交换系统来讲，通常备用机总是处于通电状态，也即是处于"热备用"工作方式。但是必须指出可靠性理论上的冷/热备用定义和程控交换机的冷/热备用定义不一致。后者也有冷/热备用之分，但不是根据是否加电区分，而是根据双机倒换时数据是否丢失来区分。数据丢失者为冷备用，不丢失者为热备用。这点在前面已经讨论过了。但是程控交换机控制系统的冷备用还是热备用，从可靠性角度看都是热备用。因此在这里我们只讨论热备用系统。

设主用机的失效率为 λ_1，备用机的失效率为 λ_2，则根据马尔科夫过程可得状态转移图如图 7.16 所示。

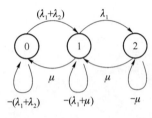

图 7.16　两台设备热备用系统状态转移

转移矩阵为

$$\boldsymbol{A} = \begin{matrix} & \begin{matrix} P'_0 & \quad P'_1 & \quad P'_2 \end{matrix} \\ \begin{matrix} P_0 \\ P_1 \\ P_2 \end{matrix} & \begin{pmatrix} -(\lambda_1+\lambda_2) & (\lambda_1+\lambda_2) & 0 \\ \mu & -(\lambda_1+\mu) & \lambda_1 \\ 0 & \mu & -\mu \end{pmatrix} \end{matrix}$$

系统稳态解为

$$A(\infty) = \frac{\mu(\lambda_1+\lambda_2) + \mu^2}{\lambda_1(\lambda_1+\lambda_2) + \mu(\lambda_1+\lambda_2) + \mu^2}$$

当 $\lambda_1, \lambda_2 \ll \mu$ 时

$$A(\infty) \approx 1 - \frac{\lambda_1(\lambda_1+\lambda_2)}{\mu^2} \qquad (7\text{-}42)$$

若 $\lambda_1 = \lambda_2 = \lambda$ 时，则得

$$A(\infty) = 1 - 2\frac{\lambda^2}{\mu^2} \qquad (7\text{-}43)$$

4. 并联系统

两台相同设备并联的状态转移图已在前面图 7.13 中示出，其转移矩阵也如式（7-31）所示。可得稳态解为

$$A(\infty) = \frac{\mu^2 + 2\lambda\mu}{\mu^2 + 2\lambda\mu + 2\lambda^2} \tag{7-44}$$

当 $\lambda \ll \mu$ 时可得

$$A(\infty) = 1 - 2\left(\frac{\lambda}{\mu}\right)^2 \tag{7-45}$$

若有 n 台相同设备并联,其失效率为 $\lambda_1 = \lambda_2 = \cdots = \lambda$,维修率为 μ,可得状态转移图如图 7.17 所示。

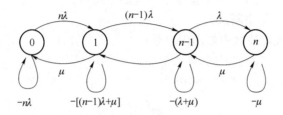

图 7.17　n 台设备并联时状态转移

其转移矩阵为

$$\mathbf{A} = \begin{array}{c} \\ P_0 \\ P_1 \\ \vdots \\ P_{n-1} \\ P_n \end{array} \begin{array}{ccccc} P'_0 & P'_1 & \cdots & P'_{n-1} & P'_n \\ \left(\begin{matrix} -n\lambda & n\lambda & \cdots & 0 & 0 \\ \mu & -[(n-1)\lambda - \mu] & \cdots & 0 & 0 \\ \vdots & \vdots & & \vdots & \vdots \\ 0 & 0 & \cdots & -(\lambda+\mu) & \lambda \\ 0 & 0 & \cdots & \mu & -\mu \end{matrix}\right) \end{array}$$

稳态可用度为

$$A(\infty) = \frac{\sum\limits_{k=0}^{n-1} \frac{1}{(n-k)!}\left(\frac{\lambda}{\mu}\right)^k}{\sum\limits_{k=0}^{n} \frac{1}{(n-k)!}\left(\frac{\lambda}{\mu}\right)} \tag{7-46}$$

§7.4.7　程控交换系统的特点及其可靠性指标的计算

与一般电子设备相比,程控交换机有其自身特点。它除了作为一台计算机控制的电子设备具有一般电子设备的特点之外,还具有像用户线和中继线这样的外围设备。它们数量大,而且要考虑在系统中断时还处于呼叫状态的用户线和中继线的数据失效问题。此外,还要考虑单个用户线或中继线失效的概率问题。

在计算程控交换系统的可靠性指标时,将分别从三个不同角度来考虑:

- 用户线中断;
- 中继线中断;
- 系统中断。

1. 单个用户线中断时间

这是评价用户线使用电话的可靠性的一项指标。它相当于用户线的不可用度。用每用户线平均一年的服务中断时间表示。

每一实装用户线平均一年中服务中断时间可以用下式求得

$$t_y = \frac{\sum\limits_{i=1}^{n} k_{yi} \cdot R_{yi}}{N_y} \tag{7-47}$$

式中：N_y——交换机在统计一年中实装用户线的平均数；

n——用户线一年中断次数；

k_{yi}——第 i 次故障造成中断的用户数；

R_{yi}——第 i 次故障修复时间，即中断时间[（小）时]。

如果 t_y 以小时来计算，考虑一年中 365 天共 8 760[小]时，则上式变成

$$t_y = \frac{8760\sum\limits_{i=1}^{n} k_i R_i}{N_y} \tag{7-48}$$

2. 单个中继线中断时间

单个中继线中断时间也可以以一年为观察周期，即计算一年内单个中继线服务中断平均时间。它们是

$$t_z = \frac{8\,760\sum\limits_{i=1}^{n} k_{zi} R_{zi}}{N_z} \tag{7-49}$$

式中的 N_z, n, k_{zi}, R_{zi} 和式(7-48)中相似，只不过将用户线换成中继线。

3. 系统中断

人们常用系统中断的概率，即在若干年(或一年)时间内平均系统中断时间不超过若干小时(或分钟)来评价程控交换系统的可靠性。这个指标就是前面所讨论过的对可维修系统进行可靠性计算时的"不可用度"。它和"可用度"相对应。

根据系统的总的失效率 λ_s，按照式(7-13)来算出其不可用度，即

$$U_s = \frac{\lambda_s}{\mu_s + \lambda_s} \tag{7-50}$$

这是指单位时间内系统失效(系统中断)的概率。如果把单位时间扩展到 20 年，即可算出 20 年中的小时数为

$$(15 \times 365 + 5 \times 366) \times 24 = 175\,320 \text{ h}$$

这样就可算出 20 年内系统中断时间。例如某系统平均故障间隔时间

$$\text{MTBF}_s = 10^4 \text{ h}$$

平均故障维修时间

$$\text{MTTR}_s = 1 \text{ h}$$

则

$$\lambda_s = \frac{1}{\text{MTBF}_s} = 10^{-4} \text{ h}^{-1}$$

$$\mu_s = \frac{1}{\text{MTTR}_s} = 1 \text{ h}^{-1}$$

$$U = \frac{\lambda_s}{\mu_s + \lambda_s} = \frac{10^{-4}}{1 + 10^{-4}} \approx 10^{-4}$$

折合 20 年内系统中断时间为

$$t_{20} = 10^{-4} \times 175\ 320 = 17.53\ \text{h}$$

一个交换系统包含许多部件，如用户电路、中继电路、交换网络、信号设备以及控制部件等等。从可靠性模型角度来看应该可以等效为一个串并联的混合系统。其中有的部分如用户电路、中继电路、交换网络等包括多套设备，只有在全部设备发生故障时才引起系统中断。因此，它们内部是属于并联结构。而不同部件之间的组合属于串联结构。这样在计算可靠性参数时要考虑各部件的失效率，即

$$\lambda_s = \sum_{i=1}^{n} \lambda_i \tag{7-51}$$

其中：λ_i——系统中第 i 部件的失效率；

　　　n——系统中部件总数。

具体对程控交换机来说可以写成：

$$\lambda_s = \lambda_{\text{CPU}} + \lambda_{\text{交换网络}} + \lambda_{\text{用户电路}} + \lambda_{\text{中继器}} + \lambda_{\text{信号电路}} + \cdots \tag{7-52}$$

对于并联系统则要按照式(7-45)计算。一般在并联结构中随着并联的部件增加，等效不可用度按幂次下降。例如

对单一设备来说

$$U = \frac{\lambda}{\mu + \lambda}$$

对双套设备并联

$$U_2 \approx \left(\frac{\lambda}{\mu}\right)^2$$

对三套设备并联

$$U_3 \approx 6\left(\frac{\lambda}{\mu}\right)^3$$

$$\vdots$$

所以并联系统的等效失效率占总失效率(系统失效率)的比例是很小的。对总失效率起重要影响的是单套设备(如 CPU，电源等)的失效率。尤其是 CPU，它有不同的组合方式和工作方式。不同方式直接影响系统的可靠性。下面将讨论在不同工作方式下 CPU (控制)部件的可靠性指标的计算。

4. CPU(控制部件)可靠性指标的计算

在这一节中将对常用的控制结构方式的可靠性进行讨论和比较。

(1) 单 CPU 系统

对于单机系统来说，CPU 的可靠性参数可以用前面所讲的通用元器件计数法计算，再考虑降额使用的各种应力所产生失效率降低的倍数，就可以算出 CPU 的失效率。

例如，某 CPU 的总失效率和维修率为

$$\lambda_{\text{CPU}} = 10^{-3}\ \text{h}^{-1}$$

$$\mu_{\text{CUP}} = 1\ \text{h}^{-1}$$

则可得不可用度为

$$U_{\text{CPU}} = \frac{\lambda_{\text{CPU}}}{\mu_{\text{CPU}} + \lambda_{\text{CPU}}} = \frac{10^{-3}}{1 + 10^{-3}} \approx 10^{-3}$$

折合 20 年内 CPU 中断服务时间为

$$t_{20} = 10^{-3} \times 175\ 320 = 175\ \text{h}$$

（2）双 CPU 系统可靠性参数计算

为提高 CPU 的可靠性，许多程控交换机采用双 CPU 结构。双 CPU 系统有不同工作方式，因此它们的计算方法亦有所区别。下面只对双机结构进行粗略的计算。假设自动故障诊断时间和维修（换板）时间相对来说比较小，在这期间产生第二套（备用）CPU 故障的概率为零，并且暂不考虑双机监测和倒换设备的可靠性。

① 话务分担方式

在话务分担方式中 2 个 CPU 成为并联结构。因此应该按照并联结构公式进行计算。按照式(7-45)可得可用度

$$A_{\text{话}} = 1 - 2\left(\frac{\lambda}{\mu}\right)^2$$

不可用度为

$$U_{\text{话}} = 1 - A_{\text{话}} = 2\left(\frac{\lambda}{\mu}\right)^2$$

仍按上例计算可得

$$U_{\text{话}} = 2\left(\frac{\lambda_{\text{单}}}{\mu_{\text{单}}}\right) = 2\left(\frac{10^{-3}}{1}\right)^2 = 2 \times 10^{-6}$$

$$t_{20} = 2 \times 10^{-6} \times 175\ 320 = 0.34\ \text{h}$$

当考虑双机倒换和 CPU 间通信和监视设备的可靠性时，实际的 t_{20} 值还要高一些。

② 各种主备用方式

在主备用方式中，两台 CPU 组成等待系统。因此可按照式(7-43)进行计算。它们是

$$A_{\text{主备}} = 1 - 2\left(\frac{\lambda_{\text{单}}}{\mu_{\text{单}}}\right)^2$$

$$U_{\text{主备}} = 1 - A_{\text{主备}} = 2\left(\frac{\lambda_{\text{单}}}{\mu_{\text{单}}}\right)^2$$

仍按上例数值代入得

$$U_{\text{主备}} = 2\left(\frac{\lambda_{\text{单}}}{\mu_{\text{单}}}\right)^2 = 2 \times \left(\frac{10^{-3}}{1}\right)^2 = 2 \times 10^{-6}$$

$$t_{20} = 2 \times 10^{-6} \times 175\ 320 = 0.34\ \text{h}$$

同样也得加上倒换和监视设备的因素。

（3）分散控制系统的可靠性计算

在分散控制系统中对系统中断的定义有不同说法。有的认为部分用户服务中断算作系统中断；有的则认为全部用户服务中断才算系统中断（像集中控制系统一样）。下面对两种不同观点分别进行讨论。

① 全部(100％)用户服务中断算作系统中断

这里认为所有 CPU 发生故障才是系统中断。因此从可靠性模型来看是 n 个 CPU 并联结构，可按照式(7-46)计算。

设系统由 4 个模块组成，由 4 台 CPU 组成分散控制系统，则

$$A_{分散} = \frac{\sum_{k=0}^{4-1} \frac{1}{(4-k)!}\left(\frac{\lambda_{单}}{\mu_{单}}\right)^k}{\sum_{k=0}^{4} \frac{1}{(4-k)!}\left(\frac{\lambda_{单}}{\mu_{单}}\right)^k}$$

$$U_{分散} = 1 - A_{分解} = \frac{\left(\frac{\lambda_{单}}{\mu_{单}}\right)^4}{\sum_{k=0}^{4} \frac{1}{(4-k)!}\left(\frac{\lambda_{单}}{\mu_{单}}\right)^k}$$

当 $\lambda \ll \mu$ 时

$$U_{分散} \approx \frac{\left(\frac{\lambda_{单}}{\mu_{单}}\right)^4}{\frac{1}{24}\left(\frac{\lambda_{单}}{\mu_{单}}\right)} = 24\left(\frac{\lambda_{单}}{\mu_{单}}\right)^3$$

仍按上例数据可得

$$U_{分解} = 24 \times \left(\frac{10^{-3}}{1}\right)^3 = 24 \times 10^{-9}$$

$$t_{20} = 4.2 \times 10^{-3} \text{ h}$$

　　显然,分散控制系统的可靠性较高。但是在这里还要考虑另外两个问题:一个问题是 CPU 之间通信问题。在分散控制方式下 CPU 之间通信是增多了。这将在软件和硬件上降低可靠性。另一个问题是分散控制是一个 CPU,只控制一个模块,而不是像集中控制那样一个 CPU 控制一个系统。一个模块的控制部件的软、硬件会比一个系统的控制部件来得简单一些。这一因素能提高可靠性指标。

　　② 认为部分用户服务中断即是系统中断

　　所谓"部分用户"是一个百分比问题。前面的"全部用户"是 100%,而这里却又有一个具体量的差别。有的说应为 25%,有的说应为 80%,说法不一。

　　首先应该指出的是前面所讨论的 100%用户中断才算系统中断的观点存在一定的片面性。因为按这种观点可以得出这样一个结论:"当由两个 CPU 组成的控制系统时,集中控制(即上述话务分担或主备用方式)的可靠性不如分散控制(每台 CPU 各控制一部分设备)高",因为前者还增加了倒换设备而降低了可靠性。显然这个结论是有问题的。从另一方面讲,认为 25%用户服务中断算作系统中断会导致另一个片面结论:"分散控制的可靠性不如单机系统高"。因为这种分散控制系统形成了一个表决系统,要有 75%设备完好才算系统正常。例如由 4 台 CPU 组成的系统要求 3 台或 4 台 CPU 完好才算系统不中断(四中取三表决系统)。在前面已经得出结论:表决系统降低了 MTBF。在系统工作时间小于 MTBF 时可靠性指标会有显著提高;而对于要求长期工作的设备,其工作时间大于设备的 MTBF 时其可靠性指标反而降低了。

　　从直观上来看也是这样。要 75%CPU 正常工作才算系统正常工作。如果这个控制系统由三个模块组成,则会导致严重后果,3 台 CPU 中任一台有故障就会使中断用户大于 25%,而导致系统中断。

　　从上面讨论可以看到,应该具体分析这个"部分用户"的百分比。看来是应该大于

50％。但具体是百分之几这是和"分散系统至少要由几个模块组成才认为是提高了可靠性"这样一个问题直接有关。这里还牵涉到一些其他因素,因此这个定量值不能只靠计算来获得,要在设备长期运行中积累大量的数据才能得出一个比较合理的数值。

§7.4.8 软件可靠性

软件故障主要是在设计阶段及实现阶段由于人为因素所产生的缺陷和错误而造成的。它与硬件故障有本质区别。在硬件方面已有一整套方法来定量规定、预计和测定系统可靠性及维修性的实用方法。但在软件领域中对可靠性及维修性的现状是

- 对基本定义尚有不同观点;
- 尚无定量规定的方法可供使用;
- 已提出相当多的可靠性预计模型,但似乎没有一种模型已经充分验证其有效性;
- 尚无可用的检验方法。

目前已经发展了一些硬件与软件组合的可靠性模型,但这些模型极为复杂,对系统研制者来说还不实用,未被人们广泛接受。

1. 软件可靠性定义

当前对软件可靠性的定义仍存在不同观点,归纳起来大致可分为以下三类:

- 以软件固有错误数来定义,即按照程序在某一时刻仍然残留的错误数来度量程序的可靠性。这是面向软件设计人员的定义法;
- 以软件能正常工作的时间来定义,即在规定时间、规定条件下程序能正常执行其规定功能的概率。这是面向用户的定义法;
- 以能导致错误的输入数据来定义,即对一组随机选择的输入数据能给出正确输出的概率。这也是面向用户的定义法。

软件可靠性和硬件可靠性是有差别的。例如,软件可靠性主要由设计造成的,而生产(复制)、使用影响极小;又例如硬件可以通过冗余设计来提高系统可靠性,而相同软件的冗余不会提高可靠性等等。但是它们也有共同之处,如软、硬件的可靠性都是复杂性的函数。软件可靠性也像硬件可靠性那样"元件数越多,故障率越高"。问题是还不能导出与"元件数"相当的软件量。

2. 软件错误分类

软件错误可能分为语法错误、语义错误、运行时错误、规范错误和性能错误。

(1) 语法错误和语义错误

这种错误最容易检测。有经验的程序设计人员很少出现这类错误。具有这类错误的程序是不能执行的。

(2) 运行时错误

即程序在实际运行时发生的错误。它们包括:

- 定义域错误。即变量超出定义范围时发生的错误。这种错误能导致程序中断;
- 逻辑错误。它形成错误的输出。这可能是由于错误的程序结构或错误语句造成的;
- 非终止错误。具体表现在程序死循环或死锁状态。

（3）规范错误

只要规范说明和用户要求说明之间存在偏差，就会产生规范错误。软件规范要求比硬件规范来得细，这就提高了规范的难度。目前还不能把用户要求翻译成清楚、完整而且一致的术语的规范语言。

（4）性能错误

它表现在程序的实际性能（时间）与所要求的或规定的性能之间有差别。这就产生性能错误。它包括响应时间、经过时间、存储空间利用、工作区要求等。

3. 提高软件可靠性的途径

（1）用数学证明法来验证程序的正确性。到目前为止人们已提出了许多证明方法，但这些方法往往对比较简单的程序有效。对于实际应用的大程序的证明还存在一定困难；

（2）加强对规范的理解，要求规范定得详细并且在设计的每一阶段用户及设计者双方要对规范进行详细评审；

（3）开发新的程序设计方法与技术。采用自顶向下的程序设计方法。它从最高级的单一的抽象系统功能描述开始，连续地分成更详细的分系统。重复这个过程直到适合于编程为止，形成层次或树状结构设计。这样做可使逻辑结构简单，层次分明，从而提高软件可靠性。结构化程序设计能提高软件可靠性已被人们所公认；

（4）模块化程序设计。这是从硬件设计模块化思想转化过来的。其主要内容是事先研制出一套可重组、重用的标准软件部件，以供程序设计人员利用这些标准软部件来组合成具有特定功能的软件系统。模块化设计可简化设计工作，减少设计错误，易于对系统重新配置，以满足功能变化的要求；

（5）软件容错技术的应用。人们在编写程序时，可以使错误不致造成严重问题或不使程序全部发生故障。程序应能找到恰当地摆脱错误状态的途径，并指出错误源。这可以通过编制内部检查程序，或循环校验来实现。容错技术是提高软件系统可靠性的一个重要手段。

（6）建立软件可靠性模型。目前已经提出了一些软件可靠性模型。但是尚无得到广泛承认的模型；

（7）提高软、硬件接口数据的冗余和校验。在接口上有时难以区分硬件故障还是软件故障。因此提高这部分数据的冗余和校验无疑将提高可靠性；

（8）采用检错和纠错码，这在提高信息流的可靠性方面是有效的。

还可以采取一些提高软件可靠性的措施。

§7.4.9　容错技术

为提高计算机系统（包括程控交换系统）的可靠性，主要采用两种技术：避错技术和容错技术。

硬件避错技术是尽量减少硬件故障的发生概率，减小系统失效率。其主要方法是选用高可靠高集成度器件，提高可靠性设计水平，提高耐环境设计和严格质量控制。软件避错法主要包括寻求高可靠软件的程序设计方法（如结构化程序设计）和提高软件测试技巧以排除软件内隐藏的错误。

硬件容错是利用额外的硬件和时间两种冗余方式来掩盖故障的影响。硬件的冗余有如前面所介绍的备用方式;而时间冗余可以采用例如每一任务执行两次和检错与校验技术等;软件容错技术还不很成熟,有待于进一步研究。

冗余方法有多种,目前常见的有以下几种:

1. 静态冗余,又叫屏蔽冗余

这种方法靠采用附加的设备来屏蔽掉故障设备的作用。主要有三模冗余和采用纠错码两种方法:

(1)三模冗余。有 3 个完全相同的"模块",它们输出至一个表决器,并将多数表决结果输出。在前面已经说过,这种表决系统的 MTBF 要低于单机系统,但可靠度提高了。当然这里的前提是表决器的高可靠度。

(2)纠错码的应用。采用纠错码可以实现故障自动检测、定位和屏蔽。常见的有汉明码、循环码等,它们都能自动检错和纠错。

2. 动态冗余

动态冗余就是前面所讲的备用系统。动态冗余系统由若干模块组成,但其中只有一个在运行。若运行模块发生故障,它便被切除,而由备用模块取代。因此动态冗余要求不停地进行故障检测和故障恢复。

3. 混合冗余

这是静态冗余和动态冗余的结合。它由一个表决系统和一组备用模块组成。当发现表决系统中有一个模块失效时,便用备用模块取代。这种方式比较复杂。

4. 自清除冗余方式

一组模块通过表决器输出。若某个模块输出有错误,则清除(断开)该模块。

还有其他方法,都比较复杂。读者有兴趣的话可参看有关容错方面的文献。

复 习 题

1. 爱尔兰公式的应用条件是什么?
2. 交换网络的内部阻塞是怎样产生的?
3. 无阻塞网络的条件是什么?
4. BHCA 的基本概念和其基本计算方法。
5. 影响程控交换机呼叫处理能力的因素是什么?
6. 系统开销的基本概念。
7. 有哪些呼叫类型?什么是成功的呼叫?什么是不成功的呼叫?
8. BHCA 的测量方法和假定前提。
9. 什么是过负荷?为什么要采取过负荷控制措施?如何进行过负荷控制?
10. 提高程控交换机呼叫处理能力有哪几个方面?
11. 论述可靠性的基本概念。
12. 什么叫失效率和平均故障间隔时间?
13. 什么叫修复率和平均故障维修时间?

14. 什么叫可靠度？什么叫维修度？
15. 论述可靠性指标的预计方法。
16. 什么叫降额设计？元器件中降额使用的意义是什么？如何考虑降额设计？
17. 系统的可靠性模型分为哪几类？它们各有什么特点？
18. 可维修系统的可靠性指标计算有什么特点？
19. 程控交换系统的可靠性指标计算有些什么特点？
20. 软件可靠性和硬件可靠性相比有些什么特点？

练　习　题

1. 设忙时从甲局流到乙局的话务流量为 10 Erl，即甲局至乙局的中继线束在忙时平均有 10 条中继线同时占用。若每次通话的平均占用时长为 4 min，问：(i)在 4 min 内甲局向乙局平均发出几次呼叫？(ii)忙时内甲局向乙局共发出几次呼叫？(iii)忙时话务量等于多少分呼？合多少小时呼？

2. 某市话网中，甲局流向乙局的话务流量为 20 Erl，乙局流向甲局的话务流量为 30 Erl，若呼损要求不大于 1%，试计算甲乙局间单向的全利用度中继线数。

附：爱尔兰表

n	A　E　0.01	n	A　E　0.01
28	18.640	40	29.007
29	19.487	41	29.888
30	20.337	42	30.771
31	21.191	43	31.656

3. 设有一中继线束，容量为 13 条线。流入这个线束的话务流量为 6 Erl。若由于故障使这个中继线束中的两条中继线不能使用，试计算对服务质量的影响。

附：爱尔兰表

A	E　n　11	12	13	14
4.5	0.004 275	0.001 600	0.000 554	0.000 178
4.6	0.004 928	0.001 886	0.000 667	0.000 219
4.7	0.005 652	0.002 209	0.000 798	0.000 268
5.0	0.008 267	0.003 441	0.001 322	0.000 472
5.5	0.041 422	0.006 566	0.002 770	0.001 087
6.0	0.022 991	0.011 365	0.005 218	0.002 231
6.5	0.034 115	0.018 144	0.008 990	0.004 157

4. 有一程控交换机的用户处理机,它的任务就是用户扫描。该处理机由 Intel 8031 单片机组成,采用 12 MHz 主时钟,这相当于机器周期为 1 μs,设每条指令平均需要占 1.5 个机器周期。

   系统设计规定,时钟中断周期为 8 ms,处理机的占用率为 85%,任务调度等开销占 20%,每一个用户处理机要控制 200 个用户,现在以 8 个用户为一组进行扫描,试计算用户扫描程序最多允许由几条指令组成?

5. 上题中,若用户处理机的任务不仅是对用户进行扫描,还要管理用户数据,对用户呼叫做初步处理。这样它的开销便不仅仅包括固有开销,还包括初步处理的非固有开销。因此它能够控制的用户数需要减少,现在让它控制 100 个用户的处理,并且假设这时用户处理机对固有开销和最大非固有开销相等。为简化计算,仍按测量中的规定,即都计算始发最大话务量 0.1 Erl;每次通话平均时长为 60 s。这时用于初步处理的程序最多总共由几条指令组成?

6. 在第 5 题中,若设用户摘、挂机识别扫描时间间隔为 200 ms;拨号脉冲识别扫描时间间隔为 8 ms,并且用户摘、挂机扫描可分群进行。如果也按始发话务量为 0.1 Erl 计算,并且拨号脉冲识别扫描只对已摘机用户进行。此外,第 5 趣中的其他条件都适用本题,同时第 5 题中算出的用户扫描程序就是本题中的摘、挂机识别程序。试计算这时用于拨号脉冲识别程序的最大指令数为多少条?

7. 为简化可靠性指标的计算,往往将所有元器件的失效率取一个平均数。设某 CPU 板由 240 个元器件组成,其平均失效率为 10^{-5}/h。该板有焊点 1 600 个,沉铜孔 600 个。并给定焊点的失效率为 $0.002\,5 \times 10^{-6}$/h;沉铜孔的失效率为 $0.006\,8 \times 10^{-6}$/h,质量系数 $\pi_Q = 1$。试计算 CPU 板的失效率。

8. 采用元器件降额使用以后,使得其实际失效率降低 5 倍。这时上题中 CPU 板的失效率为多少?

9. 若某一全分散控制的程控交换机由 5 个独立模块组成。每一模块均由上述 CPU 板控制,若不考虑其他因素,该程控交换机控制系统能够达到的系统中断时间平均为每年几分钟(设平均故障维修时间 MTTR=0.5 h)?

第8章 电话通信网

§8.1 概述

为了区别于邮政通信,有人喜欢把"带电的"通信进一步明确为"电信通信"。这一本书讲的就是电信通信,但在本书中我们不准备严格区分通信和电信通信这两个概念。本章讲的是电话通信网,首先向大家介绍一下电信通信网包括哪些内容和分类。

通信网的最基本结构是传输设备、交换设备和终端设备的组合。最简单的通信网可包括以下部分:

- 终端设备:包括电话机,数据终端等用户终端;
- 交换设备:负责把各个用户终端连接起来;
- 传输设备:负责把用户终端和交换设备连在一起的传输媒介。

复杂一些的通信网包括若干个交换设备,每个交换设备要和许多用户终端相连。根据通信网所管辖的范围不同,其交换机的数量也不一样。从少的几个交换机到多的几十个、几百个甚至更多。譬如国内或国际长途电话网,它们的交换机数量是非常之多的。

随着通信技术的飞速发展,传输设备已经不仅仅是包括简单的传输线路(传输媒介)和相应的传输设备了。它们形成了包括分插复用设备和数字交叉连接设备的"传送网"。对于连接用户终端的用户传输设备也已经以崭新的"接入网"面貌出现了。

§8.1.1 电信通信网的分类

1. 根据对信息的不同处理方法分类

(1)以电路交换为基础,以电话业务为主体的电信网,最典型的例子就是电话通信网。在电话通信网中还可以包含一些非话业务,例如传真、数据等。如果把其他一些业务(如电报、图像等等)都包括进去那就变成了综合业务数字网(ISDN)。

(2)以存储-转发方式工作的,以数据业务为主体的数据网,最典型的例子就是分组交换网。它还包括数字数据网(DDN)、因特网(INTERNET)等等。

随着宽带业务的出现和迅速发展,出现了以信元交换方式工作的,包含各种宽带和窄带业务的宽带网(又叫宽带综合业务数字网——B-ISDN)。它的交换采用异步传送模式(ATM);它的传输媒介往往是光纤。它可以实现包括窄带业务和宽带业务在内的各种业务。

2．按照其不同的业务类别分类

(1) 电话通信网；

(2) 电报通信网；

(3) 数据通信网；

(4) 综合业务数字网等。

各种网负责自己的业务范围，只有综合业务数字网才将各种不同的业务综合到一个网内。

3．按照不同性质的传输媒介分类

(1) 有线网，其传输媒介包括电缆、明线、光缆等；

(2) 无线网，包括蜂窝式移动通信网、无线寻呼网、卫星通信等。

4．按照不同的使用场合通信网分类

(1) 公用网；

(2) 专用网。

公用网又叫公众网，指的是由国家主管部门经营的、向全社会开放的通信网。公用电话网又可以按地理范围划分为：

(1) 本地电话网；

(2) 国内长途电话网；

(3) 国际长途电话网。

专用网是为各专业部门通信需要组成的内部通信网。各行业有自己的特点。

5．按照不同的传输信号分类

(1) 数字网；

(2) 模拟网；

(3) 数模混合网。

还有不同的分类。我们在本章中主要讨论电话通信网(简称电话网)。

电话通信网属于业务网，和它相关联的还有支撑网。支撑网包括信令网、电信管理网和同步网。关于信令网将在其他章节中讨论；本章主要讨论同步网；至于电信管理网就不在本书中讨论了。

§8.1.2 电话网的组成

当前在通信网中主要的业务是电话业务，因此电话网是通信网的基础，它承担了95％以上的通信业务。

1．对组建电话网的要求

组建电话网时应满足以下要求：

· 保证网内每一个用户都能呼叫网内任一用户；

· 保证网内每一个用户能够与世界各国的用户进行通话；

· 保证满意的服务质量；

· 能不断适应通信技术和通信业务的发展；

- 在电话通信业务的基础上能适应开放(包括非话业务在内的)各种新业务的需求;
- 投资和维护费用尽可能低,经济上合理。

2. 电话网的一般结构

电话网也和其他通信网一样,由交换机、用户终端和传输线路组成。在数学上可以用连线和节点来表示,并且用拓扑学来描述其特性。电话网络结构的基本形式有星型网、网状网、环形网、树型网和复合网等多种,如图 8.1 所示。

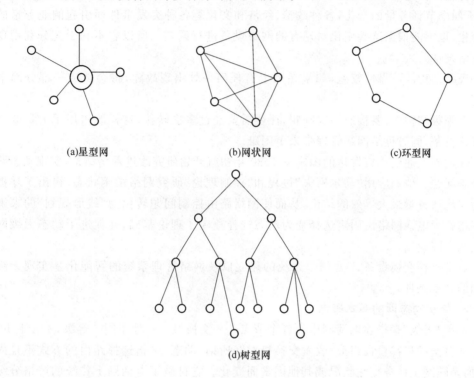

(a)星型网　　　　(b)网状网　　　　(c)环型网

(d)树型网

图 8.1　电话网络的基本结构

图 8.1(a)为星型网络结构。我们可以把中心节点看作一个交换局,把周围节点看成用户终端。当然也可以把所有节点都看成为交换局,而这时中心节点就可以称做汇接局。星型网络结构的优点是节省传输线路设备;缺点是可靠性差。

图 8.1(b)为网状网络结构,在电话网中又叫做"个个相连"。这种方式可靠性高,但需用的线路设备比较多,投资较高,尤其当节点(交换局)数量增加时,线路设备数量急剧增加,投资费用十分昂贵。

图 8.1(c)为环型网,这种网络结构在电话网中用得不多。在电话网中有时可能遇到的是环型网和网状网的折衷,即部分网状网结构。

图 8.1(d)为树型网。这种结构方式往往应用在网络的分级结构中。

实际的电话网往往不是单纯的上述某一种结构形式,而是它们的组合。这就出现了复合式结构。在以后的讨论中我们可以看到这种复合式结构。

3. 数字网结构的演变

自从数字设备(尤其是数字交换设备)引入到通信网以后,使得通信网的结构概念发生了根本性的变化。过去所广泛采用的等级结构实行的是一种静态管理的方法,缺乏灵活性,已经越来越显出它的固有缺点。

在过去的等级结构的通信网(尤其是长途交换网)中,采用的是按照固定顺序选择路由。当遇到直达路由忙时,只能通过固定的迂回路由或最后通过基干路由逐级汇接,按顺序进行选择。这种方式不能适应网上业务量的变化。它不可能适应(例如地区)忙时的差别,不同季节话务量的变化,各种政治、经济和文化等各种突发事件而引起的业务量的巨大变化,也不能根据这些变化对现有的网络设备进行调整。所以它不利于充分利用现有的网络设备。

等级结构的可靠性较差,如果在网上有任何一处出现故障,将会造成一部分网络的阻塞。

在等级结构中,要接通一次呼叫,往往需要经过多次转接,这样既占用了大量的交换和线路设备,同时也给网络管理带来了困难。

在世界上通信比较发达的国家从1980年初就开始研究改进网络结构,实现动态路由选择等问题。他们应用"马尔柯夫"过程和"控制理论"研究网络忙闲状态,得出了呼损最小与完成话务量最大等效的结论,从而使网络路由控制问题转化为"线形规划"的求解问题。这就为电话网络由固定选择变为动态选择奠定了理论基础,并促进了动态无级网的发展和实际应用。

数字程控交换设备、7号信令系统的建立以及网络管理系统的智能化是实现无级动态网的必要条件。

4. 无级动态网的基本概念

所谓"无级"是指在电话网中的各个节点——交换机——处于同一等级,不分上下级。任意两台交换机都可以组成"收发交换机对";所谓"动态"是指选择路由的方式不是固定的,而是随网上话务变化状况或其他因素而变化。它打破了电话网上传统的严格分级的原则。

有各种不同的无级动态网。它们采用不同的动态选路方式。下面我们来看几个动态选路的例子:

(1) 动态自适应选路方式

动态自适应选路技术是由 Boehm 和 Mobley 首先提出并用于存储转发方式的数据交换网中。其目的是为了在意外情况下改善网络的再生能力。以后,自适应选路技术被应用到分组交换网和电话网中。在电话网中使用自适应选路技术可根据业务量的变化实时地平衡全网呼损。在话务拥塞、链路中断等特殊情况下,它能有效地控制全网的业务量和调配路由,以提高线路的使用效率。

通常,在有级网中主叫端和被叫端之间有若干条路径可供选择,但路由是固定的。在这些路径中无空闲电路时将发生呼损,而采用自适应选路技术时则可根据新的负荷条件寻找最佳路由,进行实时优化。

自适应选路技术一般由"路由处理机"进行集中控制。它的主要特点是根据网络状态的变化不断改变路由表。图 8.2 为自适应选路的一个例子。

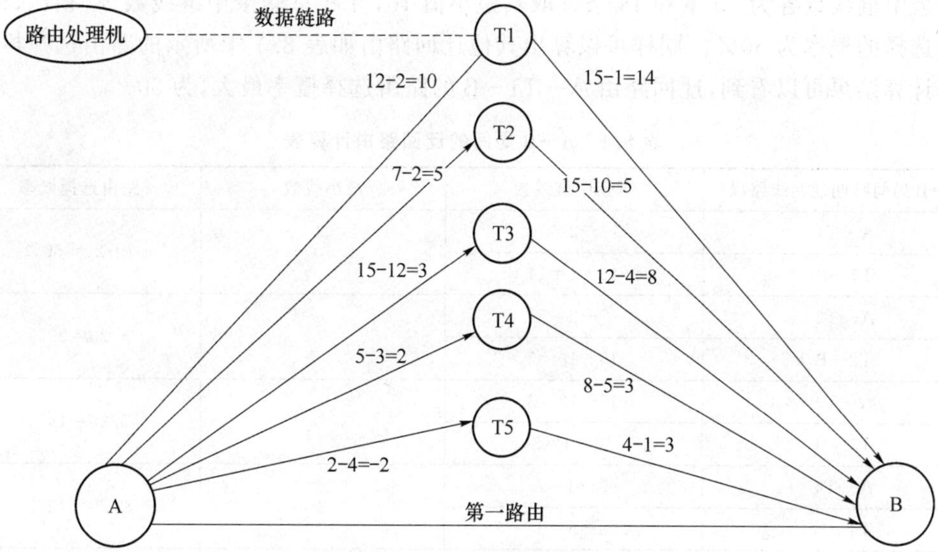

图 8.2　自适应选路示例

图中 A 和 B 分别为主叫局和被叫局,它们之间有直达路由相连。也可以通过 T1—T5 迂回。整个网的选路由路由处理机集中控制。后者与各个交换局之间通过数据链路相连。平时路由处理机采集各个交换点的状态信息,了解网络各部分的忙闲情况,根据全网信息及选路原则寻找最佳路由,并将更新后的路由表送到各交换点。具体步骤如下:

① 路由处理机不断向各个交换局送查询信号,以便了解全网的路由数据。

② 每个交换局向路由处理机回送如下应答信息:

· 出中继群中目前空闲的电路数;

· 自上一次查询后每个中继群的始发呼叫次数;

· 自上一次查询后每个中继群的第一次溢呼次数;

· 处理机的处理能力和其他阻塞因数。

③ 路由处理机向每个主叫交换局建议一个可能的迂回路由。

④ 各交换局更新路由表。

每个交换局首先需承担本身的话务量,只有当具备剩余的容量时才能向全网提供路由。图中的每一段线路都有一个数学式子,其中第一项代表本段所具有的中继线的总数;第二项代表本段内本身所需的中继线数;而等号的后面则为此时可选的中继线数。例如图中经过 T1 的 A—T1—B 路由中,A—T1 段的数学式子为 $12-2=10$。这代表在这段线路中总共有 12 条中继线,其中本段需要 2 条,还剩余 10 条可供全网选用。同样,图中 T1—B 段有 14 条空闲中继线可供全网选用。

当 A 局用户呼叫 B 局用户时,首选第一路由,当第一路由满负荷时将话务溢出到经过其他交换局 T1—T5 转接的路由。表 8.1 为 A 局→B 局经过 T1—T5 各交换局可选的路由。表中同一条路由两段线路中的剩余中继线数取其最小值。然后算出它占总剩余中继线数的百分比,得出路由选择的概率。例如路由 A—T1—B 中,A—T1 和 T1—B 两段的剩余中继线数各为 10 条和 14 条。取其最小值 10,并和总剩余中继线数 20 相比,得出路由选择的概率为 50%。同样可以算出其他迁回路由如表 8.1 中所示的路由选择概率。根据计算结果可以看到,迁回路由 A—T1—B 的路由选择概率最大,为 50%。

表 8.1 A→B 局间的迁回路由计算表

A→B 局间呼叫迁回线路段	剩余中继线数	最小线数	路由选择概率
A—T1	12−2=10	10	10/20=50%
T1—B	15−1=14		
A—T2	7−2=5	5	5/20=25%
T2—B	15−10=5		
A—T3	15−12=3	3	3/20=15%
T3—B	12−4=8		
A—T4	5−3=2	2	2/20=10%
T4—B	8−5=3		
A—T5	2−4=−2	0	0/20=0%
T5—B	4−1=3		
合　计		20	

这种自适应选路技术的特点是根据网络话务状态变化及时更改路由表,以找出最佳路由的选择方案。由于对路由进行了连机实时选择,因此对网上的话务具有较好的适应性,并具有较高的网络资源利用率。

自适应动态选路技术需要实时计算话务量,提供路由选择概率,并要求各交换局能及时检测网络状态,不断更新路由表。对交换机有一定额外要求。

(2) 动态时变选路方式

动态时变选路方式是利用不同地区的"时差",其话务忙时不集中的特点,事先编出按时间段区分的路由选择表,自动选择路由来达到话务均衡,从而提高全网运行效率的目的。图 8.3 为动态时变选路方式一例。

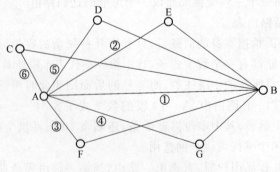

图 8.3　动态时变选路一例

图中有 A、B、C、D、E、F、G 七个交换局,它们位于不同时区。表 8.2 为按不同时间编

出来的选路安排表。所举的例子是由 A 局呼叫 B 局。在上午按时序(1)进行选路,即按下列先后顺序选择:

表 8.2　动态时变选路安排表

序　号	路 由 选 择 顺 序	路 由 变 动 时 间			
		上　午	下　午	晚　上	周　末
(1)	①→②→③→④→⑤→⑥	√			
(2)	①→③→②→④→⑤→⑥		√		
(3)	①→④→③→②→⑤→⑥			√	
(4)	③→④→①→②→⑤→⑥				√

- 选路由①,即 A—B 间的直达路由;
- 选路由②,即 A—E—B 的迂回路由;
- 选路由③,即 A—F—B 的迂回路由;
- 选路由④,即 A—G—B 的迂回路由;
- 选路由⑤,即 A—D—B 的迂回路由;
- 选路由⑥,即 A—C—B 的迂回路由。

在表中对于其他时间作了不同的安排。如下午按顺序(2);晚上按顺序(3)和周末按顺序(4)等等。当然,在实际应用中还可以作其他安排。这种选路方式增加了路由选择的灵活性,提高了电路的利用率。并且在网内的设备发生故障时,能够通过网络管理发出信号,以避免选择发生故障的设备。

这种方式的路由选择仍然是事先安排的顺序,而不是随机的。因此还不能做到完全适应网络话务的动态变化。

(3) 实时选路方式

这种方式是对每个交换局的中继路由忙闲表采用一定的算法,然后决定选哪一条路由。图 8.4 为采用这种方法的一个例子。图中各交换局为网状连接。每一交换局都有一张路由负荷状态表,以表明交换局之间路由的忙闲状况。图中的状态表中以"0"代表忙;以"1"代表空闲。交换局的选路过程是这样的:

图中每个变换局有一张状态表,它表明该交换局和其他交换局的路由有否空闲。另外,每个交换局还有一张"允许转接表",它代表该交换局允许使用的路由。

当交换局 1 要呼叫交换局 2 时,应该优先选择直达路由。由于交换局 1 的状态表中交换局 2 的下面数字为"0",这表示没有直达路由。这样,交换局 1 通过 7 号信令网调来交换局 2 的状态表,将其内容相"与",其结果是交换局 1 和交换局 2 可能利用的路由为经过交换局 3,5 的路由。这时还要看看哪些路由是允许交换局 1 使用的。从允许转接表上可以看到允许交换局 1 使用经过交换局 2,3,5 的路由。可能利用的路由和允许使用的路

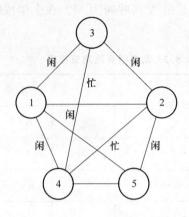

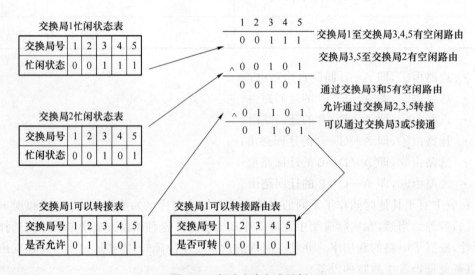

图 8.4　实时选路方式示例

由还要"与"一次。其结果可以得到图中的"交换局 1 可以转接的路由表"相关内容,也就是说交换局 1 可以经过交换局 3,5 和交换局 2 接通,完成呼叫。

除此之外,人们还提出了其他方法,它们都在一定程度上提高了网的使用效率。

§8.2　我国五级电话网的一般结构

我国的电话网自 1986 年以来实现了五级的等级结构,即由四级长途交换中心和第五级交换中心(端局)组成。图 8.5 示出了五级等级结构的结构图。

从图中可见,我国电话网分为五级,其中 C1～C4 级构成长途电话网,采用复合型网络结构,即采用四级汇接制。本地网的基本交换中心是 C5 端局,所谓端局就是通过用户线直接和用户相连的交换局。本地网中的汇接局以 Tm(Tandem 的缩写)表示。它的功能主要是汇接本汇接区的本地或长途业务。

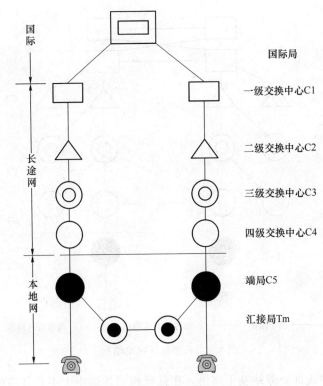

图 8.5 我国五级电话网等级结构

§8.3 长途电话网

§8.3.1 长途电话网的路由计划和路由分类

长途电话网分为 C1～C4 四级交换中心，一级交换中心 C1 为大区中心，我国共有六个大区中心；二级交换中心 C2 为省中心，我国共有 30 个省中心；三级交换中心 C3 为地区中心，全国共有 350 多个地区中心；四级交换中心 C4 为县中心，全国共有 2 200 多个县中心。C1 级间采用网状结构，以下各级主要是逐级汇接，并且辅以一定数量的直达路由，如图 8.6 所示。

1. 路由分类

图 8.6 中各级之间主要通过基干路由连接。所谓基于路由主要是两部分路由：一部分是 C1 级交换中心之间的低呼损电路群；另一部分是同一交换区内相邻级之间的低呼损电路群。基干路由上的话务量不容许溢出。

当两个城市之间的话务量足够大，且地理环境允许的条件下，可以适当加设直达路由，以减少通话中串接电路段数。这时两地之间的长途话务量首先经直达路由疏通。直达路由分为两种：

① 低呼损直达路由。这是根据业务需要在任意两级之间的低呼损电路群所组成的

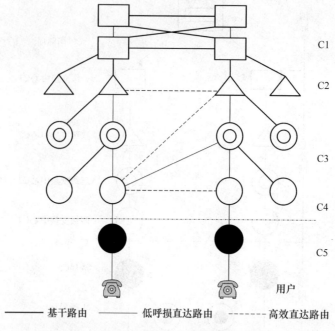

图 8.6 长途电话网络结构

路由。它可以旁路或部分旁路基干路由。在低呼损直达路由上不允许溢出话务量。

② 高效直达路由。这是根据业务需要在任意两级之间由高效电路群所组成的路由。这是高呼损路由。它也可以旁路或部分旁路基干路由,但允许溢出话务量至其他路由。

当高效直达路由忙时,其溢出话务量由迂回路由疏通。所谓迂回路由是指通过其他局迂回的路由。它由部分基干路由和直达路由组成。

2. 长途路由选择顺序

路由选择顺序指的是当两个交换中心的高效直达路由忙,话务量溢出时,要选择迂回路由的顺序。

长途路由选择顺序的原则如下:

① 先选高效直达路由。当高效直达路由忙时,选迂回路由。选择顺序是"由远而近",即先在被叫端"自下而上"选择,即先选靠近终端局的下级局,后选上级局。然后在主叫端"自上而下"选择,即先选远离发端局的上级局,后选下级局。

② 最后选择最终路由。最终路由可以是实际的最终路由(低呼损电路),也可以是基干路由。

这样的选择顺序其目的是为了充分利用高效直达路由,尽量减少转接次数和尽量少占用长途电路。

图 8.7 为按上述原则进行的路由选择顺序示意图。图 8.7(a)中所示为两个大区之间的路由选择顺序示意图。图中设交换中心 A 和交换中心 B 之间有高效直达路由 L1。A 局用户要呼叫 B 局用户时,应先选高效直达路由 L1,若 L1 全忙时,按上述原则应顺序

选 L2、L3、L4、L5、L6、L7。在图 8.7(b)中示出了本大区内来话时的路由选择顺序。仍按上述原则"自下而上",按 L1、、L2、L3 顺序选择。

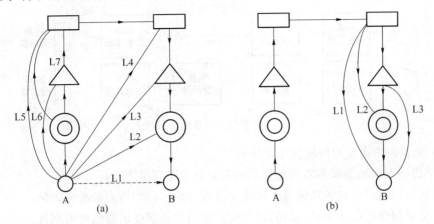

图 8.7　长途路由选择顺序示意图

§8.3.2　长途电话网的传输质量指标

1. 用户对电话通话质量的基本要求

用户打电话时希望电话网能够有一定的质量保证。电话接通以后,用户希望能够不困难地听清楚对方说些什么,同时让对方听清楚他所讲的话。这项要求应该由电话传输系统,包括电话机、传输线路来保证。有人说清晰度是电话传输质量的最基本要求。实际情况是清晰度和用户"能清晰地听懂对方讲话"不一定完全对应。用户要求"不困难地"听清楚对方讲话。这里有各种因素造成通话困难。对于传输系统来说有参考当量、传输损耗、电路杂音、衰减频率特性、群时延失真、串音衰减等各项因素。对于程控交换机来说这些参数是重要的电气传输指标。

2. 全程参考当量和全程传输损耗

（1）参考系统和参考当量

用户对某一电话传输系统的总的性能或某项性能的满意程度是通过对用户调查得到的。为减少重复测试时间,希望建立某种参数和用户满意程度的关系。被测人通过单纯收听对被测系统的传输性能进行评定,这叫主观评定试验。为方便起见,通常在响度测试中采用比较法,即在标准系统中插入可变衰耗器。被测人反复调整这个衰耗器的数值,使其响度和被测系统一样。这样就出现了"响度参考当量"。目前国际上采用的标准参考系统叫做 NOSFER 系统。它放在日内瓦 CCITT 实验室作为国际参考当量基准系统。

我国在 1977 年研制了电话参考当量标准系统,其主要特性和 NOSFER 系统相仿。所以又叫做 NOSFER 副标准系统。1981 年国家标准总局发布了 GB 2356—80《电话参考当量标准系统》和 GB 2357—80《电话参考当量测量方法》两项国家标准。图 8.8 示出了全程参考当量的测试方法示意图。图中采用的是"两人隐藏衰耗法"。此方法由两人担任测量工作。一人用相同音量反复对两个送话器念标准的测量用语"我去无锡他到黑龙江";另一个人收听并调节平衡衰耗器,一直到两个受话器的响度相等为止。响度比较结果等于平衡衰耗器读数减去隐蔽衰耗器的读数,再减去固定衰耗器的读数。隐蔽衰耗器的读数是随机的。

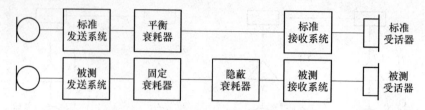

图 8.8　全程参考当量测量示意图

(2) 全程参考当量和传输损耗及分配

一个通话连接的全程参考当量是下列三部分参考当量之和:

· 从发话用户话机的送话器至所接交换局(端局)的交换点的参考当量;

· 受话用户所在交换局(端局)的交换点至用户话机受话器的参考当量;

· 两端局之间各段传输设备及交换局参考当量之和。

一个通话连接的全程传输损耗是用户线、交换局、局间传输设备在 800 Hz 时传输损耗之和。

国内任何两个用户之间进行长途通话时,全程参考当量指标为不大于 33.0 dB;全程传输损耗指标为不大于 33.0 dB。

3. 杂音

衡量长途通话连接的杂音大小是以受话终端局为基准点来测量或计算总杂音的。规定总杂音功率不大于 3 500 pW。这里的总杂音包括长途电路杂音、交换机杂音和电力线感应杂音。长途基于电路的忙时杂音要求不超过 $4L$ pW(其中 L 为电路长度,单位为 km)。

交换机杂音分为两种:长途四线交换机忙时杂音应不大于 200 pW;二线交换机的忙时杂音应不大于 200 pW。电力线静电感应或磁感应电动势在用户话机线路端应不超过 2 mV。

4. 串音

串音分为可懂串音和不可懂串音。不可懂串音作为杂音处理。可懂串音破坏了通信的保密性。因此提出了串音防卫度和串音衰减的指标要求。它包括:

· 四线电路间在 1 100 Hz 的近端串音防卫度或远端串音防卫度应不小于 65 dB;

· 市内、长市中继线间近端串音衰减应不小于 70 dB;

· 用户线间串音衰减(800 Hz 时)应不小于 70 dB;

· 交换机串音衰减(1 100 Hz 时)应不小于 72 dB。

5. 衰减频率特性

由于传输系统中有电感和电容,在信号频带内各频率的衰减不完全一样。因此出现了频率失真。所谓频率特性是指在传输频带(300~3 400 Hz)内,800 Hz 的衰减值与其他各频率的衰减值的关系所表示的特性。用它表示电路的衰减失真最为恰当。我国电话网中规定的电路衰减频率失真要求如表 8.3 所示;交换机的衰减频率失真如表 8.4 所示。

表 8.3　电路衰减频率失真要求

频率范围/Hz	相对于 800 Hz 衰减最大偏差/dB	频率范围/Hz	相对于 800 Hz 衰减最大偏差/dB
<300	0～∞	2 400～3 000	−1.0～+2.0
300～400	−1.0～+3.5	3 000～3 400	−1.0～+3.5
400～600	−1.0～+2.0	>3 400	0～∞
600～2 400	−1.0～+1.0		

表 8.4　交换机的衰减频率失真要求

频率范围/Hz	相对于 800 Hz 衰减最大偏差/dB	频率范围/Hz	相对于 800 Hz 衰减最大偏差/dB
300～400	−0.2～+0.5	2 400～3 400	−0.2～+0.5
400～2 400	−0.2～+0.3		

§8.3.3　我国长途电话网向无级动态网过渡

我国地域广阔,国民经济和通信业务的发展也不平衡。其特点是东、中部地区发展较快;而西部地区则较为滞后。另外,我国采用北京时间为标准时间,而东、西部大体相差 2 小时。这些因素在向无级网的过渡中需要考虑。总的策略是东、中部先进行,然后西部,最后实现全部过渡。

在过渡的过程中,也是逐步实现的,并且和扩大本地网同步进行。具体的过程是这样的:

先把 C3 和 C4 合并成一级 DC3,形成扩大的本地网。也就是说将图 8.5 所示的结构改造成图 8.9 的四级结构。

图中 DC1 为省交换中心,它们由低呼损电路群相连组成网状网;而由 DC3 取代了五级网的 C3 和 C4;本地网的范围扩大了。

再下一步则是过渡到三级网(两级长途网),即以 DC2 来取代原来的 DC2 和 DC3,如图 8.10 所示。

我国电话网演变的最后结果就形成了由一级长途网和本地网组成的两级网络结构,如图 8.11 所示。这时,我国将实现长途无级网。我国的电话网将由三个层面——长途电话网平面、本地电话网平面和用户接入网平面——组成,如图 8.12 所示。在这种结构中,长途网采用动态路由选择;本地

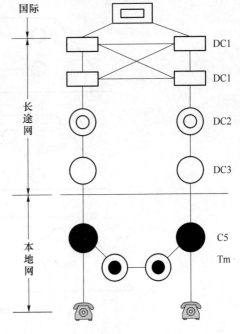

图 8.9　四极电话网结构

网也可以采用动态路由选择;而用户接入网将采用环行网结构并实现光纤化和宽带化。

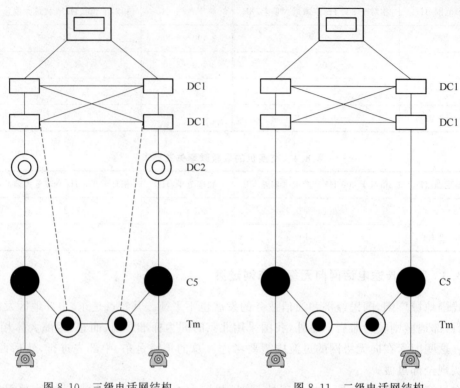

图 8.10 三级电话网结构   图 8.11 二级电话网结构

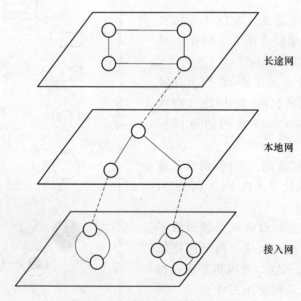

图 8.12 远期电话网结构示意图

§8.4　本地电话网

本地电话网是指在同一个长途编号区范围以内,由若干个端局(或者由若干个端局和汇接局),局间中继线,长、市中继线,用户线以及话机所组成的电话网络。

一个本地电话网属于长途电话网中的一个长途编号区,且仅有一个长途区号。本地电话网用户之间的呼叫按照本地网的统一编号拨本地号码而不拨长途区号。

在同一个长途编号区服务范围内设置一个或几个长途交换中心,长途交换中心之间的长途电路属于长途网部分。本地电话网不包括长途交换中心。

一个或几个长途交换中心和本地网相连组成一个城市电话网。

本地电话网的服务范围根据通信需要组成。它们大体上有以下几种类型:

- 县城及其农村范围组成的本地电话网;
- 大、中、小城市市区及其郊区范围组成的本地电话网;
- 根据经济发展需要,可以在大、中、小城市市区及其郊区范围组成的本地电话网的基础上进一步扩大到相邻的县及其农村范围组成一个本地电话网;
- 有的城市没有郊区或者自动化范围仅限于市区所组成的本地电话网,这种本地网的服务范围仅限于市区,可以称为市内电话网,市内电话网仅仅是本地电话网的一种特殊形式。

§8.4.1　本地电话网的结构

1. 多局制和电话网的分区

一个本地电话网往往由若干个电话局组成。这"若干个"包括从几个到几十个甚至上百个电话局。用户话机连到各自的电话局(叫做端局或 C5 端局),而各个电话局之间通过"中继线"相连。由于中继线是公用的,利用率比较高,它所通过的话务量比较大,因此提高了网络效率,降低了线路成本。

一个本地网中各个电话局之间有各种连接方式,也就是本地电话网有各种不同的结构方式。在这一节中我们要讨论的就是这个问题。

电话局之间的最简单连接方式是"个个相连",也就是任意两个交换局之间都有中继线相连。从本地电话网的拓扑结构形式来讲属于网状网结构,如图 8.13 所示。

图中本地电话网由三个 C5 端局组成网状网结构。每个端局和长途局都有长、市中继线群相连。各端局间以及各端局和长途局间的中继线群都是低呼损(呼损率小于等于 0.5%)直达中继电路群。

随着电话网的容量不断增加,端局的数量不断增多,这时局间中继线群数就会急剧增加。

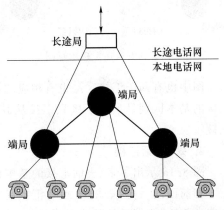

图 8.13　本地电话网的网状网结构

设网上有 n 个端局,则整个本地网的单向局间中继线群数为

$$N = n \times (n-1)$$

图中有三个端局,按上式计算可得中继线群数为 6。若是端局数增至 10 个,按上式可得局间中继线群数为 90。若是端局数再增加,中继线群数会增加得更快。这是不能接受的。因此要想出别的办法来解决。这就是将电话网进行分区,并采用汇接制。

我们把电话网划分为若干个"汇接区",在汇接区内设置汇接局,下设若干个端局。汇接局之间以及汇接局和端局之间都设置低呼损直达中继电路群。不同汇接区之间的呼叫通过有关汇接局进行汇接。这样将小容量的线群合并成了大容量线群,提高了中继线的利用率。

这种由端局和汇接局两个交换等级组成的本地网叫做二级本地电话网结构。

根据不同的汇接方式汇接制可以分为去话汇接、来话汇接、来去话汇接、集中汇接和主辅汇接等。每一种汇接方式又可以有不同的结构。

2. 去话汇接

去话汇接的基本概念如图 8.14 所示。

图中有两个汇接区:汇接区 1 和汇接区 2,每区有一个去话汇接局 Tm(去话),每区还有若干个端局(图中画了两个)。每区的汇接局 Tm 除了汇接本区内各端局之间的话务之外,还汇接对别的汇接区的话务。所谓"去话汇接"指的是汇接局负责汇接向其他汇接区的话务。如图中每个汇接区的 Tm(去话)接受本区内端局发送过来的呼叫,将它汇接至被叫用户所在的汇接区的相应端局。

3. 来话汇接

来话汇接的基本概念如图 8.15 所示。

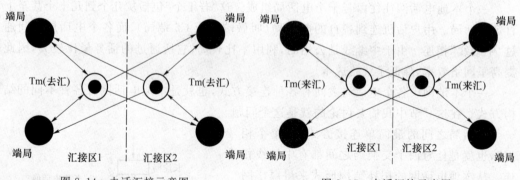

图 8.14 去话汇接示意图   图 8.15 来话汇接示意图

图中也有两个汇接区。也有相应的汇接局 Tm(来话)和若干端局。来话汇接和去话汇接的基本区别是来话汇接只汇接从其他汇接区发送过来的来话呼叫。因此叫做来话汇接。

4. 来、去话汇接

图 8.16 示出了来、去话汇接的基本概念。

和前面的一样,图 8.16 也有汇接局和端局,只是在这里汇接局 Tm 既汇接至其他汇接区的去话,也汇接从其他汇接区送来的来话。

5. 集中汇接

集中汇接不是基本汇接方式。它只适用于某些具体场合。集中汇接又可分为集中一次汇接和集中三次汇接。

集中一次汇接的基本概念如图 8.17 所示。

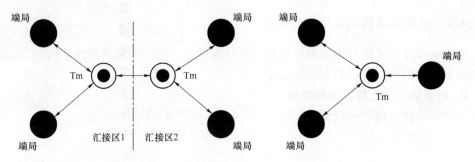

图 8.16　来、去话汇接示意图　　　图 8.17　集中一次汇接示意图

集中一次汇接的意思是全网不分区，所有端局之间的呼叫都通过汇接局 Tm 汇接。从拓扑结构上来看，这是一种星形结构。当然，为提高网络的可靠性，可以采用"对汇接"的结构，即用一对汇接局。

集中三次汇接的基本概念如图 8.18 所示。

集中三次汇接实质上是对汇接局的来、去话汇接。图中汇接区 1 和汇接区 2 之间的呼叫都要通过汇接中心进行汇接。这是一种特殊的来、去话汇接，从拓扑结构上看，它基本上是一种树形结构。由于两个汇接区端局之间的呼叫需要经过三次汇接和四段电路，不管是从多占电路数角度或是从可靠性角度考虑都处于劣势，因此除了某些特殊场合之外，尽量少采用。

6. 主、辅汇接

主、辅汇接的基本概念示于图 8.19。

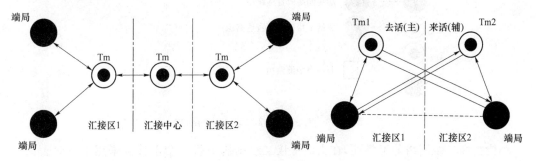

图 8.18　集中三次汇接示意图　　　图 8.19　主、辅汇接方式示意图

主、辅汇接方式是两个汇接区进行互助的方式。图中两个汇接区各有自己的汇接局 Tm，它们将本区的汇接局作为主汇接局，而将另一个汇接区的汇接局作为辅汇接局。主汇接局采用去话汇接，而辅汇接局采用来话汇接。如对于图中的汇接区 1 中的端局来说，Tm1 是主汇接局，该区所有对其他区的呼叫首先经过 Tm1 汇接，这是主汇接，也是去话汇接。但同时它们还可以通过汇接区 2 的 Tm2 进行汇接，这是辅汇接，也是来话汇接。

同样,对于图中的汇接区 2 的呼叫也是如此。

以上几种方式中,去话汇接、来话汇接和来、去话汇接是基本的汇接方式。由于在一个扩大的本地网或者在大、中城市为中心的本地网中,不少的县采用汇接方式,因此,去话汇接和来、去话汇接用得比较多,而单独的来话汇接则用得比较少。

§8.4.2 本地电话网二级结构的应用

在上一节介绍了电话网几种不同的二级结构形式。这一节将介绍这些结构形式的实际应用和相应的电话网的结构。

1. 对去话汇接二级本地网结构

对去话汇接二级本地网结构如图 8.20 所示。

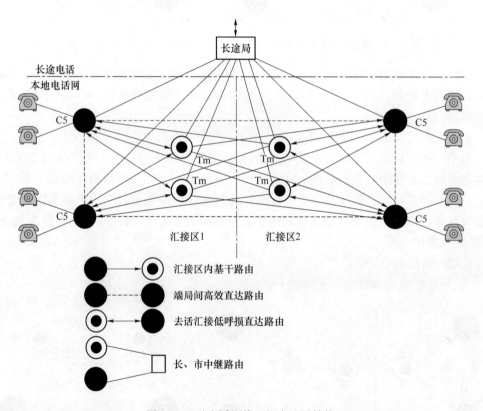

图 8.20 对去话汇接二级本地网结构

为提高二级网络的可靠性,在去话汇接二级结构中每一个汇接区采用了一对去话汇接局 Tm。汇接区内的所有端局和这一对汇接局都建立有直达中继电路。根据需要也可以在某一些 C5 端局之间设置高效直达路由。每个端局对本地网各局间的话务,除有直达路由者经直达路由疏通外,所有话务都通过本区的去话汇接局连接。C5 端局与长途局间的来、去话话务也通过汇接局转接。根据需要还可以在端局和长途局之间设置高效直达路由。

2．对主、辅汇接二级本地网结构

对主、辅汇接二级本地网结构如图8.21所示。

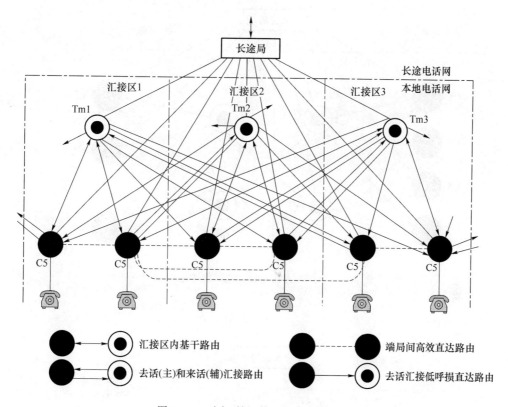

图 8.21　对主、辅汇接二级本地网结构

从图中可见,这里有点像对去话汇接方式,每一个 C5 端局也连到两个汇接局。但是每一个汇接区内只有一个汇接局 Tm。每个 C5 端局除了连接本区的汇接局之外,还通过另外一个汇接区的 Tm 疏通来话汇接话务。本汇接区的 Tm 是"主"去话汇接局,另一个 Tm 为"辅"来话汇接局。同时,每个汇接局与端局和长途局之间还设有直达路由,提供长途话务。

3．对来、去话汇接方式二级本地网结构

对来、去话汇接方式二级本地网结构如图8.22所示。

图中汇接区之间的话务都经过各区所设置的来、去话汇接局汇接。为提高可靠性,每个汇接区设置两个汇接局 Tm。每个 C5 端局和本区内的两个汇接局都有直达路由连接。汇接局与相应端局和长途局之间也设有直达中继路由以疏通长、市话务。

这种方式的缺点是不同汇接区 C5 端局之间的呼叫需要通过二次汇接,三段电路。随着本地网端局容量的增大,高效直达电路群增多,将逐步向二段电路的一次对汇接方式过渡。

4．对集中汇接本地网结构

对集中汇接本地网结构如图8.23所示。

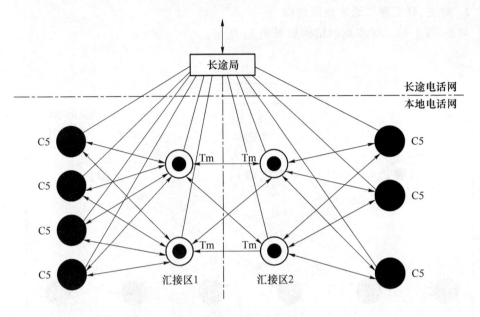

图 8.22　对来、去话汇接方式二级本地网结构

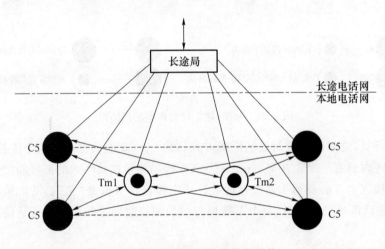

图 8.23　对集中汇接本地网结构

这相当于前面所说的集中一次汇接方式。但是为了提高可靠性,采用了一对集中汇接局。这种方式适用于容量较小的本地网。汇接局全面负责全网各端局之间的来、去话汇接。端局之间有较大话务量者也可设置高效直达路由或低呼损直达路由。

5. 通过 Tm 市县的集中三次汇接本地网结构

中等城市扩大的本地网中某些县(市)之间距离较远,并且县间的话务量较小时,可采用这种方式连接两县之间的话务(如图 8.24 所示)。它们通过地区中心的 Tm 市县转接。这段接续电路放宽为三次汇接和四段电路。这是暂时的方案,以后要逐步过渡至县间来、去话汇接二级网。

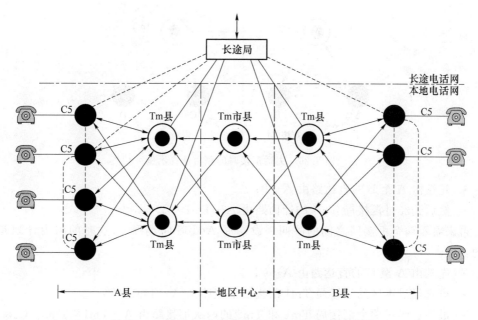

图 8.24　通过 Tm 市县的集中三次汇接本地网结构

§8.4.3　本地网路由选择计划

虽然本地网只有汇接局和端局两级结构,但是由于组网方式比较复杂,有去话汇接、来话汇接和来、去话汇接等不同汇接方式;有一级汇接的二段路由、二级汇接的三段路由、甚至有三级汇接的四段路由等等,并且实际的网络结构比上面所讲的复杂。他们往往在同一网上有几种方式的混合。因此按什么顺序选择路由还是有一定原则的。这就需要有路由选择计划。

本地网的路由选择要按以下原则:

· 先选直达路由;

· 选择两段或以上路由时,先选汇接次数少的(段数少的)路由,后选汇接次数多的(段数多的)路由。

下面我们通过几个例子来看看本地网的选路计划。

例 1　图 8.25 是一个集中汇接的例子。图中有三个端局和一个汇接局。在图中只画出了有关路由。设端局 A 要呼叫端局 B,这时的选路计划是这样的:

· 先选由 A 至 B 的直达路由 A—B;

· 再选经过汇接局的迂回路由 A—Tm—B。

例 2　图 8.26 是一个去话汇接的例子。图中有两个汇接区和相应的汇接局 Tm1 和 Tm2。

首先来看本汇接区内的呼叫。设端局 A 要呼叫端局 B。这时的选路计划是这样的:

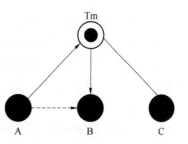

图 8.25　集中汇接时的
路由选择示例

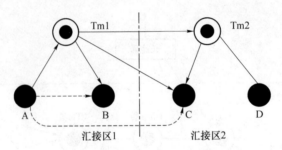

图 8.26 去话汇接时的路由选择示例

- 先选由 A 至 B 的直达路由 A—B;
- 然后选经过汇接局 Tm1 的迂回路由 A—Tm1—B。

再来看看两个汇接区之间的呼叫。设端局 A 要呼叫端局 C,这时的路由计划是这样的:

- 先选由 A 至 C 的直达路由 A—C;
- 再选经过本区的汇接局 Tm1 的去话汇接路由 A—Tm1—C;
- 最后选经过两个汇接局 Tm1 和 Tm2 的两次汇接路由 A—Tm1—Tm2—C。

例 3 图 8.27 是一个来话汇接的例子。图中也有两个汇接区和相应的汇接局 Tm1 和 Tm2,但是 Tm2 是来话汇接局。

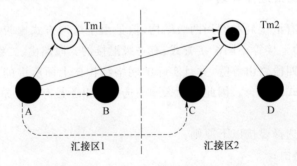

图 8.27 来话汇接时的路由选择示例

首先来看看本汇接区内的呼叫。设端局 A 要呼叫端局 B,这时的路由选择计划是这样的:

- 先选直达路由 A—B;
- 然后再选经过汇接局 Tm1 的迂回路由 A—Tm1—B。

再来看看汇接区之间的呼叫。设端局 A 要呼叫端局 C,这时的路由选择计划是这样的:

- 先选直达路由 A—C;
- 再选经过来话汇接局 Tm2 的迂回路由 A—Tm2—C;
- 最后选经过两个汇接局 Tm1、Tm2 的迂回路由 A—Tm1—Tm2—C。

例 4 图 8.28 是一个双汇接局的例子。图中由两个汇接区,每一个汇接区有一对汇接局,它们具有去话汇接功能和来去话汇接功能。

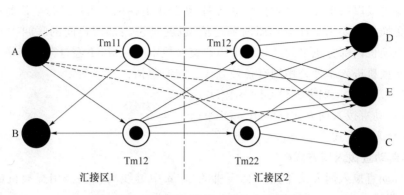

图 8.28　采用对汇接局时的路由选择示例

首先来看看本汇接区内的呼叫。设端局 A 要呼叫端局 B,这时的路由选择计划是这样的:

- 由于端局 A 和端局 B 之间没有直达路由,因此选择经过本汇接区内的汇接局 Tm11 或 Tm12 的路由 A—Tm11—B 或 A—Tm12—B。

再来看看汇接区之间的呼叫。设端局 A 要呼叫端局 C,这时的路由选择计划是这样的:

- 先选直达路由 A—C;
- 应该再选经过一次汇接的路由,但是由于端局 A 没有至汇接区 2 的来话中继电路,同时汇接区 1 至端局 C 也没有去话中继电路,因此只好选择经过两次汇接的来、去话汇接路由 A—Tm11—Tm21—C;A—Tm11—Tm22—c;A—Tm12—Tm21—C;A—Tm12—Tm22—C。

再来看看端局 A 呼叫端局 D 的呼叫,这时的路由选择计划是这样的:

- 先选直达路由 A—D;
- 由于汇接区 1 至端局 D 有去话中继电路,因此选择经过 Tm12 的去话汇接路由 A—Tm12—D;
- 然后选经过两次汇接的路由 A—Tm12—Tm21—D;A—Tm12—Tm22—D; A—Tm11—Tm21—D;A—Tm11—Tm22—D。

端局 A 呼叫端局 E 的路由选择计划是这样的:

- 先选直达路由 A—E;
- 再选去话汇接路由 A—Tm11—E,
- 然后选来、去话汇接路由 A—Tm11—Tm21—E;A—Tm11—Tm22—E。
  或者采用另外一个路由选择计划:
- 先选直达路由 A—E;
- 再选去话汇接路由 A—Tm12—E;
- 最后选两次汇接的路由 A—Tm12—Tm21—E;A—Tm12—Tm22—E。

§8.4.4　在本地电话网中接入用户交换机

用户交换机是电话网的一种补充设备。它主要用于机关、企业、工矿等社会集团内部通信。它也可以以一定方式接入公用电话网,和公用电话网的用户进行电话通信。

用户交换机主要用于社会集团内部通信,也就是说内部用户间的呼叫占主要比重。因此用户交换机内部分机之间的接续由用户交换机本身完成,不经过公用交换局。

用户交换机进入本地公用网有各种方式。它们包括:

- 半自动直拨入网方式(DOD2+BID);
- 全自动直拨入网方式(DOD1+DID);
- 混合入网方式。

1. 半自动直拨入网方式

在半自动直拨入网方式下用户交换机的出/入中继线均接至公用交换机的用户级。如图 8.29 所示。

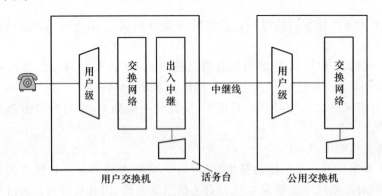

图 8.29 半自动入网方式

这种入网方式的接续叫做 DOD2+BID(Direct Outward Dialling-2,Board Inward Dialling)。所谓 DOD2 指的是分机用户在出局呼叫时可以直接拨号,但要听两次拨号音。第一次拨号音是本用户交换机发出的;第二次拨号音是公用交换机发出的。所谓 BID 指的是当有公用交换机用户入用户交换机的分机用户时由话务台拨分机号叫出被叫用户。

这种入网方式适合于容量较小的用户交换机。它有以下特点:

(1) 从公用交换机眼光看,用户交换机的每一条中继线相当于一条用户线(即一个用户),一条中继线给一个号。当由公用交换机呼入用户交换机时,一旦选到空闲中继线,就认为是"被叫用户空闲",向它送振铃信号。用户交换机中的话务员接入这条中继线并"摘机应答"。这时对公用交换机来说被叫已经应答,已经完成通话接续,进入通话阶段。但对用户交换机来说尚未到达真正的被叫用户。这部分工作就要由话务员来完成。因此常常遇到的号码是×××××××转×××。其中前面的号码是中继线的号码(或者说是公用交换机的用户号码)。而"转×××"就是转分机号,由话务员完成。

(2) 由于用户线的话务量较小,因此用户交换机的出/入中继线上的话务量也较小。

(3) 用户交换机的出/入中继线可以是出/入分开的,也可以是合用的,这要根据话务量而定。

(4) 出局呼叫用户要听二次拨号音。

(5) 由于每一条中继线占公用网的一个号码,因此占用公用网的号码资源较少。这对号码资源较为紧张的公用网来说是有利的。

（6）用户交换机和公用交换机之间采用用户线信号。信号种类少，不能向公用网送主叫用户号码，影响通话计费。

（7）对长途自动化不利，这表现在呼入和呼出两方面：

① 长途呼入时，话务员应答后，长途局就认为被叫已应答，开始计费。而实际上话务员还要拨叫被叫用户，这使得计费不准。并且当被叫用户不在时电话未打通却要向对方收费。这些都是不合理因素。

② 长途呼出时，长途局知道的"主叫用户号码"是用户交换机的中继线号而不是真正的主叫分机号，也就是不可能对分机用户进行长途计费。

因此，在一般情况下，半自动入网方式不具备长途直拨功能。

2. 全自动直拨入网方式

在全自动直拨入网方式下用户交换机的出/入中继线均接至公用交换机的选组级，如图 8.30 所示。这种入网方式的接续叫做 DOD1＋DID（Direct Outward Dialling-1，Direct Inward Dialling）。也就是说分机用户出局呼叫时可以直接拨号，而且只听本用户交换机送的一次拨号音就够了。公用交换机就不送第二次拨号音了。在呼入用户分机时，对方是直接拨分机用户号。对于主叫用户来说，他不知道被叫用户是经过用户交换机的分机用户。用户交换机也不设置话务台。

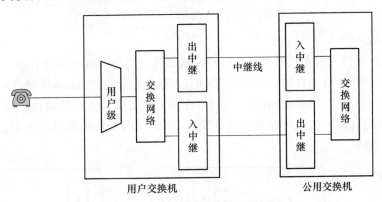

图 8.30　全自动入网方式

这种入网方式适用于较大容量的用户交换机。它有以下特点：

（1）从公用交换机眼光来看，用户交换机仅仅是公用交换机的延伸，即将一部分设备搬到机关企业中去。因此它是全自动的，并且分机用户和公用交换机中其他用户号位相等。

（2）由于用户交换机的中继线接入市话局的选组级，因此中继线上的话务量较大。

（3）出/入中继线一般是分开的，不采用出/入合用中继线。

（4）出局呼叫时用户只听一次拨号音。

（5）每一个分机用户都要占用公用网的一个号码，因此占用号码资源较多。

（6）用户交换机和公用交换机间采用局间信号，信号种类多，也可以送主叫号码。

（7）长途自动化容易实现。长途呼入时可以直接拨到分机用户，不需经话务员转接；呼出时由于可以送出主叫用户号码。因此可以对分机用户直接计费。

3. 混合入网方式

在实际应用中还有一种混合方式。这就是综合上述两种方式的混合入网方式。

（1）DOD2＋DID 方式

在这种情况下,用户交换机的出中继接至公用交换机的用户级。分机用户出局呼叫时要听两次拨号音。用户交换机的入中继和公用交换机的选组级相接,这样在入局呼叫时可以直拨分机,不需要话务员参与,如图 8.31 所示。

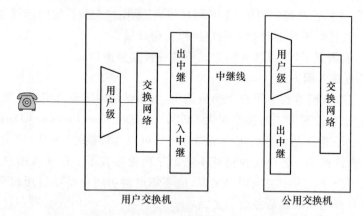

图 8.31　混合入网方式(DOD2＋DID)

（2）DOD＋BID＋DID 方式

这是前面两种入网方式的组合。用户交换机将一部分中继线按全自动方式接入公用交换机的选组级,形成全自动入网方式(DOD1＋DID);而将另一部分中继线接至用户级,形成半自动入网方式(DOD2＋BID)。这样,弥补了上述两种方式的缺点。既可以解决重要用户的长途直拨要求,又可以减少信号设备、中继线以及号码资源的负担。图 8.32 为该方式的示意图。

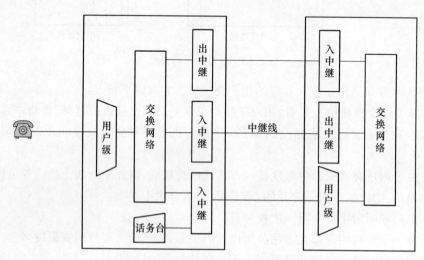

图 8.32　混合入网方式(DOD＋BID＋DID)

§8.4.5　本地网的传输质量指标

和长途网一样,一个本地电话网通话的传输质量参数也是用参考当量、传输损耗、杂音、串音、衰减频率特性等指标来衡量。在这一节我们着重讨论本地网中的全程参考当量和传输损耗。

1. 全程参考当量

一个通话连接的全程参考当量由以下三部分组成:

- 用户电路的发送参考当量,即从用户话机的送话器至所接交换局(端局)交换点(包括馈电电桥)的参考当量;
- 用户电路的接收参考当量,即从受话用户所在交换局(端局)的交换点(包括馈电电桥)至用户话机的受话器为止的参考当量;
- 两端局间各级中继电路(包括交换局)的参考当量之和。

2. 全程传输损耗

一个通话连接的全程传输损耗是由用户线、交换局、局间中继线在 800 Hz(模拟)或 1 020 Hz(数字)时的传输损耗之和。

对于模拟局用户间的的全程参考当量应不大于 30 dB,而全程传输损耗应不大于 29 dB;

对于数字本地网的全程参考当量应不大于 22 dB,而全程传输损耗应不超过 22 dB;

对于数字局用户模拟局用户间的全程参考当量应不大于 29 dB,全程传输损耗应不超过 28.5 dB。

如果端局接的是用户交换机,其全程参考当量和全程传输损耗指标不变。

§8.5　国际电话

§8.5.1　国际电话局和国内电话网的连接

国际电话通信通过国际电话局完成。每一个国家都设有国际电话局,国际局之间形成国际电话网,原则上在国际局间设置低呼损直达电路群。

我国是大国,在北京和上海设置了两个国际局,并且根据业务需要在广州和南宁设立了两个边境局,疏通与港澳地区间的话务量。

国际局所在城市的市话端局与国际局间可设置低呼损直达电路群,如图 8.33 所示。

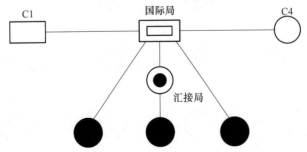

图 8.33　与国际局在同一城市的国际电话连接

而与国际局不在同一城市的用户打国际电话需要经过国内长途网汇接至国际局,如图8.34 所示。

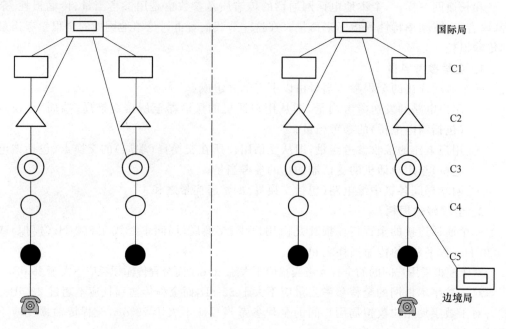

图 8.34 与国际局不在同一城市的国际电话连接

§8.5.2 国际电话网络结构

国际交换中心分为 CT1、CT2 和 CT3 三级,其中 CT3 连接国际和国内电路,CT2 和 CT1 则连接国际电路。国际网的基干结构如图 8.35 所示。但在实际应用中根据业务需要往往在国际交换中心之间连接低呼损直达电路群和高效直达电路群,如图 8.36 所示。

从图 8.35 可见,国际电路的最大串接电路数是 5 段。但在某些特殊情况下遇到了

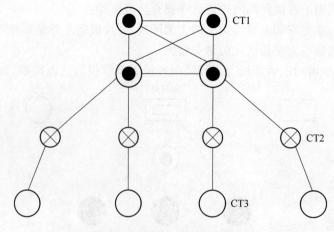

图 8.35 国际电话网基干结构

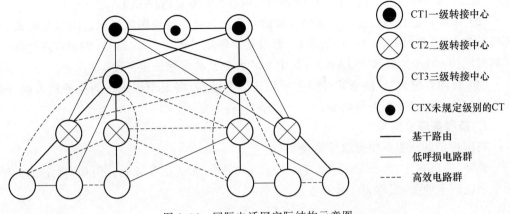

右侧图例：
- CT1 一级转接中心
- CT2 二级转接中心
- CT3 三级转接中心
- CTX 未规定级别的 CT
- —— 基干路由
- —— 低呼损电路群
- ----- 高效电路群

图 8.36　国际电话网实际结构示意图

CTX,这时国际电路限制为 6 段。包括国内部分在内的国际呼叫的最大串接电路数是 12 段,其中国内部分是 6 段。对例外情况和少量呼叫可以增加到 14 段,即国内电路增加到 8 段。

§8.5.3　国际通话的全程参考当量和传输损耗

国际通话国内部分的参考当量和传输损耗基本上和国内长途通信相同。差别是国内长途局至国际局间要增加 0.5 dB 损耗。

国际部分的参考当量和传输损耗均为 0.5 dB。

§8.6　编号计划

所谓编号计划指的是在本地网、国内长途网、国际长途网、特种业务以及一些新业务等各种呼叫所规定的号码编排和规程。自动电话网中的编号计划是使自动电话网正常运行的一个重要规程。交换设备应能适应上述各项接续的编号要求。

§8.6.1　电话网中号码的组成

1. 用户号码的组成

(1) 在一个本地电话网内采用统一编号,在一般情况下采用等位编号。其号长要根据本地电话网的长远规划容量来确定。在本地电话网编号号位长度小于七位数时,允许用户交换机的直拨号比网中普通用户号码长一位。

本地电话网的一个用户号码由两部分组成:它们是局号和用户号。局号可以是一位(用"P"表示),二位(用"PQ"表示),三位(用"PQR"表示)和四位(用"PQRS"表示);用户号为四位(用"ABCD"表示)。因此本地电话网的号码表示为"PQABCD"(设号长为六位)。本地电话网的号码长度最多为八位。

(2) 国内长途呼叫时除需拨上述本地电话网的号码之外,还应多拨 1～4 位(以 x_1～$x_1x_2x_3x_4$ 表示)长途区号以及一位长途全自动字冠"0"。假设某用户的所在地的区号为 3

位($x_1 x_2 x_3$),则该用户进行长途全自动呼叫时应拨"$0x_1 x_2 x_3$PQABCD"。

（3）国际长途呼叫除要拨上述国内长途号码之外还要增拨国家号码。国家号码的长度规定为1～3位(用 $I_1 \sim I_1 I_2 I_3$ 表示)。假设某个国家号码为2位($I_1 I_2$),则用户进行国际呼叫时应拨 $00I_1 I_2 X_1 X_2 X_3$PQABCD,其中"00"为全自动国际长途字冠。

（4）我国首位为"1"的电话号码主要用于紧急业务、需要全国统一的业务接人码、网间互通接入码和社会服务号码等。

2. 新服务项目编号

我国规定的新服务项目编号见表9.5。

此外,我国规定:200、300、400、500、600、700、800 为新业务号码。例如,规定 200 号为中国电话卡业务(俗称 200 号业务)。

§8.6.2 长途区号的分配

长途区号是以本地电话网为基础而编制的。一个长途编号区的服务范围为一个本地电话网。我国幅员广阔,各地区的通信发展也很不平衡。长途区号的编制采用不等位制,即由一位、二位、三位或四位四种长途区号组成。

（1）首位为"1"的区号有两类用途:一类为长途区号;另一类为网或业务接入码,其中"10"作为首都北京区号,为两位码,其余为 2～4 位码。

（2）二位区号为"2x",区号长度为两位,其中 x=0～9,分配给若干个特大城市和大城市的本地网。二位区号总计可有 10 个。

（3）三位区号为"$3x_1 x \sim 9x_1 x$"(6 除外),分配给大城市和中等城市的本地电话网,其中 x_1 为奇数,x=0～9。三位区号总计可有 300 个。

（4）四位区号为"$3x_2 xx \sim 9x_2 xx$",分配给中、小城市本地电话网和以县城为中心,包括农村范围在内的县本地电话网,其中 x_2 为偶数,x=0～9。四位区号总计可有 3 000 个。

（5）首位号为"6"的长途区号除"60"和"61"留给台湾为二位区号外,其余"$62x \sim 69x$"为三位区号。

§8.7 各种接口

数字程控交换机的接口分为数字接口和模拟接口。每一种接口又分为用户线侧和中继线侧两部分。图 8.37 为数字交换机的接口示意图,图中数字交换机的左侧为用户线侧,它接各种用户线;右侧为中继线侧,通过各种传输系统接至其他交换机。

数字交换机有下列接口:

1. 数字接口

在用户线侧的数字接口为 V 接口。在图中包括 V1、V2、和 V3;在中继线侧的数字接口有 A 接口和 B 接口。

V1 接口经过数字用户线连至用户设备。一般速率为 64 kbit/s。它可能是基本入口(2B+D)或基群速率入口(30B+D)的 ISDN 终端或者其他的数字终端。不同终端所接的网络终端 NT 也不相同。V1 的电特性不属于 ITU 的标准。

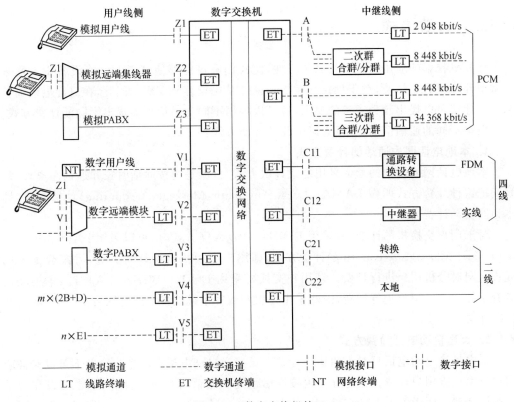

图 8.37　数字交换机接口

V2 接口是连接数字远端模块(数字远端集线器)的接口。通过远端模块可以连至相应终端。

V3 接口是连接如数字 PABX 的数字接口,属于 30B+D 接口。

V4 接口可接多个 2B+D 的终端。它支持 ISDN 接入。

V5 接口是不久以前建议的。它支持 $n \times$ E1($n \times 2\ 048$ kbit/s)的接入网。V5 接口包括 V5.1 接口和 V5.2 接口。对于 V5.1 接口来说,$n=1$;对于 V5.2 接口来说,$1 \leqslant n \leqslant 16$。关于 V5 接口将在接入网部分作详细介绍。

A 接口是速率为 2 048 kbit/s 的数字中继接口。其帧结构和传输特性符合 32 路 PCM 要求。

B 接口为 PCM 二次群接口。其接口速率为 8 448 kbit/s 四个二次群 B 接口合群以后可以接三次群的 PCM,其速率为 34 368 kbit/s。

2. 模拟接口

用户侧的模拟接口为 Z 接口;中继侧的模拟接口为 C 接口。Z1 接口用来连接单个用户的用户线;Z2 和 Z3 接口则是用来连接模拟远端集线器和模拟 PABX;C 接口是一个 2 线或 4 线的模拟接口。C1 为 4 线音频接口;C2 为 2 线音频接口。C11 通过通路转换设备接入 FDM 的载波设备;C12 则通过中继器接入 4 线模拟实线电路。C21 和 C22 分别表示数字转接局和数字本地局的 2 线模拟接口。

§8.8   计费方式

计算机技术的应用给计费带来了方便,使我们有可能即使在老的交换设备中也能采用微型计算机进行计费,对于程控交换机来说更是比较容易实现。因此,在目前电话通信网中对计费可以提出较为完备的要求,也可以根据不同的通信种类提出不同的计费方式。

根据不同的通话范围,可以有以下几种计费方式:

1. 本地电话网内通话的计费方式

本地电话网内用户的通话采用复式计次方式,也就是说按通话时长和通话距离计费。我们把这种计费方式叫做 LAMA(Local Automatic Message Accounting)计费方式,即本地网自动计费方式。

对于用户交换机的计费,若采用 DOD1+DID 入网方式时,可以采用 PAMA(Private Automatic Massage Accounting)计费方式,即用户交换机自动计费方式,可配合本地网或长途网对分机用户进行计费。若用户交换机采用 DOD2+BID 方式入网时,本地端局没有条件对分机用户进行计费,因此采用月租费或对中继线按复式计次方式,即按距离和时间计费。

2. 长途自动电话计费方式

国内长途自动电话只对主叫用户计费。长途半自动电话在话务员协助下可以对被叫用户或第三方用户计费。长途计费也按通话距离和通话时长进行计算,通常可以在发端长途局计费。叫做 CAMA(Centrelized Automatic Message Accounting)计费方式,即集中计费方式。国际长途自动电话的计费也按通话距离和通话时长计算。与国际局在同一城市的用户的国际自动、半自动去话由国际局负责计费;与国际局不在同一城市的用户的国际自动去话由该城市的长话局负责计费。

不同主叫用户其计费方式也有所不同。有的用户免费、有的用户定期收费(即每月一次按话单收费)、有的立即收费(如营业厅、旅馆等)。由营业厅直接打印出话单,或由机房对用户自动或人工通知。

有的用户如有特殊需要(例如在营业点)可以在用户处设置高频计次表。频率通常为16 kHz。在通话过程中由电话局计费设备向用户计次表送计费脉冲。脉冲间隔由费率决定。

由于端局的用户端接的可能是(例如用户交换机、磁卡电话机、投币电话机等)公共用户设备,交换局应该向这些用户送被叫应答和话终信号,以利于计费。

§8.9   数字同步网和网同步

数字同步网是数字电信网的支撑网之一。它保证数字电信网中各个节点(数字交换机)同步运行。

§8.9.1   数字系统中的同步

数字程控交换机组成一个数字网,它们通过数字传输系统互相连接。为提高数字信号传输的完整性,必须对这些数字设备中的时钟速率进行同步,对一个数字网则要进行网同步。所谓网同步指的是:通过适当的措施使全网中的数字交换系统和数字传输系统工作于相同的时钟速率。

在采用模拟交换机的情况下进行数字传输,只要求"点对点"的数字通信。在这种情况下,两个模拟交换机之间的通信只要保证传输上的同步就可以了。这时每一台交换机发出的信息通过编码,按照本机的时钟频率将数字信号发送出去;而在接收端,可以按照对方速率进行译码就可以了。对时钟频率的要求较低,也好解决。

在数字网中有多台数字交换机相互连成一个统一的网。这时要求各个交换机的时钟频率和相位能够协调一致,最好是完全一致。这就产生了网同步问题。它要求网内所有交换机都具有相同的发送时钟频率和接收时钟频率。由于传输介质的影响和时钟频率的变异,一般很难做到。这就产生了一个时钟频率的同步问题。

除了上述的时钟频率的同步之外,还有一个相位的同步问题。所谓相位同步指的是发送信号和接收信号之间的相应比特要对齐,不能在第一比特发送的信号在第二比特接收。这样,发送和接收的时钟频率即使一致了,也不能得到正确的接收。

图 8.38 示出了某一设备(例如一台交换机)在输入(对方发送过来的)时钟和接收端本身的时钟频率不一致时所产生的后果。

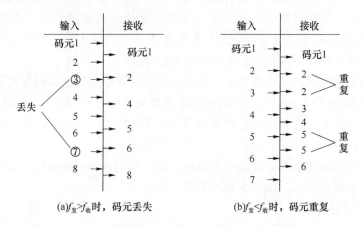

(a)$f_发 > f_收$ 时,码元丢失　　　　(b)$f_发 < f_收$ 时,码元重复

图 8.38　输入时钟和接收时钟频率不一致时产生的丢失和重复

从图中可以看到,若本地接收的时钟的频率低于输入时钟的频率,其结果是产生码元丢失;相反,若本地时钟频率高于输入时钟频率时,就会产生码元重复。这些都能使传输发生畸变。若畸变较大以使整个一帧或更多的信号丢失或重复,这种畸变就叫做"滑码"。要避免滑码必须强制使两个(或数个)交换系统使用相同的基准频率。

输入时钟和本地时钟间的频率偏移、相位漂移和抖动通常可以采用缓冲存储器来补偿。缓冲存储器按照输入时钟写入数据,并且自动调整相位,并且按照本地时钟读出数据。假定缓冲存储器一开始处于半满状态(即开始时存有一半容量的信息),这时可能有三种情况:
- 输入时钟和本地时钟已处于同步状态,则写入和读出一一对应;
- 输入时钟比本地时钟慢,则由于写入慢、读出快,缓冲存储器中的信息逐渐被取空；

- 输入时钟比本地时钟快,则由于写入快、读出慢,缓冲存储器逐渐被充满,直至"溢出"。

由于缓冲存储器具有充满和放空的能力,所以叫做弹性缓冲存储器。弹性缓冲存储器的作用除频率和相位同步之外,还保证信息流的帧结构不被破坏。因此弹性缓冲存储器的容量至少为一帧。实际上它的容量能达到两帧。

§8.9.2 数字网的网同步方式

数字网的网同步方式可以分为两类:准同步和同步。

准同步方式又叫独立时钟法。各个交换局均设立互相独立、互不牵扯的标称速率相同的高稳定度时钟。它们的频率并不完全相等,但十分相近。这就是准同步方式。由于它们的频率并不完全相同,因此经过时间上的积累可能导致信码丢失或增加假信码。如果各个信息的码元是互相独立表达信息的,这种码元的增加或丢失没有什么了不起,无非是引入了一些噪音。但是对于多路信号来说,这种增加或丢失可能引起帧失步,从而造成信号分路、交换的混乱,产生不能容忍的大量信息丢失。因此需要寻找一种方法,使信息不致损伤,或者损伤很小,不会导致信息混乱。

塞入脉冲法是解决问题的一种方法。这种方法使传输的速率略大于信息所需的速率,因此在传输的信码中有一部分信元是不带信息的,即所谓"塞入脉冲"。借助于塞入脉冲数量的多少来补偿由于频率不稳定所引起的码率变化。

水库法是解决问题的又一种方法。在各交换局设置稳定度极高的振荡器和容量足够大的缓冲存储器,使得它在很长的时间间隔内不发生"取空"或"溢出"。因此不需要调整,并且又可实现网同步。这种缓冲存储器相当于一个"水库",输入的信码先储存在"水库"里,再按一定规律取出。水既不会放干,也不会溢出。

水库法的连续稳定工作时间总是有限的。所以每隔一定时间间隔必须校准一次。

在数字通信网中采用的同步方式有下列几种:

1. 主从同步法

网内有一个中心局,它设有一个高稳定度的主时钟源,用以产生网内的标准频率被送到各交换局作为各局的时钟基准。各个交换局设置有从时钟,它们同步于主时钟,用锁相法使主时钟和从时钟之间的相位差保持不变或为零。图 8.39(a)为主从同步法的示意

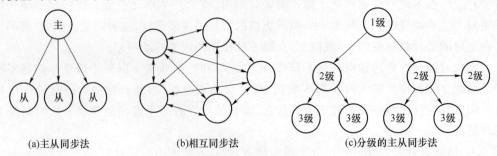

(a)主从同步法 (b)相互同步法 (c)分级的主从同步法

图 8.39 网同步方法

图。这种方法简单、经济。缺点是过分依赖于主时钟。一旦主时钟发生故障,将使整个通信网的工作陷于停顿。

2. 相互同步法

网内各交换局都有自己的时钟,并且相互连接,无主、从之分。它们互相控制,互相影响。最后各个交换局的时钟锁定在所有输入时钟频率的平均值上,以同样的时钟频率工作。图 8.39(b)为相互同步法的示意图。相互同步法的优点是网内任何一个交换局发生故障只停止本局工作,不影响其他部分的工作。从而提高了通信网工作的可靠性。其缺点是同步系统较为复杂。

3. 分级的主从同步法

分级的主从同步法介于主从同步法与相互同步法之间的等级主从系统。它把网内各交换局分为不同等级。级别越高,振荡器的稳定度越高。图 8.39(c)为分级的主从同步法的示意图。每个交换局只与附近的交换局有连线,在连线上互送时钟信号,并送出时钟信号的等级和转接次数。一个交换局收到附近各局送来的时钟信号以后,就选择一个等级最高、转接次数最少的信号去锁定本局振荡器。这样使全网最后以网中最高等级的时钟为标准。一旦该时钟出故障,就以次一级时钟为标准,不影响全网通信。分级的主从同步法克服了主从同步法和相互同步法的部分缺点。

§8.9.3　我国数字网的同步方式

我国在国内电话网中采用的是分级的主从同步法。在国际网中采用准同步方法。图 8.40 示出了我国数字同步网的等级结构。

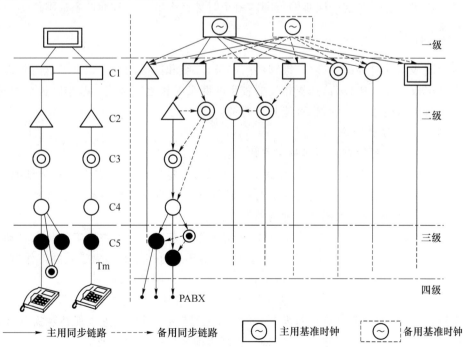

图 8.40　我国数字同步网的等级结构示意图

我国的数字同步网分为四级:

第一级为基准时钟,它由铯原子钟组成。这是全网中最高质量的时钟。对于同步网中的全部时钟而言,它是最高基准源。第一级时钟设置在指定的一级交换中心(C1)所在地。应设置主、备用时钟。

第二级为有保持功能的高稳时钟(受控铷钟和高稳晶体时钟),分为A类和B类。A类时钟设置在一级(C1)和二级(C2)长途交换中心,并通过同步链路直接与基准时钟同步;B类时钟设置在三级(C3)和四级(C4)长途交换中心,并通过同步链路受A类时钟控制,间接地与基准时钟同步。

第三级是有保持功能的高稳晶体时钟。它和第二级时钟的差别在于性能指标低于第二级时钟。它通过同步链路与第二级时钟或同级时钟同步。它设置在本地网中的汇接局和端局中。

第四级时钟为一般的晶体时钟,通过同步链路与第三级时钟同步。它设置在本地网中的远端模块、数字终端设备和数字用户交换设备中。因第四级时钟处在同步网的低层,在失去基准时,允许在降级状态下工作,比较容易解决。

从等级结构可以看出,第二级和第三级的同步设备应具有下列网同步功能:

(1)每一个数字交换机必须能接入一个主用基准以及至少一个备用基准,它们通常由不同地点连至交换机。

(2)同步基准总是由主局送往从局。它的速率由主局控制。从局的同步设备根据这一基准速率驱动从局时钟。主局在同步网中的地位总是高于从局或与从局相等。

因此,在所有同步链路和同步设备均处于正常状态时,全网的各级时钟速率均同步于基准时钟速率。这时在这一同步网范围内由于时钟速率的不一致而产生的滑码等于零。

§8.9.4 时钟

数字同步网的时钟由基准(一级)时钟、二级、三级和四级时钟组成。基准时钟由三个铯原子钟组成。经过比较后,选择相位差较小的两个时钟之一输出。基准时钟为主时钟;其他各级时钟可能是从时钟,也可能是主时钟。

1. 从时钟的工作状态

同步网中的从时钟有以下四种工作状态:

(1)快捕状态。开机后时钟首先进入快捕状态。这时时钟锁定于外同步基准,并使用改变了的时间常数,以迅速使自己的时钟频率与同步基准频率一致。在这种工作方式下,锁相环的牵引范围必须超过时钟的总调整范围;

(2)跟踪状态。这是一种无故障时的正常工作状态。时钟由快捕工作状态自动转入跟踪工作状态。这时时钟锁定于外同步基准,锁相环的时间常数略大于快捕工作方式,其调节速度很慢。即随输入信号的缓慢变化而变化。所以叫做跟踪。

(3)保持状态。第二级时钟失去主用基准之后,自动进入保持状态;第三级时钟失去主用基准之后,自动倒换到备用基准,如再失去备用基准,则自动进入保持状态。在保持状态时,时钟使用频率记忆技术,以维持失去同步前的良好频率准确度。

(4)自由运行状态。这时时钟不同步于外同步基准,也不使用频率记忆技术以维持频率的准确性。此状态用于时钟的自检、频率调整和时钟进网兼容性测试等。

2. 各级时钟的技术参数

网同步的根本问题是使网内所有时钟的频率相同。能否达到或者基本达到这一点决定于时钟的质量。从使用角度来讲,时钟的质量由以下指标来衡量:

(1) 最低准确度

所谓准确度是指在规定时间内时钟频率与标称频率间的偏差。最低准确度又叫长期最低准确度,指的是在长期(例如 20 年)无外部频率基准的控制下,时钟的频率与标称频率间的最大长期偏差。例如四级时钟的最低准确度为 $\pm 50 \times 10^{-6}$。这意味着该时钟每天偏差约为 ± 4 s。即

$$\frac{\pm 4 \text{ s}}{24 \times 60 \times 60 \text{ s}} \approx \pm 50 \times 10^{-6}$$

(2) 最大频率偏移

最大频率偏移又叫最低稳定度,也叫短期稳定度或漂移率。它表示该时钟在短期内(例如几天)失去频率基准的情况下时钟频率的单向最大变化率。

(3) 牵引范围

牵引范围指的是时钟自我牵引使其同步于另一时钟所能达到的最大输入频率与标称频率之间的最大偏差范围。

(4) 初始最大频率偏差

初始最大频率偏差是指有频率记忆功能的时钟在失去输入频率基准以后的初始时刻的最大频率偏差。时钟共分为四级,各级时钟的技术指标如表 8.5 所示。

表 8.5　各级时钟的技术指标

时钟等级	最低准确度	最大频率偏移	牵引范围	初始最大频率偏差
第一级	$\pm 1 \times 10^{-11}$	$< 1 \times 10^{-9}$/天		
第二级	$\pm 4 \times 10^{-7}$	$< 5 \times 10^{-10}$/天	能够与准确度为 $\pm 4 \times 10^{-7}$ 的时钟同步	$< 5 \times 10^{-10}$
第三级	$\pm 4.6 \times 10^{-6}$	$< 2 \times 10^{-8}$/天	能够与准确度为 $\pm 4.6 \times 10^{-6}$ 的时钟同步	$< 1 \times 10^{-8}$
第四级	$\pm 50 \times 10^{-6}$		能够与准确度为 $\pm 50 \times 10^{-6}$ 的时钟同步	

第一级时钟为铯原子钟,它没有频率漂移问题,所以它只有一个最低准确度指标。第二级和第三级时钟为有记忆功能的高稳定晶体时钟。它们具有全部四个指标。第四级时钟为一般晶体时钟。对它只要规定最低准确度及牵引范围两个指标就够了。

3. 各级时钟相对稳定性

除上述指标之外,还要考虑时钟的相位稳定性这一参数。它包括相位的不连续性和长期相位变化两项指标。

(1) 基准时钟输出端的指标

① 相位的不连续性

由于在时钟或网络节点的内部操作而引起的相位不连续性不应超过 1/8 UI。其中 UI 为单位时间间隔。它是每个比特所占用的时间。其值为接口速率的倒数。例如对于速率为 2 048 kbit 的数字信号,其 1 UI＝488 ns。

② 长期相位变化

用最大时间间隔误差(MTIE:Maximum Time Interval Error)来表示。最大时间间隔误差是在指定周期内一个给定的定时信号相对于理想的定时信号的最大峰—峰时延的变化。要求在5S时间内的MTIE不超过以下值：

(100S)ns   0. 05＜S＜5

(5S＋500)ns   5＜S≤500

(0.01S＋300)ns S＞500

(2) 第二级和第三级的时钟输出指标

① 相位不连续性

在进行不经常的内部测试或者在时钟内进行重新调整的情况下要求：

- 对小于 2^{11} UI 的任何时间,相位变化不超过 1/8 UI；
- 对等于或大于 2^{11} UI 时间,2^{11} UI 的每个间隔的相位变化应不超过 1/8 UI,并且漂移总量不得超过 1 μs。

② 长期相位变化

1) 理想工作状态:在输入频率基准无损伤的条件下,对任何 S 秒的周期内,第二、三级时钟输出端的最大相对时间间隔误差(MRTIE:Maximum Relative Time Interval Error)值应不超过下列数值(MRTIE 是指在一定的测量周期内,时钟输出的定时信号相对于一个实际的高性能振荡器的最大峰—峰时延的变化)：

$$\left(10S+\frac{1}{8}Ul\right)ns \quad 0.05＜S＜100$$
$$1\ 000\ ns \qquad S≥100$$

2) 在重新安排操作(例如基准倒换)或在交换机内部测试过程中,交换机同步设备在重新锁相于另一个外同步基准时可能引起输出相位变化不应大于 1 000 ns。

对于第二级及第三级时钟,处于保持工作状态时,时钟的频率偏差可由下式计算：

$$D=a+bt$$

式中:D——时钟转入保持工作状态已达 t 秒时的最大频率偏差；

a——表 8.7 中的初始最大频率偏差；

b——表 8.7 中的最大频率偏移；

t——以秒为单位的时间。

4. 对时钟的可靠性要求

为了保证程控交换机同步功能的可靠性,对各级时钟的可靠性有一定要求。

(1) 平均故障间隔时间(MTBF)

组成基准时钟的每个铯时钟的平均故障间隔时间应大于 4 年。平均故障修复时间(MTTR)应小于 90 天。第二级和第三级时钟的 MTBF 应大于 10 年。

(2) 时钟的冗余度

为了保证程控交换机同步功能的可靠工作,对基准时钟应由合为一体的三个铯振荡器组成。平时仅使用其中一个的输出(自动互相比较、少数服从多数、择优输出)。当时钟频率明显地偏离其标称值时,应能及时检测到并倒换至性能未下降的振荡器。

对于配备第二级和第三级时钟的交换中心来说,每局应设置两个性能相同的独立的同步单元,采用主/备用方式。每个同步单元至少应有两个输入频率基准的同步链路。当一个同步单元发生故障时,另一个同步单元应能立即正常工作。

当具有第二级时钟的交换中心失去输入主用频率基准以后,交换机的同步时钟应自动转入保持工作状态。如果在 24 小时内不能修复,则以人工方式倒向备用频率基准。倒换过程中不应产生滑动。

具有第三级时钟的交换中心至少要有两个频率基准输入,一个为主用,另一个为备用。当主用频率基准丢失后,应自动倒换至备用频率基准。倒换过程中不应产生滑动。如果备用频率基准也发生故障,则应自动转入保持工作状态。

§8.9.5　滑动性能指标

根据 CCITT G.822 建议,端到端长度为 27 500 km 的 64 kbit/s 的国际接续,在总时间为一年或大于一年的观察中,平均滑动率为每天 5 次以下或 5 次的时间应在 98.9% 以上;平均滑动率为每天 5 次以上至每小时 30 次的时间应在 1% 以下;平均滑动率为每小时 30 次以上的时间应在 0.1% 以下。G.822 建议把平均率为每天 5 次以下或 5 次列为(a)类,它满足传送各种 ISDN 业务的要求;把平均滑动率为每天 5 次以上至每小时 30 次列为(b)类,它满足传送话音要求,但传送数据,质量上已降级;把平均滑动率为每小时 30 次以上列为(c)类,它无论对传送话音还是数据都是不满意的。

我国规定,全程端到端发生二次滑动的时间间隔应大于 5 小时,相当于平均每天 5 次。其中传输系统要求发生二次滑动的时间间隔应大于 10 小时,即占全程指标的一半。这是因为在数字网中由于传输系统的时延,可能随一天内环境温度的变化而变动。这会引起数字信号的相位抖动或漂移。

抖动和漂移都是指数字信号的各个有效瞬时对其理想时间位置的非积累性偏移。抖动是指相位摆动频率在 20 Hz 以上,而漂移是指相位摆动频率远低于 20 Hz。漂移可以看作是缓慢的抖动。接收口上的弹性缓冲存储器可以吸收一部分抖动和漂移,但它难以吸收频率很低、幅度很大的漂移。这样就可能引起滑动。除此之外,传输系统的瞬间中断及倒换也会产生滑动。这些滑动都包括在 10 小时的指标内。

交换机的滑动指标分配如下:具有第二级时钟的交换机包括国际及国内长途交换中心的滑动指标为零。这意思是它的二次滑动时间间隔应该远大于 5 小时指标。

在国际网中目前采用准同步方式。由于各国铯原子钟之间的误差在一段国际数字电路中平均每 20 天才引起一次滑动。当国际电路段数达到最大值 4 段时,其平均滑动率小于每 17.5 天一次。

国内长途局及国际局所采用的二级时钟具有相当高的稳定度,它在无故障及大部分有故障条件下的滑动率也远低于 5 小时一次。

另外一半指标(二次滑动间隔为 10 小时)分配给具有三级时钟的本地端局及汇接局。本地端局可能是端到端 64 kbit/s 接续的最低一级节点,也可能下面还接有数字远端模块或数字用户交换机等第四级接点。但后者往往容量较小,重要性也相对低一些,所以没有单独考虑指标分配,也就是说把 10 小时指标都分给了第三级时钟。10 小时一次的滑动通常是发生在本地端局由于主用基准故障倒换至备用基准后引起的滑动。

　　数字交换机接收口上的缓冲存储器可以大大减少由于环境温度变化而引起的相位调制产生的滑动。缓冲存储器通常有两个帧的容量,在时钟同步情况下,这两帧轮流进行读和写,这样允许写入时的外部时钟频率与读出时的内部时钟频率之间可以有整个1帧的漂移。为防止由于时钟之间的误差使得刚产生一次滑动之后,由于传输系统的原因紧接着产生反方向的漂移和抖动而引起另一次滑动,缓冲器应该增加一个容量来容纳相位的滞后。这个滞后的容量至少应该是 18 μs,相当于 PCM 的 37 bit。

复 习 题

1. 无级动态网的基本概念。
2. 几种动态选路的方式。
3. 我国五级电话网的结构,长途电话网的结构。
4. 路由选择顺序。
5. 长途电话网的传输质量指标。
6. 我国长途电话网向无级动态网过渡的策略。
7. 什么是本地电话网?
8. 什么是去话汇接、来话汇接、来去话汇接、集中汇接和主辅汇接?
9. 各种汇接的实际应用结构。
10. 本地网路由选择计划。
11. 用户交换机的入网方式。
12. 本地网的传输质量指标。
13. 国际电话网的组成。
14. 电话网中号码的组成。
15. 数字交换机的各种接口。
16. CAMA、LAMA 和 PAMA 计费。
17. 网同步的意义。
18. 网同步的各种方式。
19. 我国数字网的同步方式。
20. 时钟的工作状态和技术指标。

练 习 题

1. 图 8.41 示出了长途网路由选择顺序。试写出每一种选择所经过的长途局名称以及相应的中继线段数。例如:

   图 8.41(a)中

   选择 1　A4 $\xrightarrow{L1}$ B4　　1 段

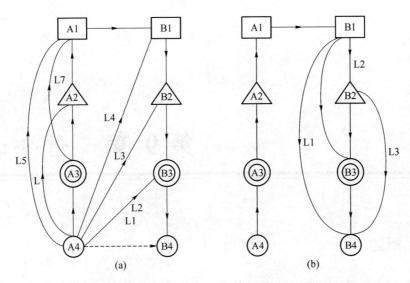

图 8.41

选择 2　A4 $\xrightarrow{\text{L2}}$ B3→B4　　2 段
⋮

图 8.41(b)中

选择 1
⋮

2. 参考图 8.25～图 8.28 的示例,写出图 8.14～图 8.24 中各种网络结构的路由选择顺序。

第9章 信令方式

§9.1 概述

为了保证通信网的正常运行,完成网络中各部分之间信息正确传输和交换,以实现任意两个用户之间的通信,必须要有完善的信令方式。信令方式是通信网中各个交换局在完成各种呼叫接续时所采用的一种通信语言。在通信网中交换局经历了步进制交换局、纵横制交换局到目前的程控交换局几代的发展。信令方式也随着不断发展和完善。从最早步进制交换局所采用的简单的直流脉冲信号发展到了纵横制交换局所采用的多频互控信令,不仅提高了信令的速度,而且增加了信令的容量。程控交换局尤其是数字交换局的引入对信令方式提出了更高的要求和实现的可能。于是又出现了公共信道信号——No.7信令系统。在这一章里我们除了向读者介绍一些基础知识和基本概念之外,还将介绍各种信令——用户信令和局间信号;向读者介绍程控交换局将会碰到的几种主要信令方式——中国No.1信令以及CCITT和中国No.7信令方式。目前存在于通信网中的信令十分复杂,限于篇幅,只好舍弃。读者有兴趣可参看有关资料。

§9.1.1 信令的基本概念

信令是各交换局在完成呼叫接续中的一种通信语言。譬如一个用户要求呼叫,他必须先摘机,于是就由用户话机向交换局送出摘机信号;然后用户必须将被叫用户号码告诉交换局,这就是拨号,送出拨号信号。交换局经过处理之后要叫出被叫用户,要向被叫用户振铃,送振铃信号等等。这些都属于交换局和用户之间的信令。

在2个或2个以上交换局来完成呼叫接续任务时,除上述信令之外,还要求交换局间传递各种信令,例如主叫用户号码、被叫用户号码以及其他有关信息。

不管是在哪一个范围内传输的信令,都是为完成呼叫接续这个目的服务的,要求发送和接收双方都能够"理解",也就是说必须规定一种共同语言——共同的信令方式——才能使呼叫接续得以实现。随着通信网的发展,各国提出了各种各样的信令方式,CCITT也已建议了No.1至No.7的各种信令,相应我国也已规定了中国No.1和中国No.7信令方式。随着通信网的不断发展,要求有一个完善的、统一的信令方式。从目前发展趋势来看,今后很有可能统一在No.7信令方式之下。

§9.1.2　对信令方式的基本要求

在考虑通信网中的信令方式时应尽量满足以下要求:
- 向信令设备提供足够的信息;
- 信令传输稳定可靠;
- 信令传送速度快;
- 对传输设备要求低;
- 信令设备简单;
- 有广泛的适应性,以便不同交换设备之间配合工作;
- 不影响通信信息的可靠性,同时也不受通信信息的影响;
- 便于今后通信网的发展。

§9.1.3　信令分类和一些基本定义

在通信网中有各种各样的信令,可按各种方式分类。在这里我们来区分一些信令以及和信令有关的一些基本概念。

1. 用户信令和局间信令

用户信令是用户话机和交换局之间传送的信令,它们在用户线上传送。用户信令包括用户状态信号及用户拨号所产生的数字信号。用户状态信号由话机叉簧产生,完成或切断用户线上形成的直流回路,用以向交换机提供摘机或挂机信息。用户拨号的数字信号在使用号盘话机或直流脉冲按钮话机的情况下为直流脉冲;在使用多频(DTMF)按钮话机情况下为两个"四中取一"的不同音频组合。

局间信令是交换局之间在中继设备上传递的信令,用来控制呼叫的接续和拆线。它完成交换局之间的"对话"。

2. 随路信令和公共信道信令

随路信令是指在呼叫接续中所需的各种信令通过该接续所占用的中继电路来传送的信令。随路信令方式如图 9.1 所示。

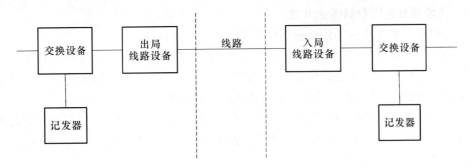

图 9.1　随路信令方式示意图

公共信道信令是利用交换局间的一条集中的信令链路为多条(几百条或更多)话路传送信令的方式。公共信道信令方式如图 9.2 所示。

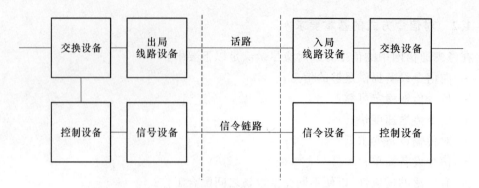

图 9.2　公共信道信令方式示意图

3. 带内信令和带外信令

通过载波电路传送的信令可以在通路频带(300~3 400 Hz)范围内传送,也可以在通路频带范围外传送。前者叫做带内信令,后者叫做带外信令。和带外信令相比,带内信令可以利用话音频带,因此可以利用话音频带较宽的优越性。如传送信令容量大,可以传送具有较高抗干扰性和速度较快的多频码等优点。缺点是和话音信号占用同一频带,易受话音信号干扰,且在通话期间不能传送。

4. 模拟信令和数字信令

模拟信令是将信令按模拟方式传送,它适用于模拟通路;数字信令是按数字方式编码的信令,它适合在数字媒介上传送。

5. 线路信令和记发器信令

这两种信令都是局间信令。在线路设备间传送的信令叫做线路信令;记发器信令由记发器发送和接收(见图 9.1)。

6. 前向信令和后向信令

前向信令是由发端局(主叫用户一侧的交换局)记发器或出中继电路发送和由终端局(被叫用户一侧的交换局)记发器或入中继电路接收的信令;后向信令则是相反方向传送的信令。

7. 逐段转发和端到端传送方式

这是信令在多段路由上传送的两种方式。

逐段转发方式是"逐段识别,校正后转发"的简称。在这种方式下每一个转接局将信令收到以后,进行识别,并加以校正,然后转发至下一个交换局。一般线路信令采用逐段转发方式;而记发器信令在劣质电路上的传送也采用这种方式。

在端到端方式下转接局只将信令路由进行接通以后透明传输。终端局收到的是由发端局直接发来的信令。记发器信令在优质电路上传送采用端到端方式。

8. 合群方式和分群方式

所谓合群是指将几种不同信令标准(例如数标)合在一个中继线群内,该中继线群内任一条中继线既可在这种接续中采用这种标准,又可在另一种接续中采用另一种标准。在程控本地端局和汇接局之间,程控端局/汇接局与长途/国际局之间的不同信令和中继线群就可以合起来了。中继线合群的条件是各中继线的记发器信令均采用中国 No. 1 多频互控信令,线路信令的数标编码是统一的。不符合上述要求的信令即为分群方式。

采用合群方式可以提高中继线的利用率,减少中继线的品种,增加使用上的灵活性。

§9.2　用户信令

用户信令是交换网中用户话机和交换机之间的信令,它包括用户状态信号及用户拨号所产生的数字信号。

1. 用户状态信号

用户状态信号由用户话机叉簧产生,完成或切断用户线直流回路。一般交换机对用户话机的直流馈电电流规定为 $18\sim50$ mA 之间。所以用户摘机信号应该是从无直流电流到有上述直流电流的变化;相反,用户挂机信号应该是从有上述直流电流至无直流电流之间的变化。

2. 号盘话机或直流脉冲按键话机发出的用户信令

号盘话机发出的用户信号是直流脉冲,即用户线直流回路断开时间间隔(断);而两个脉冲之间的间隔(脉冲间隔)又是用户线直流回路连通(续)的时间。它有脉冲速度、脉冲断续比和脉冲串间隔 3 个参数。脉冲速度就是拨号盘每秒钟发出的脉冲个数。对程控交换机规定为每秒钟 $8\sim16$ 个脉冲,脉冲断续比就是上述脉冲宽度(断)和脉冲间隔宽度(续)之间的比值,要求断续比范围为 $1:1\sim3:1$。脉冲串间隔指的是两串脉冲(两位号码)之间的间隔,所以又叫位间隔。它用以区别两位号码,一般不小于 250 ms。

3. DTMF 话机发出的用户信令

DTMF 话机的按键安排和每一键所对应的两个频率已在第 6 章 §6.4.3 中作了介绍(见图 6.12),这里不再重复。

4. 铃流和信号音

铃流和信号音都是由交换局向用户话机发送的信号。各国对此有不同规定。我国规定如下:

铃流源为 25 Hz 正弦波。振铃为 5 s 断续,即 1 s 送,4 s 断。

信号音源为 450 Hz 或 950 Hz 正弦波。需要时还可以有 1 400 Hz 信号音源。各种信号音含义及结构见表 9.1。

表 9.1　信号音表

信号音频率	信号音名称	含　义	结　构
450 Hz	拨号音	通知主叫用户可以开始拨号	连续信号音
	特种拨号音	对用户起提示作用的拨号音(例如,提醒用户撤消原来登记的转移呼叫)	400 ms　40 ms
	忙音	表示被叫用户忙	0.35 s　0.35 s　0.35 s

续表

信号音频率	信号音名称	含　义	结　　构
450 Hz	拥塞音	表示机键拥塞	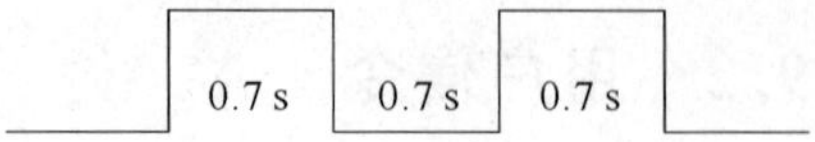 0.7 s　0.7 s　0.7 s
	回铃音	表示被叫用户处在被振铃状态	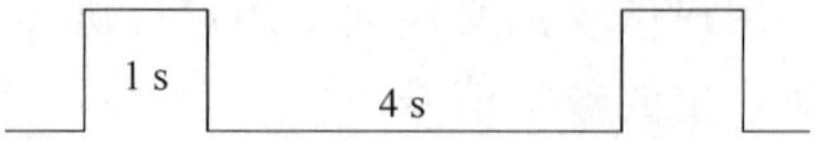 1 s　4 s
	空号音	表示所拨被叫号码为空号	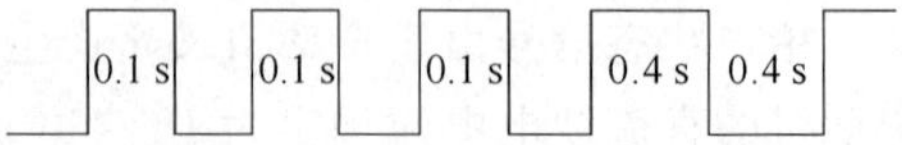 0.1 s　0.1 s　0.1 s　0.4 s　0.4 s
	长途通知音	用于话务员长途呼叫市话的被叫用户时的自动插入通知音	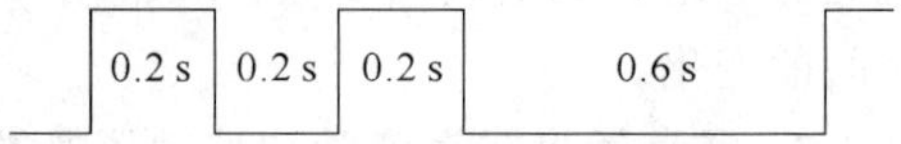 0.2 s　0.2 s　0.2 s　0.6 s
	排队等待音	用于具有排除性能的接续,以通知主叫用户等待应答	可用回铃音代替或采用录音通知
	呼入等待音	用于"呼叫等待"服务,表示有第三者等待呼入	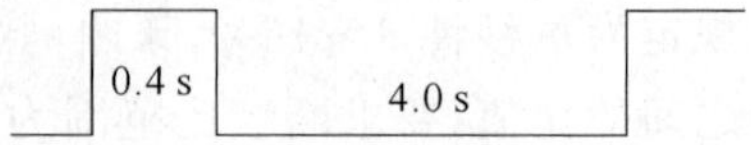 0.4 s　4.0 s
1 400 Hz	提醒用户音(三方通话提醒音)	用于三方通话的接续状态(仅指用户),表示接续中存在第三者	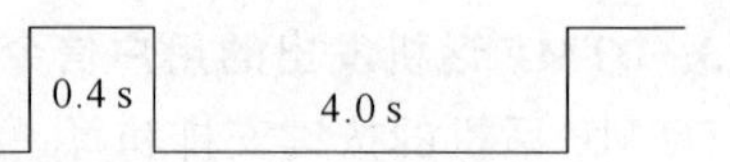 0.4 s　4.0 s
950 Hz	证实音(立去台回叫证实)	证实音由立去台话务员自发自收,用以证实主叫用户号码的正确性	连续信号音
	催挂音	用于催请用户挂机	连续式,采用五级响度逐级上升

§9.3　局间线路信令

　　根据不同的传输媒介,局间线路信令可以分为局间直流线路信令,局间数字型线路信令和带内单频脉冲线路信令。当局间传输线路采用实线时,采用的线路信令就是局间直流线路信令;若局间传输线路采用 PCM 数字复用线,中继电路采用数字中继器时,线路信令就采用局间数字型线路信令;若局间传输媒介为载波电路时,线路信令就采用带内单频脉冲线路信令。

§9.3.1　局间直流线路信令方式

　　局间直流线路信令方式又叫 a,b 线信令,来源于机电制交换机,图 9.3 示出了局间直流线路信令的示意图。从图中可见,A 局的出中继器和 B 局的入中继器通过 a,b 线相

连。这 a,b 线是传递话音信号的通话话路,也是传递线路信令的信令通路。根据要求,信号分为四种:

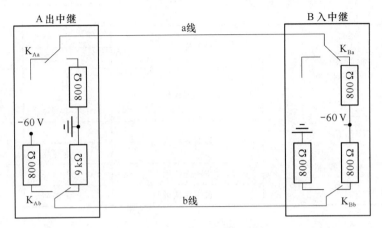

图 9.3　局间直流线路信令示意图

- "高阻＋":经过 9 000 Ω 电阻接至地;
- "－":经过 800 Ω 电阻接负电源(一般为－60 V);
- "＋":经过 800 Ω 电阻接地;
- "0":断路。

在图 9.3 中示意性的用开关(或继电器接点)K_{Aa},K_{Ab},K_{Ba} 和 K_{Bb} 分别倒换各种信号。

局间直流线路信令共有 19 种(DC(1)～DC(19)),主要对纵横制与步进制交换机间的配合。也有部分用于和程控交换机的配合。这里只举 DC(1)一例来说明直流线路信令的意义。表 9.2 为标志方式 DC(1)的直流信令方式,对照图 9.3 和表 9.2 可见,在示闲时,A 出中继 a 线为"0",b 线为"高阻＋",B 入中继 a 线与 b 线均为"－"。这相当于图中的 K_{Aa},K_{Ab},K_{Ba} 和 K_{Bb} 四个开关均处于原始状态。这时 a 线上没有电流,b 线上有微小电流流过。其他各种信号也可通过开关的不同位置来获得。通过检测 a,b 线上的电流可以识别不同的线路信令。

表 9.2　标志方式 DC(1)

持　续　状　态			出　局		入　局	
			a	b	a	b
示　闲			0	高阻＋	－	－
占　用			＋	－	－	－
被 叫 应 答			＋	－	－	＋
复原	主叫控制	被叫先挂机	＋	－	－	－
		主叫后挂机	0	高阻＋	－	－
		主叫先挂机	0	－	－	＋
			0	高阻＋	－	－

持 续 状 态			出 局		入 局	
			a	b	a	b
复原	互不控制	被叫先挂机	+	—	—	—
			0	高阻+	—	—
		主叫先挂机	0	—	—	+
			0	高阻+	—	—
	被叫控制	被叫先挂机	+	—	—	—
			0	高阻+	—	—
		主叫先挂机	0	—	—	+
		被叫后挂机	0	高阻+	—	—

§9.3.2 带内单频脉冲线路信令

带内单频脉冲线路信令方式适用于频分或时分复用的局间中继电路,包括国内长话局间、国内长话局与国际长话局间、本地交换局间、本地交换局与国内、国际长话局间。线路信令频率采用带内单频 2 600 Hz,由短信号单元、长信号单元、连续信号以及长、短信号单元组成。短信号单元为短信号脉冲,其标称值为 150 ms;长信号单元为标称值 600 ms 的长信号脉冲。发送两信号之间的最小标称间隔为 300 ms。

信号分为前向信号和后向信号两种。前向信号是由发端局发向终端局的信号;后向信号则按相反方向发送。具体信号如表 9.3 所示。

表 9.3 带内单频脉冲线路信令

序号	信号种类	传送方向		信 号 结 构/ms	说 明
		前向	后向		
1	占 用	→		单脉冲 150	
2	拆 线	→		单脉冲 600	
3	重复拆线	→		150 300 600 600 600 600	
4	应 答		←	单脉冲 150	
5	挂 机		←	单脉冲 600	
6	释放监护		←		
7	闭 塞		←	连 续	

续表

序号	信号种类		传送方向		信 号 结 构/ms	说　　明
			前向	后向		
8	话务员信号	再振铃(或强拆)	→		150 150 150 150 150	每次至少3个脉冲(向被叫馈送)
		回振铃		←		每次至少3个脉冲(向主叫馈送)
9	强迫释放(只限于双向电路)		→	←	单脉冲600	相当于拆线信号 相当于释放监护信号
10	请发码			←	单脉冲600	此3个信号是在简式对端话务员向本端长话局发起呼叫(转接或终端接续)时采用
11	首位号码证实			←	单脉冲150	
12	被叫用户到达			←	单脉冲600	

表中各种信号的定义和作用如下：

① 占用信号

占用信号是前向信号。当发端局出中继器发出占用信号时,终端局入中继器由空闲变为占用状态。

② 拆线信号

全程接续拆线时,由出中继器向对端入中继器发送的前向信号。它除了表示正常通话完毕拆线之外,还在发生异常情况时进行拆线。在下列情况之一时送拆线信号：

* 主叫控制复原方式时,主叫用户挂机；
* 在长途半自动接续时,发端长话局话务员进行拆线操作；
* 发端局收到表示接续遇忙等内容的后向记发器信号；
* 在接续进行过程中,发端局记发器有故障或超时释放；
* 被叫久不应答(振铃90 s未应答或其他原因未收到应答信号)或被叫挂机而主叫未挂延时达90 s时。

③ 重复拆线信号

去话局出中继器发送拆线信号后2～3 s内收不到释放监护信号时发送此前向信号。若重复拆线信号发送后仍收不到释放监护信号,就向维护人员告警。

④ 应答信号

这是由入中继器发送的后向信号,表示被叫用户摘机应答。

⑤ 挂机信号

由入中继器发此后向信号,表示被叫用户话终挂机。在长途全自动接线中,挂机信号不能使全程接续复原,发端局计费设备也不停止计费。这时进行计时90 s,若90 s以后主叫仍不挂机,由发端局强制拆线。在市话接续中,采用主叫控制复原方式时,挂机信号不能使交换局接续释放。

⑥ 释放监护信号

释放监护信号是拆线信号的后向证实信号,表示入局端的交换设备已经拆线。

⑦ 闭塞信号

这是入局端入中继器发出的后向信号,表示该条中继线已被闭塞。

⑧ 再振铃信号

这是由话务员发送的前向信号。长途局话务员与被叫用户建立接续和被叫应答后,若被叫用户挂机而话务员仍需呼叫该用户时,发送这个信号。

⑨ 强拆信号

这也是由话务员发送的前向信号。在规定允许强拆的接续中,遇到被叫用户"市话忙",需进行强拆,并且征得被叫同意后发送此信号。

⑩ 回振铃信号

这是由话务员发送的后向信号。在话务员回叫主叫用户时,使用这个信号。

⑪ 强迫释放信号

在双向中继器中有时由于干扰而引起双向占用,这时可能两端同时虚占来话记发器,在 15 s 内收不到多频记发器信号时,则一端送相当于拆线信号前向强迫释放信号;而另一端送相当于释放监护信号的后向强迫释放信号,使电路释放。

⑫ 请发码信号

这个信号用于简式长话局。当收到自简式对端长话局出中继器发来占用信号以后,就发送请发码信号作为后向证实信号,表示话务员可以进行发码操作。

⑬ 首位号证实信号

这个信号也是用于简式长话局。当收到简式对端长话局出中继器发来第一位号码后发此信号,作为后向证实信号,表示话务员可以接着发送号码。

⑭ 被叫用户到达信号

这个信号也是用于简式长话局。当简式对端长话局发起的呼叫已经到达被叫用户(或中途遇忙)时发送这个后向信号。

§9.3.3 局间数字型线路信令

在第 2 章中我们知道,在 30/32 路 PCM 传输系统中的 30 个话路的标志信号由 TS16 按复帧传送(见图 2.9)。其中每一话路的两个传输方向各有 a,b,c,d 4 bit 码位可供标志信号编码。对于数字交换系统来说,这每路 4 bit 的标志信号可以作为数字型线路信令之用。这样传输设备和交换设备的信号就统一起来了。这里介绍的局间数字型线路信令就是指 TS16 的信号。

考虑到目前电话网线路信号容量,只采用了其中的 a,b,c 3 bit,即前向信号为 a_f,b_f,c_f;后向信号为 a_b,b_b,c_b。它们的基本含义如下:

- a_f 码表示发话交换局状态或主叫用户状态的前向信号。$a_f=0$ 为摘机占用状态,$a_f=1$ 为挂机拆线状态;
- b_f 码向来话交换设备指示故障状态的前向信号。$b_f=0$ 为正常状态,$b_f=1$ 为故障状态;
- c_f 码表示话务员再振铃或强拆的前向信号。$c_f=0$ 为话务员再振铃或进行强拆操

作,$c_f=1$ 为话务员未进行再振铃或未进行强拆操作;

- a_b 码表示被叫用户摘机状态的后向信号。$a_b=0$ 为被叫摘机状态(只有首位号码证实状态例外),$a_b=1$ 为被叫挂机状态(只有强拆信号例外);
- b_b 码表示受话局状态的后向信号。$b_b=0$ 为示闲状态,$b_b=1$ 为占用或闭塞状态;
- c_b 码表示话务员回振铃的后向信号或是否到达被叫信号。$c_b=0$ 为话务员进行回振铃操作和呼叫到达被叫,$c_b=1$ 为话务员未进行回振铃操作和呼叫未到达被叫。

数字型线路信令共有 13 种标志方式,即数标方式(1)至数标方式(13)(DI(1)～DL(13))。在这里举数标方式(1)为例,见表 9.4。

表 9.4　数标方式(1)编码

持续状态			编码			
			前向		后向	
			a_f	b_f	a_b	b_b
示闲			1	0	1	0
占用			0	0	1	0
占用确认			0	0	1	1
被叫应答			0	0	0	1
复原	主叫控制	被叫先挂机	0	0	1	1
		主叫后挂机	1	0	1	1
			1	0	1	0
		主叫先挂机	1	0	0	1
			1	0	1	1
			1	0	1	0
	互不控制	被叫先挂机	0	0	1	1
			1	0	1	0
		主叫先挂机	1	0	0	1
			1	0	1	1
			1	0	1	0
	被叫控制	被叫先挂机	0	0	1	1
			1	0	1	0
		主叫先挂机	1	0	0	1
		被叫后挂机	1	0	1	1
			1	0	1	0
闭塞			1	0	1	1

由于在通信网中存在数字交换机,也存在模拟交换机,而且模拟交换机也有各种不同

型号。而数字型线路信令只在 PCM 传输媒介的 TS16 传送。因此对于模拟交换机来说需要有配合用的接口。我国目前规定有两种接口配合方式:a,b 线接口配合方式和 E,M 线接口配合方式。

a,b 线接口配合方式是指交换局中继器与 PCM 系统中信号转换设备之间的信号传送用 a,b 线连接的方式。a,b 线接口配合方式如图 9.4 所示。

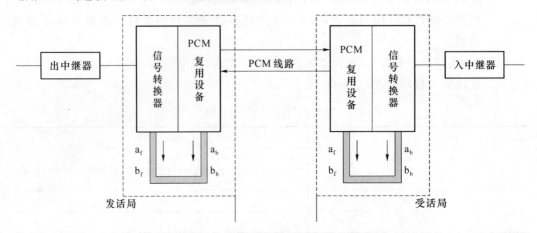

图 9.4 a,b 线接口配合方式示意图

E,M 线接口配合方式是指交换局中继器与 PCM 系统中信号转换设备之间的信号传送采用 E,M 线连接方式。这里的"E"是指接收(原意为耳朵 Ear);而"M"是指发送(原意为嘴巴 Mouth)。E,M 线接口配合方式如图 9.5 所示。图中采用的是 2 条 E 线和 2 条 M 线(2E,2M)。它配合表 9.4 中所示的前向和后向信号均为 a,b 两位码的情况。在有些数标方式中前向或后向信号采用 a,b,c 三位码,这时可根据前向和后向信号的码位数目采用 2E,3M;3E,2M 或者 3E,3M。

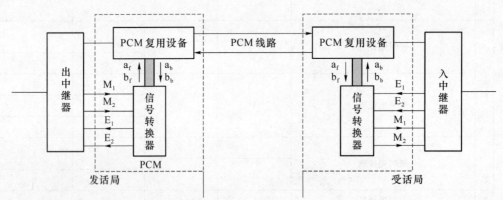

图 9.5 E,M 线接口配合方式示意图

E,M 线和数字线路信号的对应关系为:数字信号为"1"对应 E,M 线无电流(不通);数字信号为"0"对应 E,M 线有电流。

交换局 E,M 中继器电源为 −60 V。E,M 信号和 PCM 信号转换设备的电源电压可根据实际情况决定。E,M 线工作电流一般不大于 80 mA。

§9.4　多频记发器信令方式

§9.4.1　基本概念

记发器信令由一个交换局的记发器发出,由另一个交换局的记发器接收。它的主要功能是控制电路的自动接续。为了保证有较快的传送速度和有一定的抗干扰能力,记发器信令采用多频互控方式。因此叫做"多频互控信号"。

(1) 所谓"多频"指的是多频编码信号,即由多个频率组成的编码信号。在通信网中通话频率为 $300 \sim 3\,400$ Hz,尽管可以充分利用这个频带来传送多个频率。设有 n 个频率,每种信号固定取其中 m 个频率来组合($n > m$)。则总共可以组成的信号种类数 N_m 为从 n 个频率中取出 m 个的组合,即

$$N_m = C_n^m = \frac{n!}{m!(n-m)!}$$

设 $n = 6, m = 2$,则六中取二的频率的信号数为

$$N_2 = C_6^2 = \frac{6!}{2!(6-2)!} = 15$$

目前不少国家(包括我国)喜欢采用这种"六中取二"编码信号。这种方案有以下优点:

① 每一种信号都是两种频率的组合,因此对于频率数多于或少于两个频率的错误信号容易发现;

② 每个信号所包含的频率数相同,因此每种信号所传送的信号电平也相同。这就保证了载波电路在不过载的情况下可尽量提高信号电平,从而提高了信号传递的可靠性。

③ 信号传递速度快。每个信号传送时间只要 $30 \sim 50$ ms。

这 6 个频率分别给以编号。它们是 0,1,2,4,7,11。要传送的某个数字为两个相应频率编号之和(10,14,15 除外)。信号也分为前向和后向两种。它们的频率分别为:

· 前向信号:$1\,380$ Hz,$1\,500$ Hz,$1\,620$ Hz,$1\,740$ Hz,$1\,860$ Hz,$1\,980$ Hz;

· 后向信号:$1\,140$ Hz,$1\,020$ Hz,900 Hz,780 Hz,660 Hz,500 Hz。

六中取二多频编码信号如表 9.5 所示。

表 9.5　多频编码信号

数　码	信　号	频　率/Hz					
		f_0	f_1	f_2	f_4	f_7	f_{11}
		1 380	1 500	1 620	1 740	1 860	1 980
		1 140	1 020	900	780	660	500
1	$f_0 + f_1$	·	·				
2	$f_0 + f_2$	·		·			
3	$f_1 + f_2$		·	·			
4	$f_0 + f_4$	·			·		

续表

数　码	信　号	频　率/Hz					
		f_0	f_1	f_2	f_4	f_7	f_{11}
		1 380	1 500	1 620	1 740	1 860	1 980
		1 140	1 020	900	780	660	500
5	f_1+f_4		·		·		
6	f_2+f_4			·	·		
7	f_0+f_7	·				·	
8	f_1+f_7		·			·	
9	f_2+f_7			·		·	
10	f_4+f_7				·	·	
11	f_0+f_{11}	·					·
12	f_1+f_{11}		·				·
13	f_2+f_{11}			·			·
14	f_4+f_{11}				·		·
15	f_7+f_{11}					·	·

我国的多频记发器信令也分为前向信号和后向信号两种。前向信号的频率组合也如表10.5所示的1 380~1 980 Hz的高频群;后向信号只用了表中的低频群中的四种频率,即1 140 Hz,1 020 Hz,900 Hz和780 Hz,按四中取二编码。从表中可见,四中取二编码最多可有六种信号组合。

(2) 所谓"互控"是指信号传送过程中必须和对端发回来的证实信号配合工作。每一个信号的发送和接收都有一个互控过程。每一个互控过程分为4个节拍:

第一拍:去话记发器发送前向信号;

第二拍:来话记发器接收和识别前向信号后,发后向信号;

第三拍:去话记发器接收和识别后向信号后,停发前向信号;

第四拍:来话记发器识别前向信号停发以后停发后向信号。

当去话记发器识别后向信号停发以后,根据收到的后向信号要求发送下一位前向信号,开始下一个互控过程。互控过程如图9.6所示。

§9.4.2　信号种类及基本含义

我国的多频互控记发器信令分为前向信号和后向信号。前向信号分为Ⅰ组和Ⅱ组。相应的后向信号分为A组和B组。Ⅰ组和A组对应;Ⅱ组和B组对应。前向信号又有KA,KC,KD,KE和数字信号之分。后向信号则分为A信号和KB信号。各类信号的基本含义如表9.6所示。

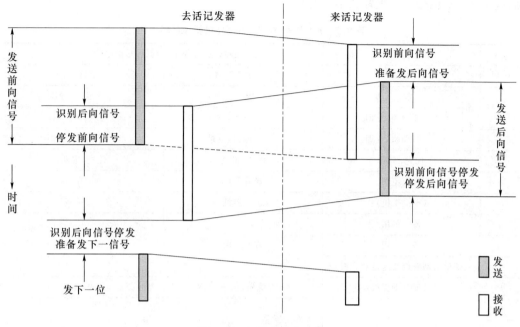

图 9.6　互控过程示意图

表 9.6　记发器信号基本含义

前　向　信　号				后　向　信　号			
组别	名称	基　本　含　义	容量	组别	名称	基　本　含　义	容量
I	KA KC KE 数字信号	主叫用户类别 长途接续类别 长市（市内）接续类别 数字 1～0	10/15* 5 5 10	A	A 信号	收码状态和接续状态 的回控证实	6
II	KD	发端呼叫业务类别	6	B	B 信号	被叫用户状态	6

＊ 步进制市话局为 10 种，纵横制程控市话局为 15 种。

§9.4.3　前向 I 组信号的基本含义

前向 I 组信号由接续控制信号和数字信号组成。

1. KA 信号

KA 信号是发端市话局向发端长话局或发端国际局前向发送的主叫用户类别信号。KA 信号提供本次接续的计费类别（定期、立即、免费等）、用户等级（普通、优先）。这两种信息组合成不同的 KA 码。KA 包括国内自动用户类别和国际自动用户类别（KOA）两种含义，表 9.7 为 KA 信号的内容和排列。

表中有关用户等级和通信业务类别信息由发端长话局译成相应 KC 信号。优先用户是指在网络拥塞或过负荷情况下保证优先呼叫的用户。KA-6 是指编号已纳入市话网的小交换机可用此标志完成显号功能。其接续处理方式与对市话局普通用户的方式相同。

但这个 KA-6 信号不往发端长话局发送。

表 9.7　KA 信号内容和排列(包括 KOA)

KA 编码	步进制市话局		纵横制,程控市话局(包括准电子)			
		KA		KA		KOA
1	普通	定　期	普通	定　期	普通	定　期
2		用户表,立即		用户表,立即		用户表,立即
3		打印机,立即		打印机,立即		打印机,立即
4		优先,定期		优先,定期		优先,定期
5		普通免费		普通免费		普通免费
6		(小交换机)		(小交换机)		(小交换机)
7		备　用		备　用		备　用
8		备　用				
9		(郑话自动有权长途自动无权)				
10		(长郊自动无权)		优先,免费		优先,免费
11				备　用		
12						
13				计划用于测试		
14				备　用		
15				—		

注:有括号的类别,不向发端长话局发送。

2. KC 信号

KC 信号是长话局间前向发送的接续控制信号,具有保证优先用户通话、控制卫星电路段数、完成指定呼叫及其他指定接续(如测试呼叫)的功能。

KC 信号有以下来源:KA 信号,长话局内话务员发起的呼叫,测试呼叫,Z 类用户呼叫(即按专线方式在网内开放的公用传真和中速数据的呼叫)。表 9.8 为 KC 信号的含义。

3. KE 信号

KE 信号是终端长话局向终端市话局间前向传送的接续控制信号。长市间 KE 信号目前只设置 13 为测试呼叫。KE 信号含义见表 9.9。

表 9.8　KC 信号含义　　　　　　　　　　表 9.9　KE 信号含义

KC 编码	KC 信号内容
11	"优先"呼叫
12	"Z"指定号码呼叫
13	"T"测试接续呼叫
14	备用
15	控制卫星电路段数

KC 编码	KE 信号内容
11	备用
12	备用
13	"T"测试呼叫
14	备用
15	—

4. 数字信号

前向Ⅰ组中的 1～0 数字信号用来表示主叫用户号码、被叫区号和被叫用户号码。此外,发端市话局向发端长话局发送的"15"信号表示主叫用户号码终了。

§9.4.4　后向 A 组信号的基本含义

后向 A 组信号是前向Ⅰ组信号的互控信号,起控制和证实前向Ⅰ组信号的作用。后向 A 组信号的含义如表 9.10 所示。

表 9.10　后向 A 组信号含义

A 组信号	A 组信号内容
1	A_1:发下一位
2	A_2:由第一位发起
3	A_3:转至 B 信号
4	A_4:机键拥塞
5	A_5:空号
6	A_6:发 KA 和主叫用户号码

1. A_1,A_2,A_6 信号

这三种 A 信号统称发码位次控制信号,控制前向数字信号的发码位次。A_1 的含义是发下一位,即接着往下发号;A_2 的含义是由第一位发起,就是说重发前面已发过的信号;A_6 的含义是发 KA 和主叫用户号码,即要求对端下面发送主叫用户类别 KA 和主叫用户号码。

2. A_3 信号

A_3 信号是转换控制信号。记发器信号规定,在一开始前向信号发Ⅰ组信号,后向信号发 A 组信号,只有当后向信号为 A_3 时整个信号就改变了,即前向信号改为Ⅱ组信号,后向信号改为 B 组信号。这个转换一般发生在发端局发够号码时,这时 A_3 信号一方面是转换控制信号,另一方面则是代表被叫号码收够,要求发端局发送业务类别的控制信号,在以后的记发器信号发送顺序中我们将会见到,当发端局发送完最后一位被叫号码以后,终端局还往回发 A_1 要求发下一位号。这时发端局已无号码可发,只好不发前向信号而等待。

被叫号码收够的判别是在被叫用户所在的市话局进行的。只有被叫用户所在市话局才能知道已收到末位被叫号码。这时候被叫用户所在市话局可发出 A_3 信号(不发 A_1)。然后由长话局逐段送到主叫用户所在的市话局。从上面过程可以看到,在终端的长—市局之间市话局在收到末位被叫用户号码之后就发 A_3 信号,这是一个互控过程。因此这个 A_3 是一个互控信号。但是再往回送,由于长途终端局已发出了 A_1 信号,并且由于发端局无号码可发,处于等待状态。这时往回发的 A_3 信号是在没有前向信号情况下发出的。因此互控过程的四个节拍被破坏了。这时的 A_3 信号不能是互控信号,而是 150 ms 的脉冲信号。因此,在实际运用中 A_3 信号根据场合不同采用不同的形式。A_3 信号的具体形式如表 9.11 所示。

表 9.11　A_3 信号形式

局　间　类　别		A_3 形式
市　话　局　间		互　　控
终端长、市话局(程控、纵横制)间		
发端市、长局间	长　途　自　动	脉　　冲
	长　途　半　自　动	互　　控

续表

局 间 类 别		A₃ 形式
发端市,国际局之间	国 际 自 动	脉 冲
	国 际 半 自 动	互 控
长 话 局 间		脉 冲
长话局间(终端长话局为长市合一局)		互 控

3. A₄ 信号

A₄ 信号的含义是机键拥塞。这就是说,在接续尚未到达被叫用户之前遇到设备忙(例如记发器忙或中继线忙)时不能完成接续,致使呼叫失败时发出的信号。由于发 A₄ 时可能有前向信号,也可能没有前向信号,因此 A₄ 信号可能是互控信号,也可能是 150 ms 的脉冲信号。

4. A₅ 信号

当接续尚未到达被叫用户之前,发现所发局号或区号为空号,这时就发 A₅ 信号。A₅ 信号也分为互控信号和 150 ms 的脉冲信号。

§9.4.5 前向Ⅱ组信号(KD)的基本含义

KD 信号是发端业务性质信号。这里要根据不同业务性质来决定可以强拆或被强拆,是否可以插入或被插入。在过去,一般长话要强拆市话接续。对于程控交换机来说,程控市话局不接受长话呼叫的强拆,但能接受长途半自动话务员的插入,但也仅限于市内电话接续,其他如市内传真或数据通信仍不允许插入。KD 信号的含义见表 9.12。

表 9.12 KD 信号含义

KD 编 码	KD 信 号 含 义
1	长途话务员半自动呼叫
2	长途自动呼叫(电话通信或用户传真,用户数据通信)
3	市内电话
4	市内用户传真或用户数据通信
5	半自动核对主叫号码测试呼叫

§9.4.6 后向 B 组信号(KB)的基本含义

KB 信号是表示被叫用户状态的信号。它同时起证实Ⅱ组信号和控制接续的作用。KB 信号的含义见表 9.13。

§9.4.7 局间多频记发器信号发送顺序

在讨论记发器信号发送顺序之前,先来规定一下文字符号。记发器信号发送顺序所采用的符号如表 9.14 所示。下面以 2 位国家号码、2 位区号和 6 位主、被叫号码为例来说明记发器信号的发送顺序。

表 9.13　KB 信号含义

KB 编码	KB 信 号 内 容	
	长途接续或测试接续时(KD=1,2 或 6)	市内接续时(KD=3 或 4)
1	被叫用户空闲	被叫用户空闲互不控制复原
2	被叫用户"市忙"	备　用
3	被叫用户"长忙"	
4	机键拥塞	被叫用户忙或机键拥塞
5	被叫用户为空号	被叫用户为空号
6	备　用	被叫用户空闲主叫控制复原

表 9.14　记发器信号发送顺序所采用符号

主被叫号码内容	号 长	符　号	主被叫号码内容	号 长	符　号
被叫国家号码	1~3 位	1 位:I_1 2 位:$I_1 I_2$ 3 位:$I_1 I_2 I_3$	主叫用户号码 (包括局号)	5 位 6 位 7 位	$P'A'B'C'D'$ $P'Q'A'B'C'D'$ $P'Q'R'A'B'C'D'$
被叫城市号码	1~4 位	1 位:x_1 2 位:$x_1 x_2$ 3 位:$x_1 x_2 x_3$ 4 位:$x_1 x_2 x_3 x_4$	被叫用户号码 (包括局号)	5 位 6 位 7 位	PABCD PQABCD PQRABCD
			各种业务台号码	3 位	$1x'x''$

　　记发器信号发送顺序在不同的接续中、不同情况下各不相同。在这里仅举几个例子说明。

1. 本地网间的记发器信号发送顺序

　　本地网记发器信号发送顺序如图 9.7 所示。图中示出 3 个例子:图 9.7(a)为端局至端局之间的记发器信号;图 9.7(b)和(c)为端局间经过汇接局发送的记发器信号。前者不需重发局号,后者需重发局号。

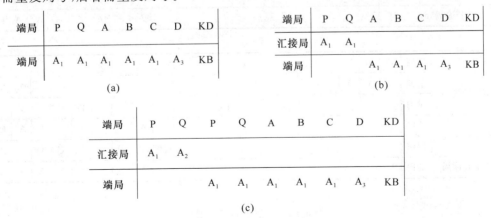

图 9.7　本地网记发器信号发送顺序

2. 本地端局和国内、国际长途局间记发器信号发送顺序

图 9.8 为本地端局向长途局呼叫的记发器信号发送顺序。图 9.8(a)为国内长途呼叫的记发器信号；图 9.8(b)为国际长途呼叫的记发器信号。图中的 A_3 表示互控信号，A_3' 表示脉冲信号；A_3^o 表示等待 $4\sim6$ s 后发送的脉冲信号。

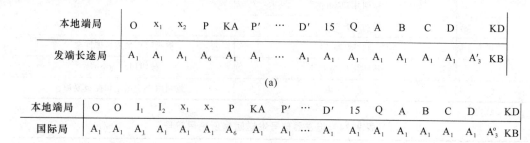

本地端局	O	x_1	x_2	P	KA	P′	…	D′	15	Q	A	B	C	D		KD
发端长途局	A_1	A_1	A_1	A_6	A_1	A_1	…	A_1	A_1	A_1	A_1	A_1	A_1	A_1	A_3'	KB

(a)

本地端局	O	O	I_1	I_2	x_1	x_2	P	KA	P′	…	D′	15	Q	A	B	C	D		KD
国际局	A_1	A_1	A_1	A_1	A_1	A_6	A_1	…	A_1	A_1	A_1	A_1	A_1	A_1	A_1	A_3^o	KB

(b)

图 9.8　本地端局呼叫国内、国际长途局时的记发器信号

图 9.9 为长途终端局呼叫本地端局时的记发器信号。

长途终端局	P	Q	A	B	C	D	KD
本地端局	A_1	A_1	A_1	A_1	A_1	A_3	KB

图 9.9　长途终端局呼叫本地端局时的记发器信号

3. 长途局间的记发器信号发送顺序

图 10.10 为长途局间记发器信号的发送顺序，图中都假定中途经过两个转接局。图 9.10(a)为采用端到端传送方式，图 9.10(b)为采用逐段转发传送方式。

发端长途局	前向	O	x_1	x_2	KC或P	O	x_1	x_2	KC或P	P	Q	A	B	C	D		KD
第一转接局	后向	A_1	A_1	A_1	A_2												
第二转接局	后向					A_1	A_1	A_1									
终端长途局	后向									A_1	A_1	A_1	A_1	A_1	A_1	A_3	KB

(a)

发端长途局	前向	O	x_1	x_2	KC或P	P	Q	A	…	D					KD
第一转接局	后向	A_1	A_1	A_1	A_1	A_1	A_1	A_1	…	A_1				A_3	KB
	前向				O	x_1	x_2	KC或P	P	Q	A	…	D		KD
第二转接局	后向								A_1	A_1	A_1	…	A_1	A_3	KB
	前向							KC或P	P	Q	A	B	C	D	KD
终端长途局	后向								A_1	A_1	A_1	A_1	A_1	A_1	A_3	KB

(b)

图 9.10　长途局间记发器信号

§9.5 公共信道信令系统

§9.5.1 随路信令的限制

在话路中传送随路信令方式存在以下一些限制：

- 信号传送速度较慢，因此"拨号后等待时间"一般较长。这对电话通信来说，大多数还是可以容许的，但对于程控交换机来说就要影响某些新业务的应用；
- 信息容量有限；
- 传递与呼叫无关的信号信息能力有限，有些系统在通话期间不能传送信号；
- 各种信令系统都是为特定应用条件而设计的，这就可能使得在同一网络中形成各种不同系统，造成经济上和管理上的困难；
- 由于大多数系统都是按照每话路配备信号设备的，所以比较昂贵。

出现了程控交换机之后，由于处理机是以数字方式工作的，它和处理的对象——模拟型信号——产生了一些矛盾，降低了处理机的效率。一个比较有效的方法是在两个处理机之间提供一条双向高速信令链路，通过这个链路以数字方式传送信令，即一群由路（几百条）以分时方式共享一条公共信道信令链路。这样一条与话音通路分开的公共信令链路的信令方式出现后对于程控交换局来说就十分适合了。

§9.5.2 公共信道信令系统的发展

CCITT 规定了两种公共信道信令方式：No.6 和 No.7 信令方式。No.6 信令方式主要用于模拟电话网，因此它是按照模拟电话网的特点设计的，不能很好地适应 ISDN 要求。No.7 信令方式则是采用 64 kbit/s 的适合于数字网的信令方式，因此目前主要发展 No.7 信令方式。在这里也主要讨论 No.7 信令方式。

No.7 信令方式的研究开始于 1973 年。第一次正式建议书在黄皮书上发表（1980年）。由于对这个系统抱有很高的希望，因此在研究一开始就对信令功能进行了深入分析，再加上对功能子系统很好的技术设计，确保 CCITT No.7 信令系统是一个广泛应用的系统。它具有广泛的潜在应用范围：

- 它既能适合现有通信网业务，也能允许开放许多新业务；
- 它既能适合国内网又能适用于国际网；
- 能适应数字网的发展。

在以后的年代 CCITT 对 No.7 信令系统进行了完善和增补。到 1988 年的蓝皮书上用户部分已达到了"电话用户部分"、"数据用户部分"和"ISDN 用户部分"。我国也已制定了适合我国情况的"蓝皮书"《中国国内电话网 No.7 信令方式技术规范（暂行规定）》。

§9.5.3 公共信道信令的优点

公共信道信令方式给用户和网络运行和管理机构带来了好处。随着公共信道信令的推广,这些好处也越来越明显。

1. 对用户的好处

(1)减少了呼叫建立时间,尤其对于远距离长途呼叫它可能使拨号后延时减少到 1 s 以内;

(2)有利于新业务的发展。有的新业务需要有快速的信令方式和较多的信号内容,它们只有采用公共信道信令时才可能实现;

(3)由于信号速度快,在线路拥塞时可以采用重复测试和迂回路由而不致于使呼叫建立时间过分增加。

2. 对网络管理的好处

(1)统一了信令系统

过去随路信令系统往往是针对某一网络的专用信令,因此在网络连接时其接口转换较为复杂。公共信道信令就可以设计成一个通用的信令系统;

(2)有利于现代化通信网的管理

采用公共信道信令有可能提供集中的线路测试、话路监视、计费等各种网管信号;

(3)降低了由于网络拥塞或被叫忙而引起的无效话务量

例如可采用预先测试被叫忙闲,给予经过好几个局来的呼叫的优先权,或者甚至直接在用户间寻找路由等复杂技术来达到提高接通率的目的。

§9.5.4　公共信道信令方式的特点

公共信道信令有以下一般特点:

- 信号的形式可以用不同长度的信令消息或者规定长度的信号单元来传送(No. 6 信令采用固定长度信号单元,No. 7 信令采用可变长度信号单元);
- 各信令信道以同步方式工作。连续的信号可以划分为相连接的各个信号单元;
- 在不送信令消息时发送填充单元,以保持在该信令信道上的信号单元同步;
- 信号单元分为若干段,每一段具有自己的功能,如标志码、信息字段、校验位等等;
- 每一信号单元需要有一个标记信息段,其长度决定于要识别的话路数;
- 公共信道信令采用标记寻址,每一条话路没有专用的信令设备,它们采用排队方式;
- 公共信道信令方式不能证实话路的好坏(话路的连续性)。所以必需进行话路导通试验;
- 需要有专门的差错检测和差错校正技术,需要有冗余位作为信号单元的一部分,同时还需要有备用设备;
- 发现错误率过大或链路失效时,可以自动倒换至备用设备;
- 在多段接续中,信令信息按逐段转发方式传送。信号必需经过处理后才能转发至下一段;
- 对于长度较长的信号,可以把它分装在若干信号单元连接起来,组成多单元消息。

§9.6　No.7 信令系统的结构

§9.6.1　基本特点和应用

No.7 信令方式出现以后,就表现出以下应用特点:

(1) 最适用于由程控交换机组成的数字通信网;

(2) 可以满足目前和未来通信网交换各种信号信息和其他信息的要求(如电话和 ISDN 的呼叫处理、管理和维护信息等);

(3) 保证正确的发送顺序,没有信号丢失和顺序颠倒的问题;

(4) 可以用于国际网和国内网。

No.7 信令方式可以用于以下几方面:

- 电话网的局间信号;
- 电路交换数据网的局间信号;
- ISDN 的局间信号;
- 各种运行、管理和维护中心的信息传递业务;
- 交换局和智能网的业务控制点之间传递各种数据信息;
- PABX 应用。

§9.6.2　OSI 参考模型

OSI 的英文全名为 Open System Interconnection,把它叫"开放系统互连"。

为了实现无论在何时、何地、人和计算机以及其他人都能互相通信这一目标,国际标准化机构 ISO(Intemational Standardization Organization)自 1977 年以来致力于 OSI 的研究开发工作。

1. 什么叫 OSI

OSI 是用于连接各种计算机之间的数据通信的技术和体制。No.7 信令系统也是局间处理机之间的分组数据通信系统。所以也适用于 OSI 参考模型。这里"开放"指的是"符合这个参考模型和相应标准的任何两个系统,均可相互连接的这个能力"。也就是说这个"系统"对于共同运用适当的标准以进行信息交换方面是"开放"的。

OSI 以综合开发通信协议体系为目的。从系统转移数据直至对各系统中的文件、数据库及程序等资源的访问和调用的各种通信功能都作为它的标准化的对象。它追求系统间互连时宽广的开放性,并且确保在引入新的通信业务时能够十分容易地追加新的功能。

2. OSI 分层结构

OSI 参考模型是一种分层结构。整个通信功能被划分为一些垂直层次的集合。在与另一系统通信时,每一层次需要执行这个功能的有关子集。它依赖于下一较低层次执行更基本的功能。它向一个紧接的较高层次提供服务。要求在某一层进行某些修改时不影响其他层次。这样就可以将一个通信过程分为若干个不同细节,变为更易于处理的问题。

OSI 模型将通信功能分为七层。具体是:

——第一层　物理层；

——第二层　数据链路层；

——第三层　网络层；

——第四层　传输层；

——第五层　会话层；

——第六层　表示层；

——第七层　应用层。

3. 各层简单意义

物理层　这是涉及传输的物理媒介。它研究物理媒介的机械、电器、功能和过程的特性。

数据链路层　这层保证对信息传输的可靠性。它包括差错检测和控制等功能。

网络层　这层的主要任务是在两个实体之间实现透明的数据传送。它使上一层(传输层)无需知道任何有关下面的数据传输及用来连接系统的交换技术。

传输层　这一层提供通信网开放系统之间的端点到端点的信道。它保证数据投送无差错、按顺序、没有遗失和重复。

这一层的复杂程度和第三层有关。对于具有虚拟电路功能的可靠的第三层来说，其第四层很小。如果相反，其第三层不可靠，则第四层就要包括差错检测和校正。

会话层　这一层对应用(进程)间的对话进行控制。会话层为两个应用进程提供一种手段，来建立并使用一个连接，叫做"会话"。它可以控制这类会话是"双向轮流"的或是"单向"的。它可以控制"恢复"，即当出现某种故障时可以重发有关数据。

表示层　它提供了语言数据结构的控制功能。以便终端进程在通信时能够选择适当的数据结构来发送和接收数据。

应用层　它处理进程间接收和发送数据的信息内容。它对不同对象的业务规定了不同的协议和业务。

OSI 各层之间的关系示于图 9.11。从图中可以看出，对于通信网(交换和传输)来说和它有关的只是一～三层。而对于终端来说则牵涉到全部七层。

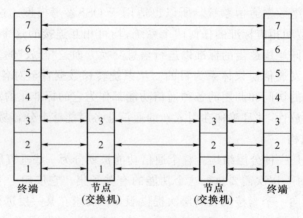

图 9.11　OSI 各层关系

No.7 信令系统也是按照这个模型考虑的。目前一～三层已趋成熟。四～六层的规范仍在研究,第七层建议 TCAP(事务处理应用部分)已经形成。

§9.6.3　No.7 信令系统的功能结构

1. 基本功能结构

No. 7 信令系统的基本功能级结构如图 9.12 所示。它由两部分组成:

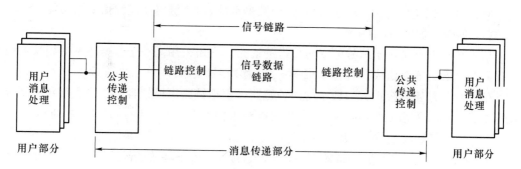

图 9.12　No.7 信令基本功能框图

- 公共的消息传递部分(MTP:Message Transfer Part)。它为正在通信的用户功能之间提供信号信息的可靠传递;
- 适合不同用户的独立用户部分(UP：User Part)。它是使用消息传递部分传送能力的功能实体。

2. 分级功能结构

图 9.13 示出了 No.7 信令系统的分级功能结构。

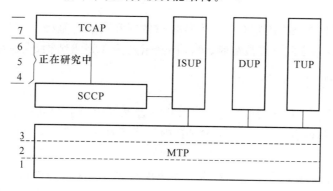

图 9.13　No.7 信令分级功能结构

图中:

MTP:消息传递部分(Message Transfer Part)

SCCP:信令连接控制部分(Signalling. Connection and Control Part)

TUP:电话用户部分(Telephone User Part)

DUP:数据用户部分(Data User Part)

ISUP:ISDN 用户部分(ISDN User Part)

TCAP:事务处理能力应用部分(Transaction Capabilities Application Part)

其中 MTP 和 SCCP 相当于 OSI 的一～三层;TCAP 相当于 OSI 的七层;四～六层正在研究中。

§9.6.4 各部分主要功能

1. MTP

MTP 由三个功能级组成,它们是:信令数据链路、信令链路功能和信令网功能。

(1) 信令数据链路(第一级)

信令数据链路是用于信号的双向传递的通路。它由采用同一个数据速率的相反方向工作的两个数据通路组成。符合 OSI 第一层(物理层)要求。

信令数据链路有模拟的和数字的两种链路。模拟链路由模拟音频传输通路和调制解调器组成。通常采用 4.8 kbit/s 速率;数字链路采用速率为 64 kbit/s 的 PCM 通路。

(2) 信令链路功能(第二级)

它符合 OSI 第二层(数据链路层)要求。它提供信令两端的信号可靠传送。它包括差错检测、差错校正、差错率监视和流量控制等。

(3) 信令网功能(第三级)

它符合 OSI 第三层(网络层)要求。当信令网中某些点或传输链路发生故障时它保证信令网仍能可靠传递各种信令消息。它规定在信令点之间传送管理消息的功能和程序。

信令网功能分为信令消息处理和信令网管理两部分:

信令消息处理保证在消息分析的基础上将信令消息正确地传送到相应信令链路或者用户部分。

信令网管理是在预先确定有关信令网状态数据和信息的基础上,控制消息路由和信令网结构,以便在信令网出现故障时,可以控制重新组成网络结构,完成保存或恢复正常的消息传递能力。

2. SCCP

SCCP 用于加强 MTP 功能。它与 MTP 一起提供相当于 OSI 的第三层功能。MTP 只能提供无连接的消息传递功能,而 SCCP 则加强了这个功能。它能提供定向连接和无连接网络业务。

SCCP 可以在任意信令点之间传送与呼叫控制信号无关的各种信令信息和数据。这样它可以满足 ISDN 的多种用户补充业务的信令要求,以及为传送信令网的维护运行和管理数据信息提供可能。

3. TUP,DUP 和 ISUP

TUP 是 No.7 信令方式的第四线功能的电话用户部分。它支持电话业务,控制电话网的接续和运行。

DUP 是数据用户部分。采用 CCITT X.61 建议。

ISUP 是 ISDN 用户部分。它在 ISDN 环境中提供话音和非话交换所需的功能。

自从开发了 ISUP 以后,TUP 的所有功能均可由 ISUP 来提供。此外,ISUP 还支持非话呼叫、ISDN 业务和智能网业务所要求的附加功能。

4. TCAP

TC(事务处理能力)指的是网络中分散的一系列应用在互相通信时所采用的一组协议和功能。这是目前很多电话网提供智能业务和信令网的运行、管理和维护等功能的基础。

目前在 No.7 信令中有关 TC 只开发了应用层(第七层)的功能,即 TCAP。其四、五,六层则正在研究中。

TCAP 对各种应用业务提供支持。它对应用业务单元 ASE,MAP,OMAP 和 INAP 等操作提供工具。

§9.7　信令网

公共信道信令系统与随路信令系统的区别之一是它有一个独立于信息网的信令网。No.7 信令网不仅可以控制国际、国内长途电话、本地网电话和移动电话等的接续,而且可以实现数据网、ISDN 业务以及网络管理和维护的各项要求。

§9.7.1　信令网的部件

信令网的部件包括信令链路、信令点和信令转接点。

1. 信令链路

信令链路是信令网中的基本部件,通过它将信令点连接在一起。它提供消息差错检测和校正的第二级功能。

2. 信令点和信令转接点

提供公共信道信令的节点叫做信令点,它们由信令链路连接。

若信令点只提供第三级功能,即将信令消息从一条信令链路传递到另一条信令链路,这种信令点叫做信令转接点(STP)。

若信令点还提供第四级功能,则信令点为起源点或目的地点。起源点接收来自第四级的信令消息并将其变换成特定的信令消息格式后送至其他信令点。目的地点接收其他信令点送来的各种信令消息,然后送至本信令点的用户部分。

§9.7.2　几个基本概念

1. 信令关系

任意两个信令点相对应的用户部分之间存在通信可能性,则它们具有"信令关系"。其用户部分中的相应概念称做"用户信令关系"。

2. 链路组和链路群

两个信令点之间通过信令链路传送信令消息。一束信令链路构成一个"链路组"。一个链路组常常包括所有并行的信令链路。但也可能在两个信令点之间有几个平行的链路组。链路组内特性相同的一群链路称做"链路群"。

3. 邻近信令点和非邻近信令点

由一个信令链路组直接连接的两个信令点叫做"邻近信令点"。非直接连接的两个信令点叫做"非邻近信令点"。

§9.7.3 信令方式

信令方式指的是信令消息所取的通路和消息所属的信令关系之间的对应关系。No.7信令网中各信令点有不同的工作方式。

1. 对应工作方式

两个邻近信令点之间对应某信令关系的消息通过直接连接这些信令点的链路组传送。这种方式叫做对应工作方式。

2. 非对应工作方式

对应信令关系的消息经过两个或多个串接的链路传送。中间要经过一个或几个既不是起源点也不是目的地点的信令点,这种方式叫做非对应工作方式。

3. 准对应工作方式

准对应工作方式是非对应工作方式的一种特例。在这种工作方式下,通过信令网的消息所取的通路在一定时间内是预先确定的和固定的。

由于非对应工作方式需要进行动态编路,比较复杂,它将产生消息不按顺序到达和其他问题。而消息传递部分还未包含避免这些问题的特性。因此,目前规定 No.7 信令网只使用对应工作方式和准对应工作方式。图 9.14 示出了这两种工作方式的例子。

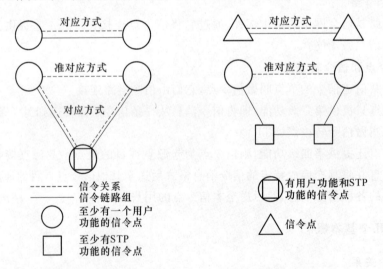

图 9.14　对应和准对应工作方式举例

§9.7.4　与信令网结构和传输有关的参数

与信令网结构以及传输有关的参数分为以下几类:

- 信令链路的可靠性指标;
- 信令消息传递中的可靠性指标;

· 信令消息传送的延时指标。

1. 信令链路的可靠性指标

一条信令链路可能为几十条、几百条通信话路服务。因此对信令网和信令链路的可靠性要求很高。在这里用"不可用度"这一参数来衡量信令网的可靠性。

（1）不可用度的基本概念

关于不可用度的基本概念在第 8 章的可靠性设计中已经作了介绍。在这里只是重复一下它的结论。

一个设备在规定时间内和规定条件下完成功能的概率叫做"可用度"。和其相对应的叫做"不可用度"。也就是说不可用度就是不能完成功能的概率，用公式表示为

$$不可用度\ U = 1 - A = \frac{\text{MTTR}}{\text{MTBF} + \text{MTTR}}$$

其中：MTBF——平均故障间隔时间，即一个设备平均两次故障的间隔时间；

MTFR——平均故障维修时间，即一个设备用于一次维修的平均时间。

（2）不可用度指标

根据 CCITT 建议 Q.706，信令路由组的不可用度每年不应超过 10 min。根据一年有 $365 \times 24 \times 60$ min 可以算得不可用度

$$U = \frac{10}{365 \times 24 \times 60} = 1.9 \times 10^{-5}$$

美国 GTF 公司提得更为具体，它们的指标为：

SP（信令点）	5.7×10^{-6}
STP（信令转接点）	1.39×10^{-4}
链路接口	1.56×10^{-4}
接入链路（STP 间的信令链路）	1.5×10^{-3}
基本链路（SP-STP 间的信令链路）	2.1×10^{-3}

2. 信令消息传递中的可靠性指标

信令消息在传递中的可靠性指标对于 MTP 和用户部分来说是不同的。

（1）对 MTP 来说的指标

① 未检出的差错

在每条信令链路上 MTP 未检出的差错应不超过 10^{-10}；

② 丢失消息

因 MTP 发生故障而丢失的消息应不超过 10^{-10}；

③序列外消息

因 MTP 发生故障而向用户部分传送的序列外消息应不超过 10^{-10}，这里包括双备份的消息；

④ 传输差错率

信令数据链路具有长期的比特差错应不超过 10^{-6}。

（2）对于用户部分来说的指标

① 误操作的概率

对于 ISUP 来说,在全部被发送的 10^8 个信号单元中收到由于差错而造成的误操作不应超过一个;

② 信号差错的概率

未检出差错造成消息丢失或顺序错误都会导致呼叫不成功。对于电路连接的呼叫来说,这种概率不应大于 10^{-5}(TUP 和 ISUP);对于非电路连接的呼叫来说,这种概率不应超过 2×10^{-5}(ISUP)。

3. 信令消息传送的延时指标

信令消息的传送时间包括以下几方面:

- 信令点或信令转接点对信令消息的处理时间;
- 信令消息在发送时的排队时间;
- 信令消息在信令数据链路上的传播时间。

在国内信令网中,多数信令路由(卫星电路除外)相对说来不是很长,其传输时间也不是很长。因此主要考虑的是第二种时间——排队时间。它同信令负荷以及话路的话务量有关。

信令点对消息处理时间除了和处理机处理能力有关之外,还和信令点及信令转接点数目有关。因此,应尽量减少从信令起源点至目的地点间的信令点和信令转接点的数目。CCITT 规定在国内段允许的最大信令点数目平均不超过 3 个。

在国际信令网中,规定在正常情况下起源点和目的地点之间的信令转接点数目不超过 2 个。

此处,还要考虑信令网的负荷和通信网的业务量,从而得出平均每条信令链路可以服务的话路数。

另外,还有一些具体的延时要求。在我国 No.7 信令方式的技术规范书中有具体规定。在这里不作详细介绍了。

§9.7.5 信令网的结构

为了便于管理,公共信道信令网也和电话网一样,分为相互独立的国际信令网和国内信令网。在国内信令网中也分为全国的长途信令网和本地信令网。

国际和国内的信令网通常都采用分级的信令网结构。它一方面应当满足信令网对容量的要求,同时应当尽可能减少信令的传递时延。同时信令网还应具有可靠性设计以满足信令网的可用度要求。

1. 信令网的分类

信令网按照不同等级可以分为无级网和分级网两类。所谓无级网就是没有引入信令转接点的信令网;而分级网则是引入信令转接点的信令网。图 9.15 示出了几种无级网的结构;图 9.16 则示出了分级网的结构。

从对信令网的要求来看,人们总是希望在信令网中的信令点或信令转接点中有尽可能多的信令路由数;同时又希望在信令的接续中所经过的信令点和信令转接点数目尽可能少。根据上述要求,在图 9.15 的无级网中除网状网之外,其他结构的信令路由数较少;相反在信令的接续中所经过的信令点数却较多。例如在直线网中有 n 个信令点时,两端

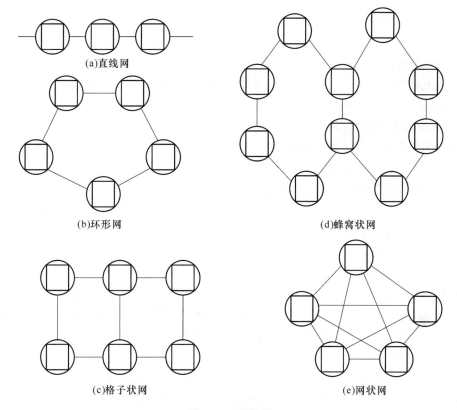

(a)直线网

(b)环形网

(d)蜂窝状网

(c)格子状网

(e)网状网

图 9.15 无级网

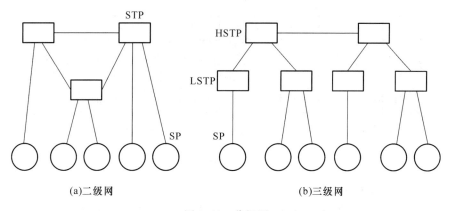

(a)二级网

(b)三级网

图 9.16 分级图

的信令点要经过 $n-2$ 个信令点进行接续。

对网状网来说,虽然没有上述缺点,但是它存在另外一个缺点,即当信令点数量增大时,信令点之间的连线数会急剧增加。例如网中有 n 个信令点,这时如果再增加一个新的信令点时就要增设 n 条信令链路。因此它在实际网的应用中产生了一些困难。

图 9.16 的分级网分为二级网和三级网两种。二级网为具有一级 STP 的信令网。它

包括 SP 和 STP 两级信令点；三级网为具有二级 STP 的信令网。它包括高级 STP (HSTP)、低级 STP(LSTP)和 SP 三级信令点。二级网比三级网少经过信令转接点，因此传递时间较短。在满足国际和国内信令网容量要求条件下，应尽可能采用二级网。只有在信令网容量较大，二级网不能满足要求时才采用三级网。

也像电话网那样，在分级信令网中可以设置直达信令链路。这相当于我国电话网中所采用的直达路由。这样做经济、信令传递速度快、可靠性高，也可减少 STP 的负荷。

2. 信令网的连接方式

国内的信令网通常采用分级信令网。其级数往往和以下因素有关：

- 信令网要容纳的信令点 SP 的数量；
- STP 可以连接的最大信令链路数；
- STP 的负荷能力，即单位时间内可以处理的消息信号单元的最大数量；
- 允许的信令转接次数；
- 信令网的冗余度。

(1) 第一级 STP 间的连接方式

在这里指的是二级信令网中的 STP 或者是三级信令网中的 HSTP 的连接方式。根据上面所说的对信令网结构的要求，一方面要保证 STP 有尽可能多的路由，同时又要保证在信令的连接中经过 STP 的数量尽量少，通常有网状连接和 A,B 平面连接两种方式。

① 网状连接方式

图 9.17(a)为网状连接方式。从图中可见，在网状连接方式下，STP 间都设有直达信令链路。在正常情况下，STP 之间的信令连接不经过其他 STP 的转接。一般情况下信令路由都包括一个正常路由和两个迂回路由。

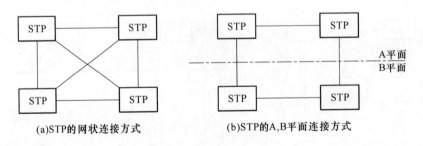

(a)STP的网状连接方式   (b)STP的A,B平面连接方式

图 9.17   STP 间的连接方式

② A,B 平面连接方式

图 9.17(b)为 A,B 平面连接方式。从图中可见，A,B 平面连接是网状连接的一种简化形式。它们在 A 或 B 平面内部组成网状连接；而 A 和 B 平面之间则采用成对的 STP 相连。在正常情况下，同一个平面内的 STP 间的连接不经过 STP 转接。在故障情况下需经由不同平面间的 STP 连接时，要经过 STP 转接。通常它们只有一个正常路由和一个迂回路由。其可靠性较网状连接略低。

国际上大多数国家采用网状连接方式。日本国内采用了 A,B 平面连接方式，我国也采用了 A,B 平面连接方式。

（2）信令点和信令转接点之间的连接方式

信令点和信令转接点之间的连接方式分为固定连接和自由连接两种方式。

① 固定连接

固定连接是在本信令区内的信令点采用准对应方式时,必须连至本信令区的两个信令转接点。这样,到其他信令区的准对应工作时必须至少经过两个信令转接点的转接。当信令区内有一个信令转接点发生故障时,它的信令业务负荷全部倒换至本信令区内的另一个信令转接点。如果出现两个信令转接点同时发生故障时,则会全部中断该信令区的业务。图 9.18 示出了固定连接方式的示意图。

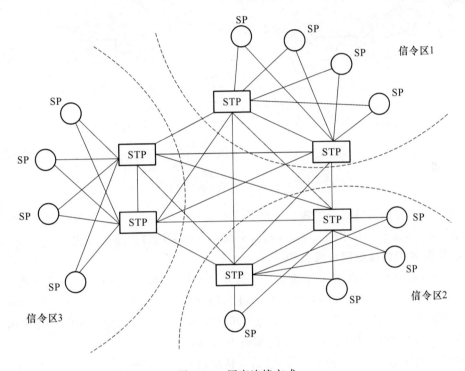

图 9.18 固定连接方式

固定连接方式的优点是信令链路选择种类较少,相应信令网的设计和管理也较简单。

② 自由连接

自由连接方式的特点是在本信令区内的信令点可以根据它至各个信令点的业务量大小自由连到两个信令转接点。其中一个为本信令区的 STP,另一个 STP 可以是本信令区的,也可以是其他信令区的。这样,位于两个信令区的两个信令点之间可以只经过一个STP 转接。

当信令区内的一个 STP 发生故障时,它的信令业务负荷可能均匀分布到多个信令转接点上。若两个信令转接点同时发生故障,也不会全部中断该信令点的全部业务。图9.19示出了自由连接方式的示意图。

我国国内电话网原则上将汇接局设为信令转接点。因此,本汇接区内的交换局除了连接到汇接局的信令转接点外,另一条信令链路按业务量大小自由连接到其他汇接区的

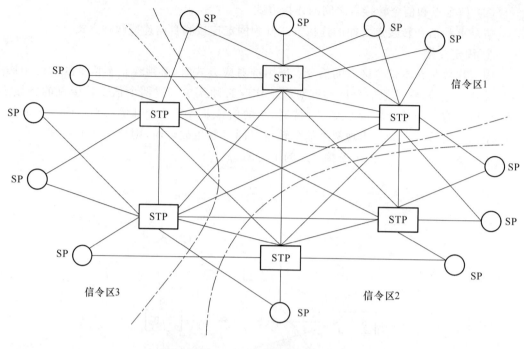

图 9.19 自由连接方式

STP。这样,一方面可以充分发挥信令转接点的负荷能力,同时当信令转接点发生故障时能分散负荷,不致于全部中断业务。因此,本地信令网采用自由连接方式。

3. 国际和国内信令网一般结构

世界范围的信令网由两个功能级——国际级和国内级——组成,它们互相独立。这样能清楚地划分信令网管理的责任。也允许采用国际网和互相独立的、并且互不相同的国内网的信令点的编码方案。图 9.20 为国际和国内信令网的结构示意图。图中国际网信令点的编码为 ISPn,国内网信令点的编码为 NSPn。

从图中可见,可能有三种信令点(或信令转接点):

· 只属于国内信令网的国内信令点 NSP(NSTP)。例如图中的 NSP1。这种信令点的编码由国内信令点的编码方案确定;

· 只属于国际信令网的国际信令点 ISP(ISTP)。如图中的 ISP3。这种信令点的编码由国际信令点编码方案规定;

· 同时具有国际信令点(信令转接点)和国内信令点(信令转接点)双重功能的信令点,如图中的 ISP1(NSP3)。它同时是国际网和国内网中的节点。因此需要在每一个信令网中分别进行编码。它们由国家指示码来区别。

4. 我国信令网结构的初步设想

我国 No.7 信令网结构的设想如图 9.21 所示。信令网采用三级结构,第一级为 STP1;第二级为 STP2;第三级为末端级 SP。大城市的信令网可采用两级,但其本地网信令转接点 STPL 应直接连至 STP1,以避免增加信令网的级数和减少信令接续中 SP 和 STP 的数量。

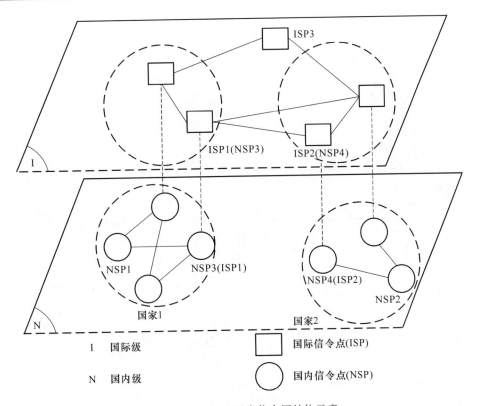

图 9.20　国际和国内信令网结构示意

第一级信令网采用两个平行的 A,B 面。每一平面内采用网状网;A,B 平面间采用格子状网相连接。A,B 平面采用负荷分担方式工作。

第二级至第一级,第三级至第二级采用汇接方式。每个 STP2 至少应连接两个 STP1;每个 SP 至少应连接两个以上的 STP。

为了提高 STP1 的负荷能力和工作可靠性,增加灵活性,STP1 采用独立工作方式。

5. 信令网和电话网的对应关系

为减少信令转接段数和信令延迟时间,尽可能采用二级信令网。否则信令网级数的增加必然要增加信令连接所需的转接次数。

信令网和不同的电话网有不同的对应关系。

(1) 信令网和电话网级数相同时

我国大、中城市的市话网采用汇接制时,通常电话网分为汇接局和端局两级。由于对于大、中城市建议采用二级信令网,因此它们的级数是相同的。这样,一般信令转接点设在汇接局;而在端局设信令点。

(2) 信令网和电话网级数不同时

通常是信令网级数少于电话网的级数。因此信令转接点的设置地点有不同考虑。信令连接时信令转接次数、可以容纳的信令点数以及信令转接点的工作负荷都对它有影响。应当选择经过信令转接点次数少、信令网容量大和信令转接点的工作负荷均匀的方式。

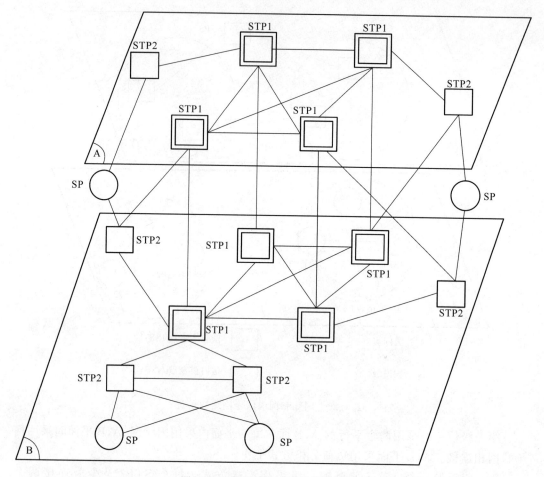

图 9.21　我国信令网结构初步设想

§9.7.6　信令网的路由选择

1. 路由的种类和含义

信令网的路由是指两个信令点之间传送信令消息的路径。信令路由按其特征和使用方法可以分为正常路由和迂回路由两类。

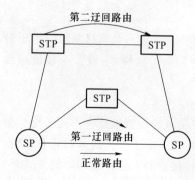

图 9.22　正常路由采用对应方式

（1）正常路由

正常路由是在未发生故障的正常情况下信令业务流通的路由。正常路由有以下分类：

① 正常路由是采用对应方式的直达信令路由

当信令网中的一个信令点具有多个信令路由时，如果有直达信令链路，则应将该信令链路作为正常路由，如图 9.22 所示。

② 正常路由是采用准对应方式的信令路由

其表达方式如图 9.23 所示。在图 9.23（a）中取最短的路由即只有一个 STP 的路由为正常路由；在图 9.23(b)中两条信令路由一样,采用负荷分担工作。这时,两条路由都是正常路由。

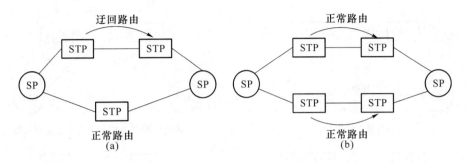

图 9.23　正常路由采用准对应方式

（2）迂回路由

迂回路由是在信令链路或信令路由故障造成正常路由不能传送信令业务流时选择的路由。迂回路由都是经过 STP 的准对应方式的路由。迂回路由可以是一个路由,也可以是多个路由。在后者情况下,应按经过信令转接点的次数由小到大依次分为第一迂回路由、第二迂回路由等。

2. 信令路由选择的一般原则

信令路由选择的一般原则如下:

- 首先选择正常路由。正常路由有故障时选迂回路由;
- 具有多个迂回路由时,首先选优先级最高的第一迂回路由。当第一迂回路由发生故障时,再选第二迂回路由⋯⋯
- 迂回路由中,若有多个相同优先级的路由（如 N 个）,它们之间采用负荷分担方式,则每个路由承担整个信令负荷的 $1/N$。若它们中一个路由中的一个信令链路发生故障,则应将它承担的信令业务倒换到采用负荷分担方式的其他信令链路上。

若负荷分担的一个信令路由发生故障时,应将它的信令业务倒换到其他路由。

图 10.25 示出了信令路由选择的一般原则。其中图 9.24(a)为选择正常路由;图 9.24(b)为选择经由 STP1 和 STP2 的第一迂回路由。它们采用负荷分担方式,STP1 和 STP2 各承担 50% 负荷;图 9.24(c)为当第一迂回路由的一个信令链路组（STP1）发生故障时,它的负荷由 STP2 负担;图 9.24(d)为当第一迂回路由整个生故障时,将信令业务倒换到经由 STP3 和 STP4 的另一条路由。

3. 二级信令网的路由选择

二级信令网的路由选择方式如图 9.25 所示。

图中有几种选择方式:

① SPA→SPE:只有对应方式的正常路由 L6;

② SPA→SPB:具有正常路由和迂回路由,其中:

正常路由 L5;

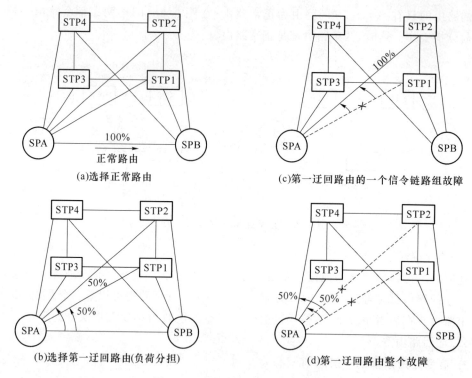

图 9.24　信令路由选择一般原则

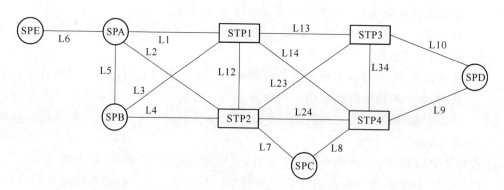

图 9.25　二级信令网的路由选择

迂回路由为

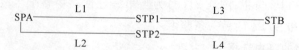

③ SPA→SPD：只有正常路由，正常路由为准对应方式并且采用负荷分担方式。

正常路由为

SPA ——L1—— STP1 ——L13—— STP3 ——L10—— STD
　　　　　　　└——L14——— STP4 ———L9——┘

$$SPA \xrightarrow{\text{L2}} STP2 \xrightarrow{\text{L24}} STP4 \xrightarrow{\text{L9}} SPD$$
$$STP3$$
$$\text{L23} \qquad\qquad \text{L10}$$

④ SPA→SPC：具有正常路由和迂回路由。正常路由发生故障时选择迂回路由。

正常路由为

$$SPA \xrightarrow{\text{L2}} STPS \xrightarrow{\text{L7}} SPC$$

迂回路由为

$$SPA \xrightarrow{\text{L1}} STP1 \xrightarrow{\text{L14}} STP4 \xrightarrow{\text{L8}} SPC$$

4．三级信令网的路由选择

三级信令网的选择基本上和二级网相同。信令点之间要包括以下的准对应方式的信令路由

$$SP \text{——} LSTP \text{——} HSTP \text{——} LSTP \text{——} SP$$

或

$$SP \text{——} LSTP \text{——} HSTP \text{——} HSTP \text{——} LSTP \text{——} SP$$

因此在两个具有信令关系的信令点之间最多可以包括 4 个 STP。

§9.7.7　信令网的安全措施

1．基本安全措施

信令网的基本部件包括信令点、信令转接点和信令链路等部件。当前这些部件，特别是信令链路不能满足信令网的可靠性要求。因此必需提供冗余设备。主要采取以下安全措施。

（1）附加信令路由

每个信令点至少要有两个信令路由分别连至两个信令转接点。在正常情况下它们负荷分担工作。当有一条路由发生故障时，可通过其他路由疏通信令业务。

（2）附加信令链路

信令点（或信令转接点）之间通常都设置有两条或两条以上的信令链路。在正常情况下，它们负荷分担工作。当有一条信令链路发生故障时，由其他信令链路负担信令业务。

（3）附加信令设备

在每一个信令点通常要设置一定的备用信令终端设备和信令数据链路。当某一条信令链路发生故障时，在信令负荷倒换到其他信令链路或信令路由的同时，备用的信令链路可以通过人工或自动分配方式，分配给新的信令终端或数据链路，使信令链路变为正常。

2．信令网管理功能

No.7 信令方式具有信令网的管理功能。它分为信令业务管理、信令链路管理和信令路由管理三部分。其具体内容将在论及 MTP 时介绍。

3．负荷分担

信令链路的负荷分担能提高信令网的安全性。当某一信令链路发生故障时，参与负荷分担的其他信令链路就可以承担起它的信令业务。

(1) 负荷分担类型

① 同一信令链路组内各信令链路组间的负荷分担

这种方式通常用于两个信令点之间采用对应工作方式的信令链路之间。这些信令链路共同负责这两个信令点之间电路群的信令传送。为保证可靠性,两条信令链路都使用不同的传输路由。例如使用两套不同的 PCM 系统,或者一条用电缆,另一条采用数字微波或卫星电路。图 9.26(a)示出了这种方式。

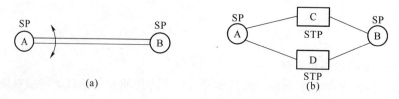

图 9.26　负荷分担方式

② 不同信令链路组间信令链路的负荷分担

这种方式通常用于两个 STP 之间并且这两个 STP 的不同信令链路组之间采用准对应工作方式的情况,如图 9.26(b)所示。图中 SPA 和 SPB 之间信令负荷由 A—C—B 和 A—D—B 两条信令路由的信令链路组之间进行分担。若有一条信令路由的所有信令链路发生故障,则另一条路由负担全部信令业务。

如果第一条路由中不是全部信令链路发生故障,其中仍有正常链路工作,这时应采用第一种方式,不能进行路由的倒换。

(2) 负荷分担方式

有两种负荷分担方式:

① 随机方式

采用随机方式时,信令业务量完全按随机方式分配给各个信令链路,或者指定一个呼叫的全部消息由同一信令链路传送,但是该信令链路是随机选取的。

② 预定方式

预定方式又可以分为两种:

1) 以呼叫为基础的预定方式。一个呼叫的全部消息都经同一条信令链路传送;

2) 以话路为基础的预定方式。将需要负荷的全部话路预先分配给预定的信令链路,使这些话路的所有呼叫的信令消息都在同一条预定的信令链路上传送。

由于随机方式可能会使信令消息顺序颠倒,因此 CCITT 的 No.7 信令系统采用了以话路为基础的预定方式。

以话路为基础的预定方式有以下优点:

· 当信令链路发生故障时,可将有故障的信令链路负荷的电路标记全部转至另一条信令链路上或分配给剩余的信令链路。当故障的信令链路恢复使用时,再将电路标记全部倒回;

· 当有多条信令链路发生故障时,可以做到自动限制能够承担的最大负荷;

· 在倒换和倒回过程的控制下,能保证信令链路的安全性要求;

· 能保证一个呼叫的所有消息都在同一条信令链路中传送。

以话路为基础的预定方式存在以下缺点：

- 要求有话路分配的管理程序；
- 当故障的信令链路较多时，可能造成信令链路负荷过重。

§9.7.8　信令点的编码

由于 No.7 信令系统需要根据目的地点编码（DPC）和电路识别码（CIC）来识别信令点的路由和相应电路。因而对每个信令点都要分配独立于电信网编号的信令点编码。

1. 对信令点编码的基本要求

CCITT 规定，国际信令网和各国的国内信令网彼此是独立的，信令点的编码也是独立的。CCITT 只规定了国际信令网中的信令点编码计划，而国内信令网的信令点编码计划由各国自行规定。对国内信令网的信令点编码有下列要求：

（1）从对网络识别的简单和组网灵活性考虑，最好采用全国统一的编码，即对长途和本地的信令点都进行统一的编码。这样在长途接续中，任何信令点都只有一个信令点编码，无需进行信令点编码的转换，同时也可以在电信网中任意组织直达路由。

（2）对国内信令网的信令点编码应具有足够的容量以满足将来信令网发展的需要。

（3）要采用分级的编码方式。这样在引入新的信令点或信令转接点时，信令路由表修改最少。

2. 国际信令网的信令点编码

国际信令网的信令点编码位长为 14 位，采用三级的编码结构。具体格式见表 9.15。

表 9.15　国际信令网的信令点编码

N M L	K J I H G F E D	C B A
大区识别	区域网识别	信令点识别
信令区域网编码（SANC）		
国际信令点编码（ISPC）		

表中：NML 共 3 位码，用来识别世界编码大区；

K～D 共 8 位码，用来识别编号大区内地理区域或区域网；

CBA 共 3 位码，用来识别信令点。

前两部分合起来总称信令区域网编码（SANC）。每个国家都分配了一个 SANC 和多个备用 SANC。我国的 NML 为 4；区域编码为 120。所以 SANC 为 4-120。

3. 我国国内信令网的信令点编码

考虑到我国国情，采用全国统一的 24 位编码计划。具体编码如下：

主信令区	分信令区	信令点
8 位	8 位	8 位

每个信令点编码由三部分组成：

- 主信令区。为省、自治区和直辖市编码；

- 分信令区。为地区、地级市编码或直辖市内的汇接区和郊县编码;
- 信令点。为各种交换局、各种特种服务中心和信令转接点编码。

国际接口局有两个编码。一个是国际信令点编码;另一个是国内信令点编码。在国际电话的接续中国际接口局负责两种编码间的转换。

§9.8 信令数据链路(第一级)

信令数据链路是一条双向的信令传输通路。由两条工作方向相反和数据速率相同的数据信道组成。图 9.27 示出了信令数据链路的框图。图中的接口是由信令终端提供接口的终端设备组成。传输信道可能是数字的也可能是模拟的。

图 9.27　信令数据链路

数字传输信道是由数字交换机和 PCM 规定的帧结构组成(关于帧结构参看第 2 章),其速率为 64 kbit/s。

模拟传输信道是由 4 kHz 或 3 kHz 的音频模拟传输信道和调制解调器组成的。用于电话呼叫控制的信令速率为 4.8 kbit/s。对于其他应用如网络管理等其信令速率也可以低于 4.8 kbit/s。

传输信道可以采用地面的也可以采用卫星的传输链路。

为保证全双工工作和已发出数据流的比特完整性,在传输链路上已加装的如回波抑制器、数字衰减器或 A/μ 律变换器之类设备应不再使用。

§9.9 信令链路功能(第二级)

信令链路功能的主要任务是将信令消息送至信令数据链路的有关功能和过程。它保证两个信令点之间消息的可靠传递。第二级功能是将上一级(第三级)来的信令消息转变成不同长度的信号单元,然后传送至信令链路。信号单元除包括信令消息之外,还包括使信令链路正常工作的控制信息。

信令链路功能包括以下几项功能:

- 信号单元定界;
- 信号单元定位;
- 差错检测;
- 差错校正;

- 初始定位；
- 信令链路错误监视；
- 流量控制。

信令链路功能各部分关系见图 9.28。

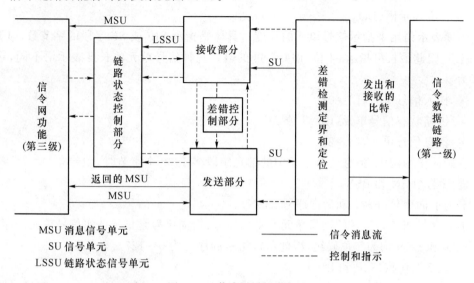

MSU 消息信号单元
SU 信号单元
LSSU 链路状态信号单元

—————— 信令消息流
‑‑‑‑‑‑‑‑‑ 控制和指示

图 9.28　信令链路功能框图

§9.9.1　基本信号单元格式

No.7 信号方式的信号是通过信号单元的形式在信号链路上传送的。每个信号单元由用户部分产生的可变长度信号信息字段和固定长度的其他各种控制字段组成。有三种形式的信号单元：

- 消息信号单元，用于传送用户所需消息；
- 链路状态信号单元，用于传送信号链路的状态；
- 插入信号单元，它在无消息时传送。

三种信号单元的基本格式如图 9.29 所示。

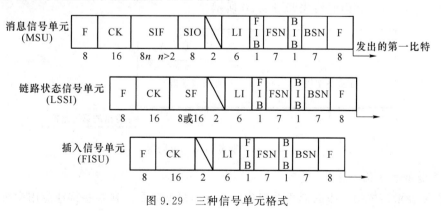

图 9.29　三种信号单元格式

图中的符号含义如下：

① 标志码(F)

每一个信号单元的开始(开始标志码)和末尾(结尾标志码)均有标志码。它标志信号单元的开始和结束。标志码的码型为 01111110。

② 长度表示语(LI)

长度表示语用来指示信号单元的长度。具体是指示 SIF 或 SF 字段的字节数。LI 为 6 位码组，因此最长可指示 64 位，即 0～63 的数。三种信号单元的长度表示语不同，它们分别为：

- 插入信号单元，LI＝0；
- 链路状态信号单元，LI＝1 或 2；
- 消息信号单元，LI＞2。

在国内信令网中，消息信号单元中的信息字段多于 62 个字节时，LI＝63。

③ 序号(FSN 和 BSN)

分为前向序号(FSN)和后向序号(BSN)。

前向序号指的是发送的信号单元本身的序号；后向序号是指被证实信号单元的序号。FSN 和 BSN 均为 7 位码组，因此可以指示的序号为 0～127。

④ 表示语比特(FIB 和 BIB)

分为前向表示语比特(FIB)和后向表示语比特(BIB)。它们和前向/后向序号一起用于传送中的差错控制。

⑤ 校验位(CK)

一个信号单元有 16 位校验位。采用循环校验码。校验对象为开始标志码最后一位比特(但不包括它)至第一位校验比特(但不包括它)之间的信息，即 BSN，BIB，FSN，FIB，LI，SIO，SIF(或 SF)内容。

⑥ 业务信息八位码组(SIO)

业务信息八位码组分为二段——业务表示语和子业务字段。它们各占 4 位码。业务表示语说明信号消息与某用户部分的关系，只出现在消息信号单元中；子业务字段则是用来指示有关用户部分的类型。

业务信息八位码组的格式如图 9.30 所示。

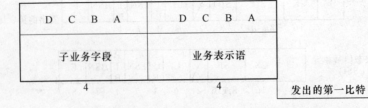

图 9.30　业务信息八位码组

1) 业务表示语

业务表示语供第三级的消息处理功能完成消息的分配。在某些特殊应用中可以用于消息路由选择。业务表示语的编码如下：

```
D  C  B  A
0  0  0  0   信令网管理消息
0  0  0  1   信令网测试和维护消息
0  0  1  0   备用
0  0  1  1   信令接续控制部分(SCCP)
0  1  0  0   电话用户部分(TUP)
0  1  0  1   ISDN 用户部分(ISUP)
0  1  1  0   数据用户部分(与呼叫和电路有关的消息)(DUP)
0  1  1  1   数据用户部分(性能登记和撤消消息)(DUP)
1  0  0  0
   ⋮        }备用
1  1  1  1
```

2) 子业务字段

子业务字段包括网络表示语比特(C 和 D)和两个备用比特(A 和 B)。其编码如下:

```
D  C  B  A   网络表示语
0  0         国际网络
0  1  }备用   国际备用
1  0         国内网络
1  1         国内备用
```

⑦ 信令信息字段(SIF)

信令信息字段是要传送消息本身。信令信息字段由用户部分规定。由整数个字节组成,最长可达 272 个字节。

根据不同用途,信令信息字段可以分为四类:

A 型:MTP 管理消息;

B 型:TUP 管理消息;

C 型:ISUP 管理消息;

D 型:SCCP 消息。

由于 TCAP 消息必须经过 SCCP 传送,所以 TCAP 消息属于 D 型。

四种信令信息字段的组成如表 9.16 所示。

表 9.16 四种信令信息字段的组成

A 型:MTP 管理消息

管理信息	SLC	OPC	DPC

B 型:TUP 消息

信令信息	CIC	OPC	DPC

C 型:ISUP 消息

信令消息	CIC	SLC	OPC	DPC

D 型:SCCP 消息

SCCP 用户数据	SLS	OPC	DPC

其中,OPC——源地点(发端信令点)编码;

　　　DPC——目的地点(终端信令点)编码;

　　　CLC——电路识别码;

　　　SLS——话路时隙编码;

　　　SLC——源地点和目的地点间的信令链路身分。

⑧ 状态字段(SF)

状态字段包括在链路状态信号单元中,以表示链路的状态。它由1~2个字节组成。由1个字节组成的状态字段如图9.31所示。图中5位码为备用码,只有前三位 ABC 为状态指示比特。

图 9.31 状态字段组成

具体状态指示比特的编码如下:

C B A   状态指示

0 0 0 "O"   失去定位

0 0 1 "N"   "正常"定位状态

0 1 0 "E"   "紧急"定位状态

0 1 1 "OS" 业务中断

1 0 0 "PO" 处理机故障

1 0 1 "B"   链路忙

§9.9.2 信令链路的各项功能

1. 信号单元定界和定位

一个信号单元包括开始标志码,其码型为01111110。为保证信号单元其他部分不出现这个码型,在信号单元发出前,如遇到连续5个"1",发信号链路终端就要在连续5个"1"后插一个"0"。在接收端删去这个"0"。

开始标志码表示信号单元的开始,再收到一个标志码(结尾标志码)就认为是信号单元的终结。

2. 差错检测

CCITT No. 7 信令方式的差错检测采用16位循环冗余码。循环码的生成多项式为

$$G(x) = x^{16} + x^{12} + x^5 + 1$$

在发送端,信号链路终端产生校验位。校验位是这样产生的:

① $x^k(x^{15} + x^{14} + x^{13} + \cdots + x^2 + x + 1)$ 被 $G(x)$ 模2相除,取其余数。其中 k 为被校验的比特数,即前面所说的开始标志码最后1比特(但不包括它)以后至第一位校验比特(但不包括它)之间的信息的比特数。

② 上述被校验信息的内容乘以 x^{16},再与 $G(x)$ 模2相除,也取其余数;

③ 这两个余数进行模2加,取其和的反码作为16位校验位发出。

在接收端,信令链路终端对收到的信号单元包括校验位也进行类似处理。如果传输无差错,则余数应该是一个特定常数,即0001110100001111(相当于 $x^{15} \sim x^0$)。否则则认

为传输出差错。关于循环校验码的详细理论读者可以参考有关文献。

3. 差错校正

如果通过循环码的校验发现有差错,则需要进行差错校正。差错校正采用重发信号单元方法。有两种重发方法:基本方法和预防性循环重发方法。

(1) 基本方法

基本方法适用于信令传输时延较小的陆上信令链路。这是一种非互控重发校正方法。作为差错校正方法的一部分,每个信号单元配有前向序号(FSN),后向序号(BSN),前向表示语比特(FIB)和后向表示语比特(BIB)。两个方向的差错校正独立进行。一个方向的前向序号和前向表示语比特和另一个方向的后向序号及后向表示语比特协同配合工作。图 9.32 示出了信号单元的发送/接收以及用基本方法校正的重发过程。图中表示的是信令终端 A 发出信号单元由信号终端 B 接收和证实。因此校正任务由 A 端的FSN,FIB 和 B 端的 BSN 和 BIB 共同完成。

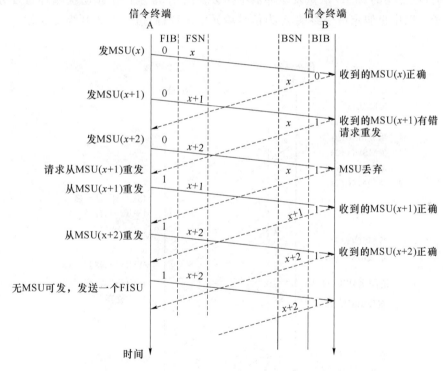

图 9.32　差错校正的基本方法示意图

设 A 端从发送缓冲器中取出序号为 x(即 FSN$=x$)的消息信号单元 MSU(x)发向 B端,其 FIB$=0$。B 端收到 MSU(x)以后进行差错检测。设检测结果认为信号传输正确,这时 B 端向 A 端发出证实信号为 BSN$=x$,BIB$=0$(BIB$=$FIB)。这是 B 端发出的 MSU(x)接收肯定证实信号。A 端按顺序发出 MSU($x+1$),MSU($x+2$)…。当 A 端收到 B 端的MSU(x)肯定证实信号以后,就从重发缓冲器中清除 MSU(x)。设 B 端收到的 MSU($x+1$)有差错。这时 B 端就要发否定证实信号。于是 B 端发回 BSN$=x$(表示最后正确收到的消息信号单元为 MSU(x))和 BIB=1。A 端收到 B 端发来的请求重发信号(否定证实信号)以后,就重发有差错的信号单元(本例中为 MSU($x+1$)),并且将 FIB 也倒相(FIB=1)表示是重发信号单元。

当缓冲器中所有需要发送的或者需要重发的消息信号单元都已发完时,就发送插入信号单元(FISU)。插入信号单元不排入序列中,它的 FSN 采用最后一个消息信号单元的序号(本例中为 $x+2$)。

(2) 预防性循环重发方法

在像卫星电路那样传输延时较长的链路中采用基本方法就会因证实和重发消息传递时间太长而大大降低信息传递效率。这时应采用预防性循环重发方法。这种方法基本上是一种前向错误校验方法。它只采用肯定的证实信号,取消了否定证实信号。发送端在无新的 MSU 发送要求时,自动循环重发未得到证实的 MSU。新的 MSU 有发送优先权。当有新的 MSU 要发送时,中断循环重发,优先发送新 MSU。当发送端收到肯定证实信号时,就将已证实的 MSU 从重发缓冲器中抹去。图 9.33 示出了预防性循环重发方法的一个例子。图中也假定信令终端 A 为信号单元发送端;而信令终端 B 为接收端。它只发肯定证实信号。

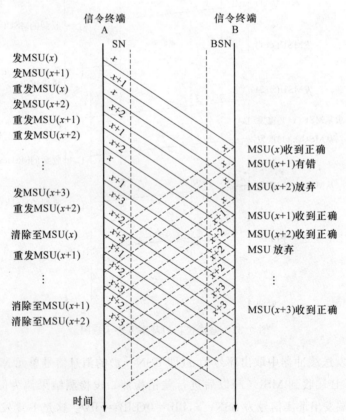

图 9.33 差错校正的预防性循环重发方法示意图

A 端按顺序发 MSU(x),MSU($x+1$),并且同时将它们放入重发缓冲器中。这时设没有新的 MSU 需要发送,于是自动重发 MSU(x)。但这时出现了新的 MSU($x+2$),于是优先发送 MSU($x+2$),并同时将它放入重发缓冲器中去。并且接着重发 MSU($x+1$),MSU($x+2$),MSU(x),…直到出现新的 MSU($x+3$)为止。当发出 MSU($x+3$)以后又继续重发循环。

当 B 端收到 MSU(x)以后发回肯定证实信号单元(BSN＝x)。A 端收到 MSU(x)的证实信号以后就从重发缓冲器中抹去 MSU(x),表示不再重发。以后就从 MSU($x+1$)开始重发,直到所有信号单元均收到证实为止。

预防性循环重发方法存在一个缺点,就是当有大量新消息需要发送时,必然会减慢重发的速度,并逐渐使重发缓冲器饱和以致可能溢出。为防止这种情况发生规定在重发缓冲器中的信息超过满载时的 $n\%$ 时就要触发一个强制重发过程。这个临界值 n 是一个从 A 端到 B 端环路(来回)延时和链路传输速率的函数。

4. 初始定位

初始定位是 No.7 信号链路启动或恢复使用时必须完成的过程。分为"正常"和"紧急"两种初始定位过程。同时也相应提供了不同的验收周期。正常定位的验收周期较长,对于 64 kbit/s 链路为 8.2 s;紧急定位的验收周期较短,对于 64 kbit/s 链路为 0.5 s。采用何种验收周期决定于第三功能级信号网功能。

图 9.34 示出了初始定位控制过程的 SDL 图。图中有空闲、未定位、已定位和验收四个状态。在一开始由链路状态控制程序(LSC)送来开始命令,于是就开始了初始定位过程。这时初始定位控制程序向对端发出"失去定位"状态指示"0"(SIO)而进入未定位状态。对端也开始同样过程,向本端发来 SIO。当收到对端的 SIO 并且收到"正常定位"状态指示"N"(SIN)或"紧急定位"状态指示"E"(SIE)以后,就根据本端是正常还是紧急定位来置定相应的验收周期(例如如前所述的对于 64 kbit/s 速率为相应的 8.2 s 或 0.5 s),并送出相应的状态指示(SIN 或 SIE),这样进入"已定位"状态。在继续收到对端的 SIN 或 SIE 的情况下进入验收状态,并进行验收周期计时。当验收周期结束时链路出错值未超过门限值,认为链路定位合格,向 LSC 发定位完成信号,定位完成允许信号链路投入使用。若在这期间链路出错值超出门限值,由定位差错率监视器送来"链路出错率高"信号,向 LSC 发不可能定位信号,表示这次验收不合格。

在正常定位情况下如果 LSC 送来"紧急"定位信号,就向对端发送 SIE 并改置成紧急验收周期。如果对端送来 SIE 也将改置成紧急验收周期。

在收到对端来的"业务中断"状态指示"OS"(SIOS)以后,向 LSC 送不可定位信号,拒绝定位。当收到 LSC 方面的停止信号后定位过程停止。

5. 信令链路差错监视

为保证信令链路的良好工作,对信令链路的差错进行了监视。当差错达到某一临界值时,就应定为信令链路故障。这个监视任务由差错率监视器来完成。

有两个链路差错率监视过程:一个用于担任业务的信令链路,称做信号单元出错率监视过程;另一个用于处在初始定位过程验收状态的链路,称做定位差错率监视过程。

信号单元差错率监视过程由图 9.35 所示的正交双曲线说明。

这个曲线是信号单元(SU)差错率和引起通知第三级的链路故障时间(用消息表示)

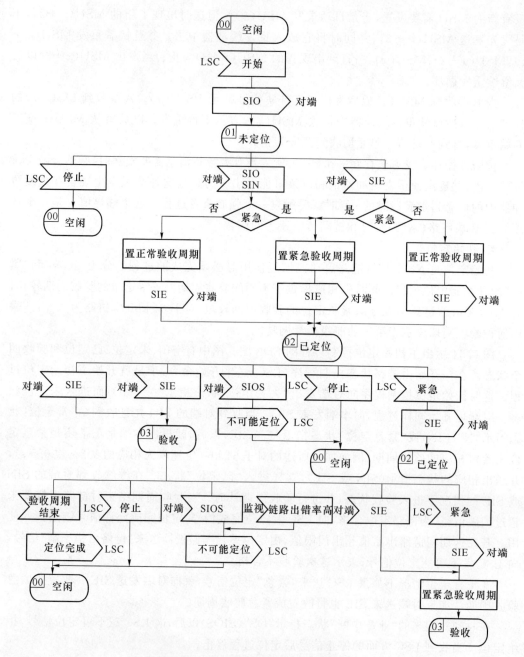

图 9.34 初始定位控制 SDL 图

之间的关系。曲线的两个参数为:连续接收有错而引起通知第三级差错率高的信号单元数 T(信号单元)和最终引起通知第三级出错率高的最低信号单元差错率 $1/D$(差错信号单元/信号单元)。这是两个确定差错率的参数。根据 CCITT 建议对 64 kbit/s 速率的链路应为 $T=64$ 信号单元,$D=256$ 信号单元。超过这个便认为是链路故障。

根据以上曲线和两个参数,有下列情况之一者就可认为链路故障:

· 连续有 64 个信号单元发生差错;

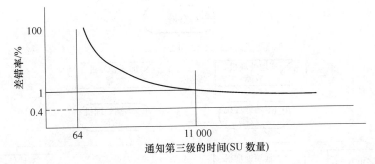

图 9.35　信号单元出错率监视过程的正交双曲线

- 长期信号单元差错率达到 $1/256 = 4 \times 10^{-3}$；
- $T < 64$ 时，按照正交双曲线判别超过曲线以上的，例如收到 11 000 个信号单元中有 110 个有差错（差错率为 1%）时，就认为信号链路有故障。

定位差错率监视过程是由计数器在正常和紧急验收周期中对信号单元错误计数确定。每当进入定位过程的验收状态，计数器就从零开始计数，每检出一个信号单元错误就增值 1。如果收到 7 个或多于 7 个连续 1，于是就进入八位位组计数工作方式。在这个工作方式中，按接收的每八位位组增值，即计数器每收到 N 个八位位组就增值 1，直到检测到正确校验信号，停止八位位组工作方式为止。

当计数器达到门限值 T_i（对于正常和紧急验收周期分别为 T_{in} 和 T_{ie}）时，认为验收未成功，待验收周期完结后，重新进入验收状态，如果 M 次验收不成功，链路就转到停止业务状态。上述四个参数值规定为

$$T_{in} = 4；T_{ie} = 1；M = 5；N = 16$$

6. 第二级流量控制

当在第二级接收端检测到拥塞情况以后，就停止对消息信号单元进行肯定和否定的证实，并且向对端发出链路状态指示"B"（忙）。以便对端区分是拥塞还是故障情况。

在对端，收到指示"B"的链路状态信号单元后就启动一个计时器。如计时到仍处于拥塞状态，就认为是链路故障。

当接收端消除拥塞情况时，停止发送指示"B"的链路状态信号单元，并且恢复正常过程。

7. 处理机故障

当由于高于第二级的功能级的因素造成链路不能使用时，就认为发生了处理机故障情况。这时信号消息不能传到第三功能级或第四功能级。这有可能是由于中央处理机故障，也可能是由于人为地阻断某一信令链路。处理机故障条件未必影响信令点中所有的信令链路，也不排除第三级仍能控制信令链路工作的可能性。图 9.36 示出了处理机故障的 SDL 图。从图中可见，处理机故障分为本地处理机故障和远端处理机故障。故障信息来自链路状态控制程序（LSC）。当处理故障消除以后便通知 LSC"处理机无故障"。

当第二级明确了处理机故障是由于收到第三级明确的指示，即本地处理机故障时，它发出指示处理机故障的链路状态信号单元（状态指示为"PO"）。若此时信令链路远端的

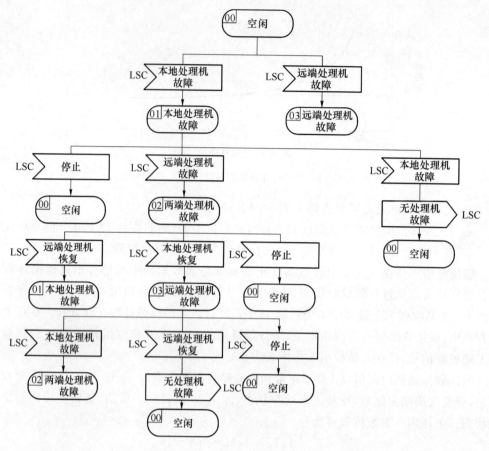

图 9.36　处理机故障的 SDL 图

第二级功能处于正常的工作状态,它通知第三级并开始连发插入信号单元。

当本地处理机故障条件消除后,继续消息信号单元和插入信号单元的正常传输,远端第二级功能收到正确的消息信号单元或插入信号单元后就通知第三级并转入正常工作。

当远端处理机故障发生时其处理情况和上述类似。

8. 信令链路的测试

正常工作的信令链路应进行联机的周期性环路测试。其测试周期为 $30\sim90$ s。

信令链路测试消息的格式如下:

			DCBA	0001	
测试码型	长度表示语	备　用	H1	H0	标　记
$n\times8$	4	4	4	4	56/32

其中,H1＝0001 为信令链路测试消息(SLTM);

　　　 H1＝0010 为信令链路测试证实消息(SLTA)。

　　 $1\leqslant n\leqslant15$

测试过程如下:

当要对一个可用的信令链路进行测试时,发送 SLTM 信令链路测试消息。然后等待对端响应的 SLTA 信令链路测试证实消息。如果收到的 SLTA 和发送的 SLTM 码型一致,测试结果符合要求。如果测试结果不符合要求,则发送第二个 SLTM 进行重复测试。如果发送 SLTM 后超过延时规定(4～12 s)仍未收到 SLTA 时,也自动进行第二次链路测试。

§9.10　信令网功能(第三级)

信令网功能是 No.7 信令方式的第三功能级。它规定在信令点之间传递消息的功能和程序。在信令链路和信令转接点故障情况下,它保证信令消息的可靠传递。信令网功能包括以下两部分:

- 信令消息处理;
- 信令网管理。

图 9.37 示出了信令网功能框图。

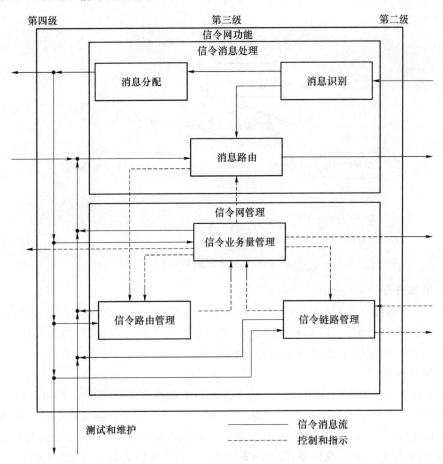

图 9.37　信令网功能框图

信令消息处理功能是保证一个信令点的某个用户部分产生的信令消息能传递到指定目的地点的同类用户部分。信令消息处理功能分为消息识别功能、消息分配功能和消息路由功能三部分。

信令网管理功能是在遇到信令网发生故障时提供信令网的重新组合的能力。信令网管理功能分为信令业务量管理、信令链路管理和信令路由管理三部分。

§9.10.1　信令消息处理

信令消息处理包括消息识别、消息分配和消息路由三部分。

1. 消息识别

消息识别功能是识别来自第二级的消息。它根据收到的信令消息标记中的目的地码来确定本信令点是否是目的地点。若是,则将该消息送往消息分配功能。由后者传递到相应的用户部分,否则送往消息路由功能,以便将消息送向其他信令点。图9.38示出了消息识别功能的SDL图。从图中可见,消息识别功能只是确定本信令点是否是目的地点。若是,则作为待分配消息交给消息分配功能处理;否则交给消息路由功能处理(待编路消息)。

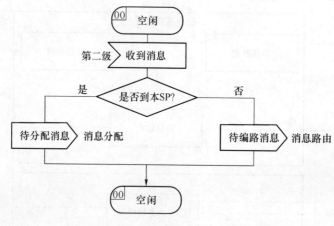

图 9.38　消息识别 SDL 图

2. 消息分配

消息分配功能是根据信令消息中业务信息八位码组(SIO)中的业务表示语(SI)将信令送往相应的用户部分。因此只使用SI中的TUP、信令衔管理、信令网测试和维护消息三部分。图9.39示出了消息分配功能的SDL图。

3. 消息路由

消息路由功能确定信令消息要求到达的目的地点所需要的信令链路组和信令链路。消息路由功能是利用路由标记中的信息,即目的地点码和信令链路选择字段。此外,在某些情况下,业务表示语也能用于路由功能,信令链路和消息信号单元中信号信息字段(SIF)的路由标记有关。在信令信息字段中规定了若干比特为路由标记。CCITT规定的路由标记格式如图9.40所示。图中OPC为消息源信令点编码;DPC为消息要传送的目的地信令点编码;SLS是用于负荷分担的信令链路选择的编码。我国根据自己情况将

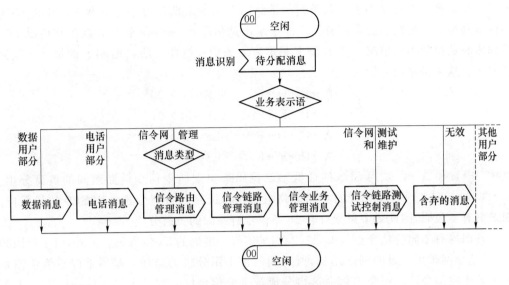

图 9.39 消息分配 SDL 图

OPC 和 DPC 编码分别由 14 bit 增加到 24 bit。SLS 的编码仍保持为 4 bit。

图 9.40 路由标记格式

在 No.7 信令方式中信令链路的选择要依靠 SLS 用负荷分担方式实现。SLS 负荷分担能在两种情况下实现。在同一信令链路组内的信令链路的负荷分担,以及不同链路组间信令链路组的负荷分担。负荷分担方式的例子如图 9.41 所示。图中(a)为同一链路组内信令链路的负荷分担的例子。由于信令点 A 和 B 之间只设置了两条信令链路,因此

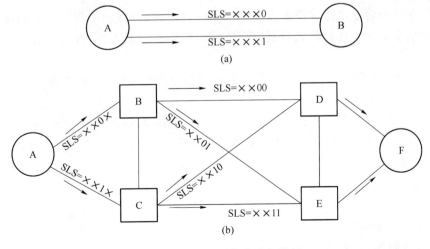

图 9.41 信令链路负荷分担举例

SLS 只用最低一位码就够了。两条信令链路的编码的最低位分别为 0 和 1。图中(b)为不同链路组信令链路间的负荷分担。图中示出从信令点 A 到信令点 F 在正常情况下信令路由和负荷分担的情况。从 A 到 F 最多有 4 条信令链路。所以用 SLS 的最低 2 位码就够了。这 4 条路由分别为

$$A \to B \to D \to F \qquad SLS = \times \times 00$$
$$A \to B \to E \to F \qquad SLS = \times \times 01$$
$$A \to C \to D \to F \qquad SLS = \times \times 10$$
$$A \to C \to E \to F \qquad SLS = \times \times 11$$

其中 A→B 和 A→C 采用 SLS 的最低第二位码来实现两个信令链路组间的负荷分担。B→D,B→E 或 C→D,C→E 的不同链路组间两条链路的负荷分担使用 SLS 的最低位。SLS 共有 4 位码,因此最多可允许有 16 条信令链路间的负荷分担。

各国均有不同的信令点的编码。我国采用统一编码的 24 位方案。另外,由于我国的 No.7 信令网采用分级的网络结构,所以编码也采用分级的结构。基本上以省为单位划分成若干主信令区。每个主信令区再分成若干分信令区。每个分信令区内还有若干个点。这就是说,我国每个信令点的编码由三部分组成。第一部分是主信令区编码,为 8 位码;第二部分为分信令区编码,也是 8 位码;第三部分的 8 位码用来识别分信令区内的信令点。图 9.42 为我国信令点编码格式。其中主信令区将以省市为单位划分。因此将包括台湾省在内的 31 个主信令区,各省再划分若干个分信令区和信令点。

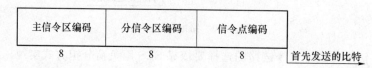

图 9.42　我国信令点编码格式

§9.10.2　信令网管理

在信令网中信令链路或信令点发生故障时,信令网管理功能保证维持信令业务和恢复正常信令条件。故障形式包括信令链路和信令点不能工作,或由于拥塞使可达性降低。

信令网管理功能包括信令业务量管理、信令链路管理和信令路由管理三部分。

1. 信令业务量管理

信令业务量管理功能用来将信令业务从一条链路或路由转到另一条或多条不同链路路由。或者在信令点拥塞情况下暂时减慢信令业务流量。它由以下过程组成:

- 倒换;
- 倒回;
- 强制重选路由;
- 受控重选路由;
- 管理阻断;
- 信令点再启动;

- 信令业务流量控制。

（1）倒换

当信令链路由于故障、闭塞或阻断成为不可用时，倒换过程用来把该信令链路所传送的信令业务尽可能快地转移到另外一条或多条信令链路上去。在倒换过程中不允许有信令的丢失、重复或次序颠倒。

根据信令方式分为对应方式和准对应方式的不同，可能有两种不同的倒换；

- 同一链路组内信令链路间的倒换；
- 不同链路组间信令链路间的倒换。

在新的信令链路和不可用链路之间存在三种不同关系，如图 9.43 所示。

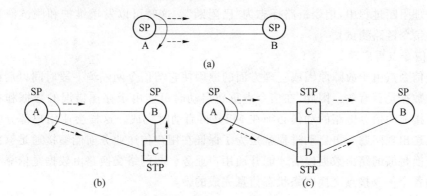

图 9.43 信令链路倒换方式

① 新信令链路与不可用信令链路平行，见图 9.43(a)；

② 新信令链路不属于不可用信令链路的路由，但这一信令路由仍经过不可用信令链路远端的信令点。如图 9.43(b)中的信令点 SPA 和 SPB 之间有直达信令路由，又有经过 STPC 的准对应的转接信令链路。当直达信令链路不可用时，就必须倒换至另一个信令链路组的一条信令链路去。

③ 新信令链路的路由不属于不可用信令链路的路由，也不通过不可用信令链路远端信令转接点的信令点，如图 9.43(c)所示。图中 SPA 和 SPB 之间有两个信令链路组 STPC 和 STPD。若有一个信令链路组（设为 A—C—B）变为不可用时，则要倒换到另一个信令链路组（设为 A—D—B）。

（2）倒回

当不可用信令链路恢复为正常时，信令业务就从替换的信令链路转回倒正常链路。这个过程叫做倒回过程。它是倒换过程的逆过程。在倒回过程中也不允许产生信号丢失、重复或顺序颠倒。

（3）强制重选路由

当一个信令点至某一个信令目的地点的信令路由变为不可用时，应尽快将该信令目的地点的信令业务由正常信令路由转移到迂回信令路由，以恢复去该目的地点的信令能力。这个过程叫做强制重选路由。这里所说的某一信令目的地点的信令路由变为不可用，通常是指这是由于信令网的远端信令点发出信令路由管理中的"禁止传递消息

(TFP)"，以便使源信令点知道在远端发生了故障，必须选择迂回路由。

(4) 受控重选路由

当信令网中的不可用信令路由恢复为可用时，应尽量恢复其原来正常的最佳路由。这就是受控重选路由的过程。它是强制重选路由的逆过程。

(5) 管理阻断

管理阻断过程用于维护和测试目的。例如当信令链路在短时间内过分频繁地倒换和倒回，或者链路的差错率过高时，需要使用管理阻断过程向产生业务的用户部分标明该链路不可使用。

管理阻断是一种信令业务管理的功能。它并不引起第二功能级的任何链路状态的改变。在管理阻断过程中，信令链路标志为"已阻断"。这时可以发送维护和测试消息进行周期性的信令链路测试。

(6) 信令点再启动

一个信令点由于故障原因或管理方面的原因使它与信令网隔绝一段时间以后已不能确认路由数据是否有效。因此，在信令点重新启动时可能由于存在错误的数据和有很多同时需要接通的信令链路的动作必须在 MTP 再启动时完成。这样会使用户部分的业务恢复和发送出现问题。再启动过程就是为了保证在用户传送业务前能够接通足够的信令链路和交换足够的路由数据以后才能开通用户业务。与网络交换路由数据是依靠与网络中相邻的各个信令接点交换网络状态信息完成的。

(7) 信令业务流量控制

信令业务流量控制的目的是：当信令网由于网络故障或拥塞而不能传递用户部分提供的全部信令业务时，限制源信令点的信令业务。

在下列情况之一时进行信令业务流量控制：

- 信令链路或信令点发生故障，产生链路组的不可用。在采取适当措施之前，控制流量可进行暂时的补救时；
- 信令链路或信令点拥塞，使信令业务重新组合变为不方便时；
- 用户部分故障，使其不可能处理从 MTP 传来的全部消息时。

这时 MTP 可以通过拥塞控制信号通知第四级用户部分减少或停发消息信号单元。一旦信号负荷低于拥塞消除门限时，恢复正常状态。

2. 信令链路管理

信令链路管理功能用于控制本地连接的信令链路、恢复有故障的信令链路的能力；以及接通空闲、但尚未定位的链路和断开已定位的链路。它除在信令焦开通投入业务时必须使用外，在信令网发生故障时还要配合信令业务管理和信令路由管理过程。

根据分配和重新组成信令设备的自动化程度，信令链路管理功能分为以下三种情况：

- 基本信令链路管理过程。由人工分配信令数据链路和信令终端；
- 自动分配信令终端；
- 自动分配信令链路和信令终端。

(1) 基本的信令链路管理过程

基本的信令链路管理过程的基本特点是：两个信令点之间分配的信令链路在接通、恢复和退出工作时,必须是预先人工分配的信令链路和信令终端同时进行。它可以分为两个阶段。

① 信令链路的接通、恢复和断开过程

无故障时,链路组包含一定数量工作的信令链路。它还可能包含一些不工作的信令链路和几个信令终端。当决定接通一条不工作的信令链路时,先进行初始定位。若初始定位成功,则可以投入使用,该信令链路变成了工作的信令链路,并开始测试。若测试成功,则该链路为传送信令业务作好了准备。

若定位不成功,在延时一段时间后在同一条信令链路上再次定位,直至信令链路恢复或由人工进行干预,在另一条信令链路上进行初始定位。

当检测到某信令链路有故障时,该信令链路也按上述过程进行初始定位和测试。

若某一条信令链路已无信令业务可以传送,可以由断开过程使其变为不工作的信令链路。这时其相应的信令终端停止使用。

② 链路组的接通过程

有两种不同的链路组接通过程:

- 链路组正常接通。这时对链路组中所有信令链路并行进行接通过程,直到各信令链路变为工作的链路为止;
- 链路组的紧急重新接通。当系统认为链路组的正常接通过程不够快,或者接通以后再次中断,或者通信不畅时就要进行紧急重新接通过程。这时信令终端处于紧急状态,发出状态指示"E"。

基本的信令链路管理过程最为简单,得到了当前国际国内的广泛应用。其缺点是当组成信令链路的数据链路发生故障时,未发生故障的信令终端不能得到有效利用。反之亦然。因此设备利用率低。

(2) 自动分配信令终端时的信令链路管理过程

自动分配信令终端过程的基本特点是:两个 SP 间的信令链路中,如已接通并使用的信令链路发生故障,就自动接通未定位使用的信令链路。其中信令数据链路是指定的。但信令终端是可以自动分配的。

如果未接通使用的信令链路定位失败,则可以再更换信令终端。若有可能就选一个空闲的信令终端,若没有空闲的信令终端则选一个恢复未成功或接通未成功的信令链路的终端。

信令终端的自由分配提高了利用率。在这个管理过程中除自动分配信令终端之外,其他如信令链路的接通、恢复和断开以及链路组的接通过程与基本信令链路管理过程相似。

(3) 自动分配信令数据链路和信令终端的信令链路管理过程

这个管理过程的基本特点是:在两个信令点之间的信令链路中,如果已接通使用的信令链路发生故障,则自动接通未定位接通使用的信令链路。其中信令数据链路和信令终端都可自动分配。

3. 信令路由管理

信令路由管理功能用来传递有关信令网状态的信息,保证信令点之间能可靠地交换关于信令路由的可利用信息,以使信令路由闭塞或解除闭塞。因此信令路由管理程序都是在信令网中的信令业务管理过程中配合使用。信令路由管理由以下过程组成。

（1）禁止传递过程

一个信令转接点通过使用禁止传递过程通知一个或多个相邻信令点,告诉它们不能再经由此 STP 传递有关消息。一个信令点收到禁止传递消息 TFP 以后立即执行强制重选路由过程。TFP 的消息格式在前面已作介绍。

（2）允许传递过程

某一 STP 通过使用允许传递过程通知一个或多个相邻信令点,告诉它们已可能经此 STP 传递有关消息。一个信令点收到允许传递消息时可以执行受控重选路由过程。

（3）受限传递过程

某一 STP 通过使用受限传递过程通知一个和多个相邻信令点,告诉它们尽可能停止通过此 STP 传递信令业务。信令点收到受限传递消息时实行受控重选路由。

受限传递消息 TFM 格式如下：

00		DCBA	0100	
目的地点	H1	H0		标记
0/2	24/14	4	4	56/32

H1＝0011 时为受限传递信号。

（4）信令路由组测试

信令路由组测试过程是在某远端发生故障情况下与禁止传递过程配合使用。其目的是测试去某目的地点的信令业务是否能够经过相邻的 STP 传送。当信令点从相邻 STP 收到禁止传递消息（TFP）或受限传递消息（TFR）时,它周期性地向该 STP 发送信令路由组测试消息（RSM）,直到收到该目的地点送允许传递消息（TFA）为止。

（5）受控传递过程

当信令路由组发生拥塞时,STP 向相邻的信令点发送受控传递消息的过程叫做受控传递过程。

在国际网中利用该过程将拥塞指示从发生拥塞的 SP 传送到源 SP,后者收到该消息后让用户部分减少发送的业务量。

若在国内网中具有拥塞的优先级,其受控传递过程由一个 STP 通知一个或多个源 SP,要求它们不再将某一优先级或低于该优先级的消息发送到某目的地点。若国内网没有拥塞优先级,则和国际网同样处理。

（6）信令路由组拥塞测试

源信令点利用这个测试过程了解去某目的地点的路由拥塞状态。其目的是要测试是否能将信令消息发送到那个具有某种拥塞优先级或更高优先级的目的地点。

§9.11 电话用户部分

No.7 信令方式的第四功能级——用户部分——最早规定的是电话用户部分

(TUP)。大多数早期使用 No.7 信令的国家基本上是在电话网中使用。我国从 1983 年开始研究 No.7 信令系统,1985 年就有少量城市投入使用,其用户部分也是使用电话用户部分。

电话用户部分主要规定控制电话呼叫建立和释放的功能和过程。或者说 TUP 规定电话交换局间传送的信令消息内容,以决定各种将要送出的信令所处的状态。

TUP 的呼叫处理程序和随路信令方式相似。只是信令的内容比随路信令方式要丰富得多。信令信息的表现形式与传送方式也不同。此外,TUP 除了可以提供用户的基本业务外,还可提供一部分用户的补充业务。

§9.11.1 信令消息的组成

在 No.7 信令方式中,全部电话信号都要通过电话消息信号单元传送。与电话控制信号有关的是消息信号单元中的信令信息字段(SIF)。因此这里要讨论的也是这段内容。

信令消息分为电话信号消息、业务信息和信号信息三部分。

1. 电话信号消息

(1) 前向地址消息群。包括起始地址消息、后续地址消息;

(2) 前向建立消息群。包括综合前向建立信息消信和导通消息;

(3) 后向建立请求消息群。包括综合请求消息;

(4) 成功后向建立信息消息群。包括地址收全消息、计费消息;

(5) 不成功后向建立信息消息群。包括不成功试呼消息;

(6) 呼叫监视消息群;

(7) 电路监视消息群;

(8) 节点到节点消息群。

2. 业务信息

(1) 业务表示语;

(2) 网络指示码(用来监测国家和国内消息的信息)。

3. 信号信息

(1) 标记成分。包括目的地点码、起源点码和电路识别码;

(2) 消息格式标识符。包括标题码、字段长度指示码和字段指示码;

(3) 前向建立电话信号。包括:地址信号、脉冲发完信号、地址性质指示码、电路性质指示码、去话回音抑制器指示码、国际呼叫信息指示码、主叫用户类别、主叫用户线识别不完全指示码、导通检验指示码、主叫用户线识别、主叫用户线识别显示指示码、主叫用户线识别不能获得指示码、主叫用户类别不能获得指示码、原来的被叫地址不能获得指示码、导通信号、导通失败信号、呼叫转移指示码、原来的被叫地址、需要全数字通道指示码、信号通道指示码、CCBS(对忙用户完成呼叫)呼叫指示码、恶意呼叫识别指示码、保持指示码、汇接局识别形式指示码、汇接局识别、来话中继识别、被叫用户线识别请求指示码和与计费性能有关的信号以及计费信息等;

(4) 后向建立电话信号。包括:主叫用户线识别请求指示码、主叫用户类别请求指示码、请求原来的被叫地址信息指示码、请求用户性能信息指示码、地址收全信号、用户空闲指示码、来话回音抑制器指示码、呼叫转移指示码、信号通道指示码、改发呼叫地址、已接续的用户地址、计费信息信号、恶意呼叫识别指示码、拥塞信号、地址不全信号、呼叫失败信号、被叫用户线状态信号等;

(5) 呼叫监视信号。包括:前向传递信号、应答信号、后向拆线信号、再应答信号、前向拆线信号和主叫用户挂机信号等;

(6) 电路监视信号。包括:释放保护信号、电路复原信号、阻断信号、阻断消除信号、阻断证实信号、阻断消除证实信号和导通检验请求信号等;

(7) 电路群监视消息。主要监视电路群的阻断和复原;

(8) 节点到节点信号。由一个节点产生送至另一个节点的信号,用来执行询问或证实检验,以及收集数据,使呼叫能按需要建立或者由一个呼叫的终端点产生及解释信号。

§9.11.2 信令消息的格式和编码

电话信号信息字段通常由标记、标题码、一个或多个信号和表示语构成。电话信号信息字段的格式如图 9.44 所示。

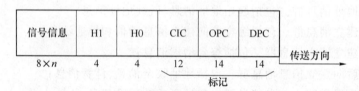

图 9.44 电话信号信息字段格式

图中,DPC——目的地点码,指出消息要到达的信令点;

OPC——起源点码,指出消息起源的信令点;

CIC——电路识别码,直接连接目的地点和起源点许多话音电路中的一条话音电路。

DPC,OPC 和 CIC 通称标记,字段长 40 位(我国规定字段长 60 位,其中 DPC 和 OPC 各 24 位)。在信令消息处理的消息路由功能中标记用来进行信令链路的选择(见图 9.40)。在那里用信令链路选择(SLS)字段代替了 CIC 字段。SLS 为 4 位长。因此信令链路选择时的标记为 32 位,叫做编路标记。在信令链路管理中的标记正好由信令链路码 SLC 代替了信令链路选择的 SLS。SLC 也是 4 位码。它是信令链路代号而不是信令数据链路代号或信令终端代号。

H0 和 H1 为标题码,所有电话信号消息都包含有标题码 H0 和 H1。H0 码用于识别某种消息组,而 H1 包含一个信号编码,或者在消息更复杂时,识别这些消息的格式。在后者情况下,它后边跟着的是一个或多个信号编码或信息表示语。

例如:H0=0001　代表前向地址消息群;

H0=0010　代表后向建立消息群;

H0=1001　代表节点到节点消息。

H1 规定具体消息,如:

H0=0001　H1=0001　代表前向地址消息群中的初始地址消息 IAM;

H0=0001　H1=0011　代表后续地址消息 SAM。

下面以初始地址消息为例来介绍电话信号消息的构成。

初始地址消息的基本格式如图 9.45 所示。图中标题码 H1＝0010，这代表带有附加信息的初始地址消息 IAI。如果是 IAM，则 H1＝0001，这时的消息只到地址信号为止，各段信息含义和编码是这样的：

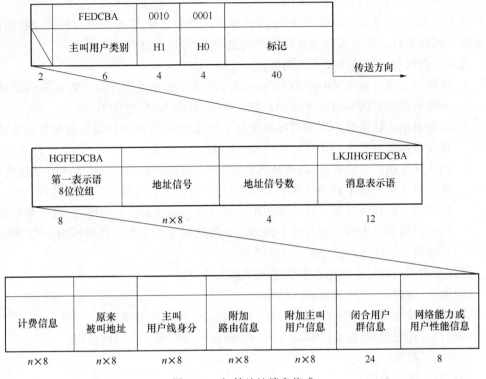

图 9.45　初始地址消息格式

1. 主叫用户类别

主叫用户类别由 6 位码组成，最多可有 64 个类别。它用来传送国际、国内呼叫的主叫用户性质的信息。具体编码如下：

比特　　FEDCBA

000000　不知道来源；

000001　话务员，法语；

000010　话务员，英语；

000011　话务员，德语；

000100　话务员，俄语；

000101 话务员，西班牙语；

000110 ⎫

000111 ⎬供各主管部门双方协商使用的语言；

001000 ⎭

001001　国内话务员（具体插入性能）

001010　普通主叫用户；

001011　优先主叫用户；

001100　数据呼叫；

001101　测试呼叫；

001110～111111　备用。

以上的 CCITT 建议中除了 001001 是用在国内网中之外，其他都是国际网中使用的。但是除了国际半自动呼叫需要语言辅助类别之外，都可以在国内网中使用。

我国国内网有一些特殊要求。例如：

- 在国内长途自动接续时要由发端长话局进行详细的话单计费。因此发端市话局必须向发端长话局发送主叫用户的计费类别（即 MFC 中的 KOA）；
- 国际自动去话接续由发端国际局进行集中计费时，发端市话局也要向发端长话局或发端国际局发主叫用户计费类别（即 MFC 中的 KA）；
- 国内网采用国内话务员（具有插入性能）的主叫用户类别进行长途半自动接续时，我国只允许长途半自动呼叫插入市话忙用户，而不允许插入长话忙用户。因此要使终端市话局区分本次接续被叫用户是市话接续还是长话接续时，通常要根据主叫用户类别来识别。我国的中国 No.1 随路信令中是由 KD 来区分。KD＝2 为长途全自动呼叫；KD＝3 为市话呼叫。

因此我国国内网对主叫用户类别进行了以下补充：

001001　国内话务员（具有插入性能）；

001010　普通用户，在长（国际）—长、长（国际）—市话局间使用；

001011　优先用户，在长（国际）—长、长（国际）—市、市—市局间使用；

001100　数据呼叫；

001101　测试呼叫；

001110　备用；

001111　备用；

010000　普通，免费；

010001　普通，定期；

010010　普通，用户表，立即；

010011　普通，打印机，立即；

010100　优先，免费；

010101　优先，定期；

010110　备用；

010111　备用；

011000　普通用户，在市—市局间使用；

011001　备用；

011010～111111　备用。

2. 消息表示语

消息表示语共有 12 位码，它们分别表示下列有关信息：

BA：地址性质。表示它是一个国际、国内长途或本地用户号码；

DC：电路性质。表示在接续中是否已经经过了一段卫星电路，以控制卫星转接段数；

FE：导通检验。表示前面的电路是否经过了导通检验和该条电路是否需要导通检验；

G：是否包括回声抑制器；

H：呼叫性质。表示是否为国际来话呼叫；

I：重选方向呼叫。表示是否为重选方向呼叫；

J：请求全数字通路。表示为普通呼叫还是 ISDN 全数字通路的呼叫；

K：信号通道。表示是否请求 No.7 信令方式通道；

L：备用。

3. 地址信号数

其数目表示初始地址消息中的地址信号数目。

4. 地址信号

地址信号按照 BCD 码编制，即 4 位二进制码为一个十进制数。发时先发最高有效位地址信号。若地址信号数为奇数时，为保证地址信号字段为整数个 8 位位组，在最后一个地址信号之后加一个插入码 0000。

5. 第一表示语 8 位位组

这部分已是初始地址消息的附加信息表示语。内容如下：

比特　A：国内任选网络能力或用户性能信息表示语；

　　　B：闭合用户群表示语；

　　　C：附加主叫用户信息表示语；

　　　D：附加路由信息表示语；

　　　E：主叫用户线身分表示语；

　　　F：原被叫地址表示语；

　　　G：计费信息表示语；

　　　H：备用。

在上述表示语中如果没有某一种附加信息内容时置"0"，否则置"1"。图 9.45 中第三行均为附加信息。每一种附加信息均规定格式，这里从略。

§9.11.3　我国国内电话网的电话用户部分的信令消息和编码

我国国内电话网有一些具体要求，因此与 CCITT 的建议有所区别。除了在前面已经提到的地址编码（DPC 和 OPC）将 14 位改为 24 位（即将标记由原来的 40 位改为 64 位）以外，具体的电话信令消息也有以下区别：

（1）国内电话网通常不使用国际电话网专用信号。例如 IAM 和 IAI 中的国际话务员的语言编码；国内网拥塞（NNC）和前向转移信号（FOT）也是国际电话接续中专用，通常不用于国内。

（2）CCTT 建议的信号，例如应答、计费未说明（ANU）信号在我国国内网中没有使用条件，规定暂不使用。

（3）有一些信号例如计费消息（CHG），CCITT 仍在研究，暂不使用。

（4）CCITT 建议国内电话网任选的信号内容，需由本国主管部门研究决定是否使用。

（5）CCITT 建议将 5 个 H0 作为国内备用。各国可以自行启用。我国增加了计次脉冲消息（MPM）。格式如下：

	0010	1100	
计费信息	H1	H0	标记
16	4	4	64

计费信息字段为 16 bit，以二进制表示单位计费时间内的脉冲数。

除此之外，还增加了话务员信号（OPR），并将用户忙（SSB）改为用户市话忙（SLB）和用户长话忙（STB）。

因此，我国增加了下列国内专用信号：

MAL——恶意呼叫识别信号；

MPM——计次脉冲消息；

NAM——国内地区使用的消息；

NCB——国内呼叫监视消息；

NSB——国内后向建立成功消息；

NUB——国内后向建立不成功消息；

OPR——话务员信号；

SLB——用户市忙信号；

STB——用户长忙信号。

具体内容可参看我国 No.7 信令的规范书。

§9.11.4　信令过程举例

在这里用 SDL 语言来描述一个简化了的呼叫处理控制进程的例子。呼叫处理控制进程如图 9.46 所示。图中的符号含义为：

IAM——初始地址消息；

RSC——电路复原信号；

RLG——释放监护信号；

SAM——后续地址消息；

ACM——地址全消息；

CBK——挂机信号；

CLF——拆线信号。

§9.11.5　信号传送顺序举例

以市话分局间不经汇接局和经汇接局的传送过程为例来说明信号传送顺序。

图 9.46　呼叫处理控制进程的 SDL 图

1. 市话分局间直接传送(不经汇接局)

市话分局间直接传送信号顺序如图 9.47 所示。图中所用符号除与上图相同之外,还有以下符号:

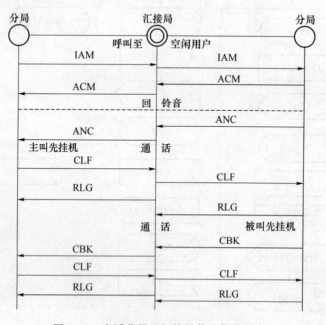

图 9.47 市话分局间直接传送信号顺序

AFC——为 ACM 的一种。表示地址全,空闲,计费;

ANC——应答信号,计费。

2. 市话分局经汇接局传送信号顺序

市话分局经汇接局传送信号顺序如图 9.48 所示。

图 9.48 市话分局经汇接局传送信号顺序

§9.11.6　几个有关的问题

1. 各级交换局的地址信号发送方式

有两种地址信号发送方式：

- 成组发送（en-bloc）。所有地址信号一次发送。因此这种方式速度快，从而减少了信令链路的负荷；
- 重叠发送（overlap）。地址信号分批发送，例如号码一位一位发送。

从速度快、信令链路负荷轻这个意义上讲，要尽可能采用成组发送方式。但是对于采用不等位编号制度来说，发端或转接交换局不易判别被叫号码是否收全。而采用重叠发送的传送方式时可以由终端交换局判别被叫用户号码是否收全。这时起始地址消息（IAM 或 IAI）只需包括选择路由的必要数字，而剩余的被叫用户号码则由后续地址消息（SAO 或 SAM）传送。由于我国长话网采用不等位的编号制度，并且有的大城市的市话网也采用这种方式，因此规定：

(1) 在以下交换局间采用重叠方式

——分局至长话局的自动接续；

——分局至国际局的自动接续；

——长话局间的自动接续；

——部分分局至汇接局的汇接接续。

(2) 在以下交换局间采用成组发码方式

——分局至分局直达接续；

——部分分局至汇接局的汇接接续；

——分局至长话局的半自动接续；

——长话局至市话局直达接续；

——国际局至市话局直达接续。

2. 请求主叫用户线身分

No.7 信令方式可以根据呼叫程序的需要在局间发送包括主叫用户线身分的初始地址消息（IAI）。例如我国长途电话自动交换网采用由发端长话局集中计费的 CAMA 方式时，规定在市话局至发端长话局间采用 IAI。

另外，如果申请追查恶意呼叫性能的用户登记入交换局后，任何外局的主叫用户呼叫该已登记用户时，可在局间发送 IAI。终端局可将收到的 IAI 中的主叫用户类别和号码存入。根据被叫用户的要求打印出主叫用户号码，实现追查恶意呼叫功能。若发到终端局的初始地址消息不包括主叫用户线身分信息时，也可以根据需要由终端局发送一般请求消息（GRQ）到发端局，后者收到（GRQ）以后发一个包括主叫用户线身分的一般前向建立信息消息（GSM）。

3. 回声抑制器控制

在有的电话接续中需要使用回声抑制器。目前常用的是一种终端差动式半回声抑制器。它可以附属于某一条电路，也可以许多电路公用。当某一电路需要回声抑制器时，就分配一个半回声抑制器。

从传输角度考虑,放置来、去半回声抑制器的地点应尽可能靠近二/四线转换点。为了达到上述目的,回声抑制器采用联合公用方式提供。并且利用对每次呼叫的回声抑制器控制程序,由信令系统向相关的交换局提供有关需要回声抑制器的信息。

4. 双向电路的同抢处理

No.7 信令方式具有双向电路的工作能力。在双向电路工作情况下有可能出现两个交换局在几乎同时占用同一条电路,即一个交换局已经发送出初始地址消息后又收到对端发来的初始地址消息。这时就发生了双向电路的同抢。发生双向电路同抢和以下三个因素有关:

- No.7 信令数据链路的传播时间;
- 由于传输电路的干扰而造成的消息重发引起的消息延迟;
- 准对应工作方式时信令消息经过 STP 引起的消息延迟。

这三个时间之和叫做双向电路同抢的不保护时间。该时间越长,同抢的概率就越大。

由于双向电路可以提高电路的利用率,特别是在长距离电路时更为明显。因此,在No.7 信令方式中通常采用双向电路工作方式。至于同抢的问题可以通过采取一定措施来减少其发生的概率,并且在发生同抢后可以通过同抢处理来解决问题。

目前有两个减少双向电路同抢的方法:

(1)双向电路群两端的交换局采用不同顺序的选择方法。譬如,一端按电路群中由大到小的电路编号选择;而另一端则按相反方向选择。这样可以减少同抢发生的概率;

(2)每个交换局都将电路分为两群,一群为优先选择的电路群,该电路群选择释放时间最长的电路;另一群选择释放时间最短的电路。由于两端按照不通的电路群选择,也可以减少发生同抢。

上述两种方法不能兼容,只能选择其中之一。由于第一种方法比较简单,同时与随路信令双向电路所采用的方法相同。因此在国内电话网中获得了广泛应用。

当发生同抢时需要进行同抢处理。其方法是每一个交换局控制局间的一半电路,而对端则控制另一半电路。控制电路的交换局叫做主控局,而相反不控制电路的交换局叫做非主控局。因此电路两端的两个交换局各为一半电路的主控局。当有一条双向电路发生同抢时,主控局优先接通该条电路;而非主控局释放该条电路的接续。为了统一起见,CCITT 规定在两个交换局中信令点编号大的交换局对全部偶数电路为主控局;信令点编码小的交换局对全部奇数电路为主控局。

由于 No.7 信令方式的电话用户部分的信令程序中具有重复尝试的接续功能,在发生上述电路同抢时,非主控局可以释放该条电路的接续,然后再自动选择另一条电路完成接续。

5. 自动重复试呼

在 No.7 信令方式中遇到下列情况时 TUP 具有重复试呼功能:

- 导通检验失败;
- 非主控局检出同抢占用;
- 在发出初始地址消息后收到任何后向信号之前收到闭塞信号;
- 在发出初始地址消息后收到任何后向信号之前收到电路复原信号;

- 在发出初始地址消息后收到建立呼叫所需的一个后向信号之前,收到不合理的信号信息。

§9.11.7　信令方式配合

在国际、国内的电话网中采用 No.7 信令方式时必然会遇到与各种随路信令的配合问题。在这一节中,准备通过几个例子来说明中国 No.1 信令和中国 No.7 信令之间的配合。

1. 中国 No.1 信令方式至中国 No.7 信令方式 TUP 的转换

(1) 前向信号的转换在这里主要是中国 No.1 信令的主叫用户类别 KA、长途接续控制信号 KC 和发端业务类别 KD 转换至 No.7 信令 TUP 中的初始地址消息 IAM 或一般前向建立信息消息 GSM 中的主叫用户类别 CAT 和某些表示语。

图 9.49 为市话汇接接续的信号配合。在这里主要是指 KD 和 CAT 之间的转换,如表 9.17 所示。

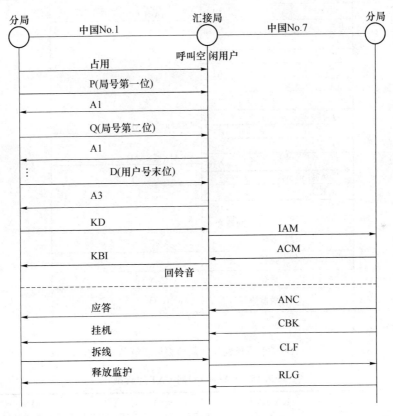

图 9.49　市话汇接接续的信号配合

表 9.17　KD 和 CAT 的信号转换

KD=3	市内电话	CAT=011000	普通用户
KD=4	市内传真、数据通信	CAT=001100	数据用户
KD=5	测试呼叫	CAT=001101	测试呼叫

市话局经发端长话局的去话自动接续的信号配合主要是 KA(或 KOA)向 IAI(或 IAM)中的 CAT 的转换。图 9.50 示出了这个转换过程。表 9.18 为 KA(KOA)对 CAT 的转换内容。

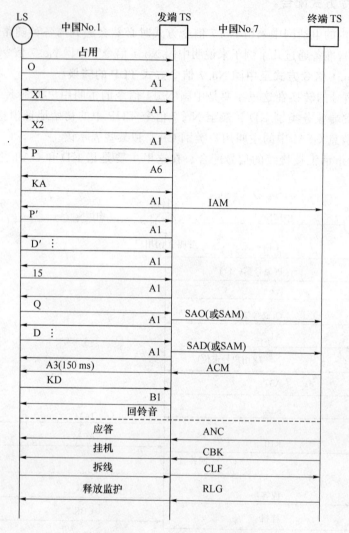

图 9.50　市话局经长话局的去话接续信号配合

表 9.18　KA(KOA)对 CAT 的转换

	KA(KOA)	IAI 中的 CAT	IAM 中的 CAT
普通、免费	5(免费)	010000	
普通、定期	1(普通、定期)	010001	
普通、用户表、立即	2(普通、立即)	010010	001010
普通、打印机、立即	3(普通、营业处)	010011	
优先、免费	10(免费)	010100	
优先、定期	8(优先、定期)	010101	001011

长话局至市话局的终端接续中主要是 KD,KC 和 CAT 之间的转换。图 9.51 示出了它们的信号配合;表 9.19 示出了信号转换内容。

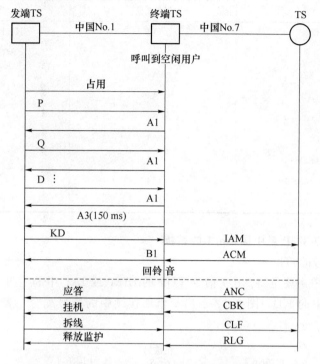

图 9.51　长话局至市话局终端接续的信号配合

表 9.19　KD,KC 和 CAT 之间的转换

	KD	KC	CAT
话务员呼叫	1		001001
长途自动呼叫	2		001010
测试呼叫	6		001101
优先呼叫		14	001011
测试呼叫		13	001101

（2）后向信号转换主要是指各种呼叫和电路监视消息间的转换。其转换内容如表 9.20所示。

表 9.20　后向信号的转换

中国 No.7	中国 No.1	
	发 A3 前	发 A3 后
地址全、用户闲信号（ACM）	—	B1 或 B6
用户市忙信号（SLB）	A4	B2(KD=1,2,6)
		B4(KD=3,4)

中国 No.7	中国 No.1	
	发 A3 前	发 A3 后
用户长忙信号(STB)	A4	K3(KD=1,2,6)
		B4(KD=3,4)
交换设备拥塞信号(SEC)	A4	B4
电路群拥塞信号(CGC)	A4	B4
呼叫故障信号(CFL)	A4	B4
地址不全信号(ADD)	A4	B4
线路停止使用信号(LOS)	A4	B4
发送专用信息音信号(SST)	A4	B4
空号(UNN)	A5	B5

2. 中国 No.7 TUP 至中国 No.1 的转换

(1) 前向信号的转换

在市话接续中主要是将 No.7 信令 TUP 的 IAM(或 IAI)中的主叫用户类别 CAT 转换成 No.1 信令中的 KD。图 9.52 示出了市话接续中的信号配合。表 9.21 是 CAT 对 KD 的转换内容。

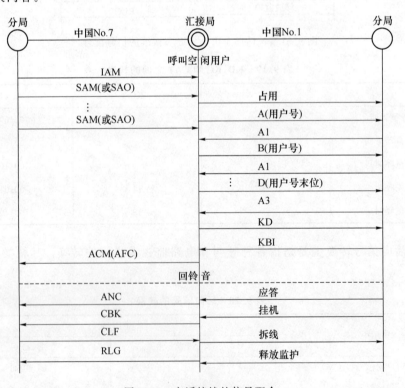

图 9.52　市话接续的信号配合

表 9.21　CAT 对 KD 的转换

CAT	KD	CAT	KD
普通用户(011000)	KD3(市内电话)	数据呼叫(001100)	KD4(市内传真或数据通信)
优先用户(001011)	KD4(市内传真或数据通信)	测试呼叫(001101)	KD6(测试呼叫)

在市话局至发端长话局和转接长话局的接续中主要是发端长话局将 CAT 转换成 KA(KOA)(市—长)和 KD 及 KC(长—长)。图 9.53 示出了市话局至长话局自动接续的信号配合;表 9.22 为 CAT 对 KA,KC 和 KD 的转换。

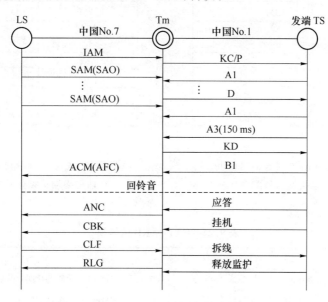

图 9.53　市话局至长话局自动接续的信号配合

表 9.22　CAT 对 KA,KC 和 KD 的转换

类　别	CAT	KA(KOA)	KD 和 KC
普通、免费	010000	5	KD2(用户长途呼叫)
普通、定期间	010001	1	
普通、用户表、立即	010010	2	
普通、打印机、立即	010011	3	
优先、免费	010100	10	KD2(用户长途呼叫)
优先、定期间	010101	8	KC=14

终端长话局至市话局的接续主要是 CAT 至 KD 的转换。图 9.54 和图 9.55 示出了长话局至市话局的终端接续的信号配合;表 9.23 为 CAT 对 KD 的信号转换。

3. 后向信号的转换

后向信号的转换主要是在各种呼叫和电话监视消息之间的转换。表 9.24 为转换内容。

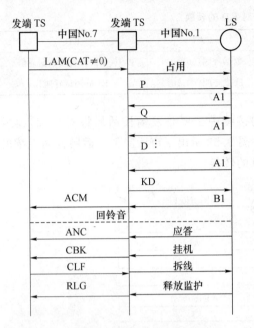

图 9.54　CAT≠0 时长话局至市
话局终端接续信号配合

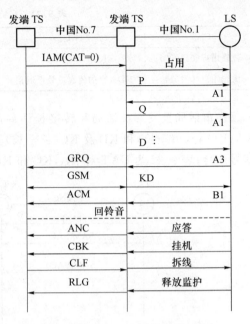

图 9.55　CAT＝0 时长话局至市
话局终端接续信号配合

表 9.23　CAT 对 KD 的转换

CAT	KD
话务员呼叫　001001	KD＝1　话务员呼叫
普通户叫　001010	KD＝2　长途自动呼叫
优先呼叫　001011	KD＝2　长途自动呼叫
数据呼叫　001100	KD＝2　长途自动呼叫
测试呼叫　001101	KD＝6　测试呼叫

表 9.24　后向信号转换

中国 No.1	中国 No.7	
	KD＝1,2,6	KD＝3,4
A1	CGC(00100101)	CGC(00100101)
A5	UNN(01110101)	UNN(01110101)
B1	ACM(00010100)	ACM(00010100)
B2	SLB(00011110)	CFL(01010101)
B3	CGC(00100101)	SLB(00011110)
B4	CGC(00100101)	CLB(00011110)
B5	UNN(01110101)	UNN(01110101)
B6	CFL(01010101)	ACM(00010101)

§9.12 综合业务数字网用户部分

综合业务数字网(ISDN)用户部分(ISUP)是 CCITT No.7 信令方式的 ISDN 业务的第四级功能。它是在 No.7 信令方式的 TUP 和 DUP 基础上提出来的。它在 ISDN 中提供支持话音和非话音的基本承载业务以及各种补充业务所需的信令功能。

ISUP 也适用于电话网和电路交换数据网、模拟网和数模混合网使用。尤其它可以满足全球范围的国际全自动和半自动电话业务及电路交换数据业务的需要。此外,ISUP 中规定的大多数国际网使用的消息类型和信息参数也同样适合于国内网要求。同时它又留有足够的容量以便各国需要时采用。

因此,ISUP 不仅包括了 TUP 和 DUP 的全部信令功能,还具有满足 ISDN 基本业务和补充业务所需的信令功能。采用 ISUP 不仅在目前的电话网上可以使用,而且便于向 ISDN 过渡。

采用 ISUP 时,若用于呼叫电路的建立、监视和释放等电话基本业务时,与 TUP 一样需要 MTP 提供的业务。但在某些情况下(如传递端到端信号、开放智能网业务等)也需要信令连接控制部分(SCCP)提供的业务。关于 SCCP 内容准备在下一章介绍。

§9.12.1 ISUP 消息格式和编码

1. 消息的一般格式

和 TUP 一样,ISUP 也是消息信号单元中的信号信息字段(SIF)组成的消息内容。其一般格式如图 9.56 所示。从图中可见,ISUP 的消息格式和 TUP 的不一样。在 ISUP 中每个参数字段都是作为 8 位位组的形式出现的。ISUP 的消息由下述部分组成。

(1)路由标记

ISUP 消息的路由标记和 TUP 的一样,由 DPC,OPC 和 SLS 三部分组成。区别是 ISUP 的 SLS 是单独使用的 4 位码,而不是利用 CIC 的最低 4 位。

(2)电路识别码(CIC)

ISUP 的电路识别码共由 14 bit 组成,格式如图 9.57 所示,其分配原则和 TUP 相同。

(3)消息类型

消息类型由若干个参数组成,每一个参数编成一个 8 位位组的字段,它对所有消息来说是必备的。它是唯一的确定每一个 ISUP 消息的功能和格式的。

(4)固定的必备部分

这是针对某些消息类型而言。它由各种参数组成。其中参数的位置、长度和顺序由消息类型决定。

(5)可变的必备部分

它由可变的必备参数组成。每一个可变的必备参数的前面使用了指示字以指明每个参数的开始。它还包括一个任选部分开始指示字,指明任选部分的开始。

(6)任选部分

它由在任何特定的消息类型中可能出现也可能不出现的参数组成。可以包括固定长的任选部分和可变长的任选部分。

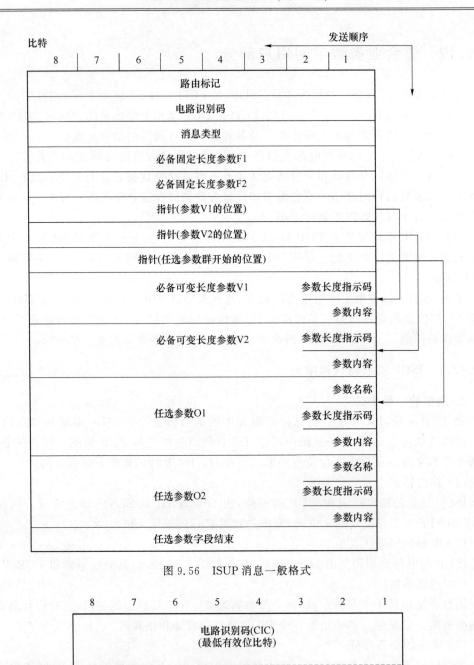

图 9.56　ISUP 消息一般格式

图 9.57　CIC 格式

ISUP 消息格式中的每一个字段都由 8 位位组的整数倍组成。并以一个 8 位位组的堆栈形式出现。

2. ISUP 消息类型和参数

（1）消息类型

ISUP 的消息分为 8 个消息组。每个消息组包括若干个消息类型。消息类型如表 9.25所示。

表 9.25 ISUP 消息类型

消 息 组	消 息 类 型	消 息 组	消 息 类 型
前向建立消息	初级地址消息（IAM） 后续地址消息（SAM）	电路监视消息	过负荷消息（OLM） 暂停消息（SUS） 恢复消息（RES） 混乱消息（CFN）
一般建立消息	信息请求消息（INR） 信息消息（INF） 导通信息（COT）	电路群监视消息	电路群闭塞消息（CGB） 电路群闭塞解除消息（CGU） 电路群闭塞证实消息（CGBA） 电路群闭塞解除证实消息（CGUA） 电路群复原消息（GRS） 电路群复原证实消息（GRA） 电路群询问消息（CQM） 电路群询问响应消息（CQR）
后向建立消息	地址全消息（ACM） 连接消息（CON） 呼叫进展消息（CPG）		
呼叫监视消息	应答消息（ANM） 前向转移消息（FOT） 释放消息（REL）	呼叫中改变消息	呼叫改变请求消息（CMR） 呼叫改变完全消息（CMC） 呼叫改变拒绝消息（CMRJ） 性能请求消息（FAR） 性能请求接受消息（FAA） 性能请求拒绝消息（FRJ）
电路监视消息	延迟释放消息（DRS） 释放完全消息（RLC） 导通检验请求消息（CCR） 电路复原消息（RSC） 环路确认（LPA） 闭塞消息（BLO） 解除闭塞消息（UBL） 未备电路识别码（UCIC） 闭塞证实消息（BLA） 解除闭塞证实消息（UBA）	端到端消息	传递消息（RAM） 用户型用户消息（USR）

（2）参数

ISUP 的参数是构成各种消息的组成部分。共有 37 种参数,它们是：

——接入传递；

——自动拥塞级；

——后向呼叫指示码；

——呼叫改变指示码；

——呼叫参考；

——被叫用户号码；

——任选参数结束；

——事件信息；

——性能指示码；

——前向呼叫指示码；

——信息指示码；

——信息请求指示码；

——主叫用户号码；

——主叫用户类别；

——原因指示码；

——电路群监视类型指示码；

——电路状态指示码；

——CUG 连锁码；

——连接号码；

——连接请求；

——导通指示码；

——后续号码；

——暂停/恢复指示码；

——汇接网络选择（国内网使用）；

——传输媒介请求；

——连接性质指示码；

——任选后向呼叫指示码；

——任选前向呼叫指示码；

——原被叫号码；

——范围和状态；

——改发号码（前向发送）；

——改发信息；

——改发号码（后向发送）；

——信令点编码；

——用户业务信息；

——用户型用户指示码；

——用户型用户信息。

§9.12.2　信号过程示例

　　ISDN 的电信业务分为提供基本传输功能的承载业务和包括传输和终端功能的用户终端业务。它们都是基本业务。ISUP 具有完成基本业务的呼叫控制功能和信号过程。它包括成功和不成功的呼叫建立、监视和释放等过程。图 9.58 示出了一个成组发码方式的局间直达接续时成功的普通呼叫的信号过程的例子。

　　信号过程如下：

　　① 主叫 ISDN 用户发出建立消息，表示要建立呼叫。

　　② 发端局发送初始地址消息（IAM）。

　　发端局从主叫用户收到建立消息以后，经分析已收到完整的选择消息，选择至目的地交换局的一条空闲电路后发送 IAM。

　　③ 终端目的地交换局收到 IAM 后选被叫用户，且终端接入为 ISDN 时，回送地址全消息（ACM）。

　　终端局收到 IAM 以后，分析被叫号码，确定为本局用户，且终端为 ISDN 接入。经验证允许完成连接后，组成一个地址全消息，其中被叫用户线状态为无指示，ISDN 接入指示码 ISDN。同时向被叫 ISDN 用户发建立消息。

　　被叫 ISDN 用户向终端局发"提示"消息，表示被叫用户已收到"建立"消息。

　　④ 发端交换局接收地址全消息。

　　发端交换局收到地址全消息后，经分析确定未表示被叫用户状态，等待接收后续的 CPG（呼叫进展）消息，并向主叫用户送"提示"消息。

　　⑤ 被叫用户应答向终端局发出"连接"消息。

　　⑥ 终端局向发端局发送 ANM（应答）消息。

　　被叫用户应答以后，终端局向发端局发出 ANM，并接通传输通路和开始计费。

　　⑦ 发端局收到 ANM 表示接续完成，如果由发端交换局进行计费，则开始计费。同时向主叫用户送出"连接"消息，进入通信状态。

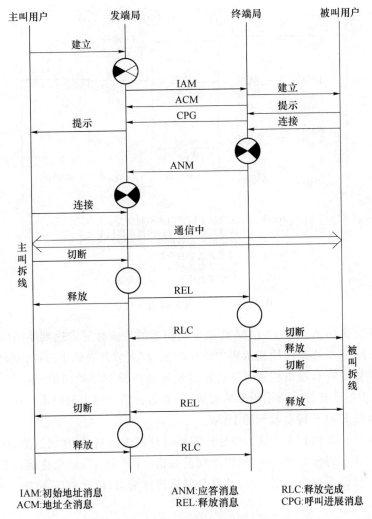

图 9.58 成功的普通呼叫信号过程

⑧ 通信完毕后主叫用户送出"切断"消息,请求释放呼叫。

⑨ 发端局收到"切断"消息以后,向终端局送出 REL(释放)消息,并向主叫用户回送一个"释放"消息,切断通路。

⑩ 终端局收到 REL 消息后立即释放局内设备,向发端局送出 RLC(释放完成)消息,向被叫用户送出"切断"消息,请求释放。

⑪被叫用户送出"释放"消息,切断通路。

以上所说的是主叫先拆线的情况。若是被叫先拆线,其步骤也和上述类似。

§9.12.3 几个问题的讨论

1. 回声抑制

ISUP 的回声抑制功能具有检测传输时延以决定是否采用回声抑制器的功能,因此较 TUP 中的回声抑制功能更为完善。图 9.59 为 ISUP 回声抑制过程示例。

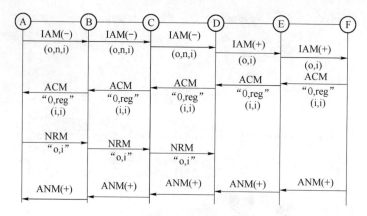

(o,n,i)：	未包括去话半回声抑制设备
(-)：	传输时延在使用回声抑制器门限之下
(+)：	传输时延在使用回声抑制器门限之上
"0,reg"：	请求去话半回声抑制设备
(i,i)：	包括了来话半回声抑制设备
"o,i"：	包括了去话半回声抑制设备

图 9.59　ISUP 回声抑制过程示例

（1）设在交换局 A 至 C 的 IAM 传送中所积累的传输时延未达到使用回声抑制器的门限，因此在 IAM 的连接性质指示码中的参数置成"未装备去话半回声抑制器（o,n,i）"。

（2）设在交换局 D 检出积累时延已超过使用回声抑制器的门限，因此在向交换局 E 发送的 IAM 中的连接性质指示码参数置成"已装备去话半回声抑制器（o,i）"。

（3）交换局 E 向 F 转发收到的 IAM。

（4）交换局 F 收到 IAM 以后，经分析需要进行回声抑制时，在回送的 ACM（地址全）消息时向呼叫指示码参数中置入"回声抑制设备指示码"为"1"，请求连接一个去话半回声抑制器。由于该设备只能采用一个，并且最好靠近发端局，因此将该 ACM 一直发送到 A 交换局。

（5）A 交换局收到 ACM，经分析需要采用去话半回声抑制设备，于是向 B 发送网络源管理（NRM）消息，并在 NRM 中表示是否具有去话半回声抑制器。若已包括了，则 B 就不用再包括了。

在传送 ACM 中后向呼叫指示码的回声抑制设备指示码也应表示出是否连接一个来话半回声抑制器（应尽量靠近目的地点）。若 F 可以连接来话半回声抑制器，则在 ACM 的回声抑制设备指示码置"1"，否则置"0"，以使前方局收到 ACM 后决定是否要连接一个来话半回声抑制器。

（6）目的地交换局收到连接消息后将向前方发送应答消息（ANM），然后完成通话。

2．网络特征

ISUP 使电信网具有若干新的特征。其中除了 TUP 已经提供的如自动重复试呼、电路群的闭塞和解除闭塞功能之外，ISUP 还增加了电路群查询功能。

电路群查询功能是 ISUP 建议国内网选用的功能。其目的是用电路群查询消息进行测试，使交换机了解电路状态。查询可以按路由或根据需要确定。但建议一次的电路群查询消息包括的电路范围为 1～32。

电路群查询分为以下几类：

- 未装备和短暂的状态；
- 呼叫处理状态；
- 维护闭塞状态；
- 硬件闭塞状态。

未装备状态是指该电路不可被 ISUP 使用的状态。此时该电路不能进行呼叫处理和维护处理。短暂状态是指该电路正处于短暂的呼叫处理或维护状态。例如，当交换机发送一个初始地址消息以后等待一个后向消息的短暂时间；或者发送一个电路群闭塞消息后等待接收闭塞证实消息的短暂时间。

呼叫处理状态包括电路空闲、电路来话忙和电路去话忙三种状态。

维护闭塞和硬件闭塞状态则包括远端已闭塞、本端已闭塞、本端和远端均已闭塞以及已解除闭塞等状态。

当交换机想要查询某电路群状态时，发送电路群查询消息。在路由标记中的 CIC 和范围字段中指明哪些电路要查询。收端局收到这一查淘消息时，回送一个电路群查询响应消息，并在被查询的电路状态中的电路状态指示码中置位。

3. 自动拥塞控制

它包括信令网拥塞时 ISUP 的信号拥塞控制和交换局过负荷时的自动拥塞控制。它和 TUP 的自动拥塞控制功能基本相似，但也有一些差别。

(1) ISCP 的信号拥塞控制

当信令网拥塞时，ISUP 将从 MTP 收到一个拥塞指示原语。它应对受影响的方向分几级来减少负荷。

当第一次收到拥塞指示原语时，至受影响方向的负荷降低一级，同时启动 300～600 ms 和 5～10 s 两个时限。在第一时限内将不理睬同一方向来的所有拥塞指示原语。第一时限到，但仍在第二时限内时，若收到拥塞指示原语时再降低一级负荷，并重新启动该两个定时器。这样，在信令网保持拥塞期间，ISUP 将如此逐步减少负荷及至最后以最大量减少负荷。

当在第二个时限内没有收到拥塞指示原语时，负荷将增加一级，并重新启动第二个定时器，直到恢复正常负荷。

(2) 交换局过负荷时的自动拥塞控制

程控交换局都具有过负荷控制功能。当交换局发生过负荷时 ISUP 在局间传递自动拥塞控制消息，以减少相邻交换局至过负荷交换局的业务量。ISUP 也和 TUP 一样具有两级拥塞级。拥塞一级为不太严重的拥塞；而拥塞二级为较为严重的拥塞。

拥塞等级参数是通过释放消息（REL）来传送的。为了有效地在网络中进行自动拥塞控制，过负荷的交换局也应将拥塞等级信息传送给信令网管理系统，以便由它来确定在 ISUP 发送的 REL 消息中是否应包括自动拥塞等级参数。

4. 端到端信号

端到端信号直接在两个信令终端之间传送端点信号信息。它向需要的用户提供一种基本或补充的业务。ISDN 端到端信号有两种方法：

- 传递方法；
- SCCP(信令链接控制部分)方法。

（1）传递方法

这个方法使得在已经实际建立信令连接并完成话路接续的两个信令终点之间同时建立端到端信号连接。图 9.60 为采用传递方法的端到端信号连接方法。

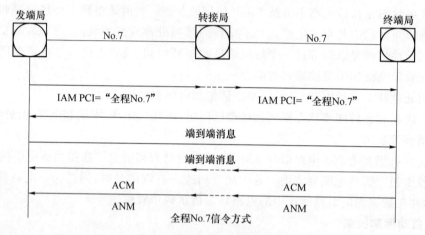

图 9.60   传递方法的端到端信号

图中发端局信令点发送 IAM，其前向呼叫指示码中包括规程控制指示码（PCI），指明全程需要 No.7 信令的 ISUP。转接局信令点收到此 IAM 以后，将该 PCI 转发至终端局信令点。后者分析了 IAM PCI，判断呼叫控制信道是否可以支持传递消息，若是 ISUP，则可传递端到端消息。

采用传递方法不需要信令网提供 SCCP 功能，但是端到端的信号传送必须和话路的物理连接平行。

（2）SCCP 方法

SCCP 可以提供无连接业务和面向连接业务。这两种业务都可实现 ISUP 的端到端信号连接。图 9.61 是无连接的端到端的信号连接。它通过一种特定的、与电路无关的、信号连接时的参数"呼叫参考"来实现。呼叫参考是识别外加特定消息的参数。一般呼叫

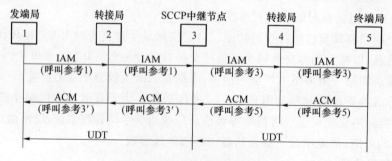

图 9.61   SCCP 方法的端到端信号连接

参考由两端信令点分配。如果中间包括了一个 SCCP 中继节点,则它也需分配呼叫参考。它通常由 IAM 消息发送。后向呼叫参考由第一个后向消息 ACM 发送。图中两个呼叫参考由 SCCP 中继节点进行连接。

当发端局收到对端送来的呼叫参考 3′时,认为端到端信号连接准备就绪。可以进行 SCCP 无连接方式传送端到端消息。

§9.12.4 信号配合

在国内网中使用 ISUP 时,在用户侧主要是和数字用户线信令 DSSI 配合;在局间主要是和 No.7 信令方式的 TUP 及各种随路信令配合。

1. ISUP 和 DSS1 的配合

目前,ISUP 只考虑和基本接口(2B+D)的方式配合。由于后者只有 16 kbit/s 的 D 信道负责传送信号,而且由第三层网络层规定信号信息的格式和电路交换的呼叫控制程序(呼叫的建立、通信和拆线复原等)。因此,ISUP 和 DSS1 的信号配合实质上是和第三层网络层规程(Q.931)间的配合。图 9.62 示出了 ISUP 和 DSSI 之间的信号配合。

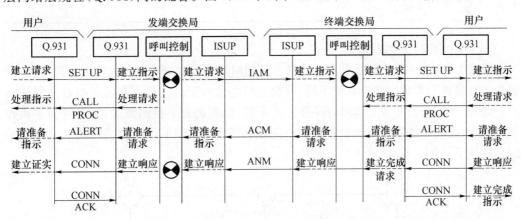

图 9.62 ISUP 和 DSSI 间的信号配合示例

图中两端为 DSSI 的 Q.931 规程;而局间为 ISUP 的 Q.764 规程。这是一个成功呼叫的建立信号程序。这里采用成组发送地址信号。由网络发送的地址全消息依赖于接入指示(ALERT)。被叫用户为非自动应答终端。表 9.26 为 Q.931 和 ISUP 间的参数转换。

表 9.26 Q.931 和 ISUP 间的参数转换

	发　　端 用户/网络	网　　络	终　　端 网络/用户
消　息	SETUP →	LAM →	SETUP
内　容	无进展指示	前向呼叫指示码 比特　D=0　未遇到配合问题 　　　F=1　全使用 ISUP 　　　I=1　发端接入 ISDN	无进展指示

续表

	发　端 用户/网络	网　　络	终　　端 网络/用户
消　息	ALERTing　←	ACM　　←	ALERTing
内　容	无进展指示	后向呼叫指示码 比特　1＝0　未遇到配合问题 K＝1　全使用 ISUP M＝1　终端接入 ISDN	无进展指示
消　息	CONNect　←	ANM　　←	CONNect
内　容	无进展指示	后向呼叫指示码 比特　1＝0　未遇到配合问题 K＝1　全使用 ISUP M＝1　终端接入 ISUP	无进展指示
消　息	DISConnect　←	RELease　←	DISConnect
内　容	原　　因	原　　因	原　　因

2. ISUP 和 TUP 的配合

由于 ISUP 和 TUP 在进行电话的基本呼叫时其建立和释放过程大体上相同,只是两者在消息格式和参数编码上有所不同,因此它们的信号配合实际上是消息参数之间的转换。此外,由于 ISDN 和电话网的释放方式不同,前者为互不控制方式,而后者为主叫控制方式,因此在释放消息之间也存在配合问题。图 9.63 示出了 ISUP 和 TUP 之间信号配合的例子。

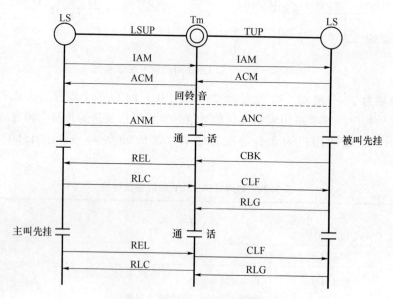

图 9.63　ISUP 和 TUP 信号配合

3. ISUP 和中国 No. 1 的信号配合

ISUP 与中国 No. 1 的信号配合和 TUP 的相似。图 9.64 示出了该信号配合的例子。

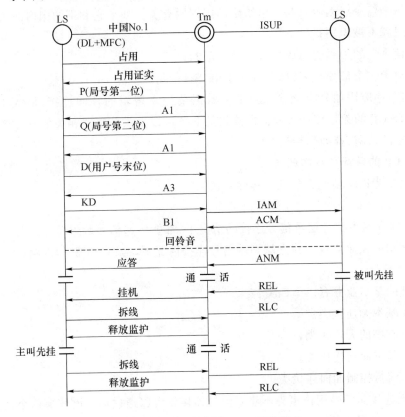

图 9.64　ISUP 和中国 No.1 信号配合

§9.13　信令连接控制部分

信令连接控制部分(SCCP:Signalling Connection Control Part)在 No.7 信令系统中属第四级用户部分,同时为 MTP 提供附加功能,构成 OSI 参考模型中的第三层(网络层)。

§9.13.1　SCCP 一般介绍

1. 开发 SCCP 的起因

随着电信网的发展,在电信网中不仅需要建立普通电话的电路连接呼叫,而且需要灵活的数传传送方式,使得它能够:

- 通过呼叫处理访问中心数据库;
- 更新移动电话业务;
- 远端激活补充业务;
- 在网络中心之间进行数据传送等。

为了满足在电信网中开放各种智能网业务,网络的运行、管理和维护以及移动电话漫游等业务,光是 MTP 功能就存在一些局限性。

首先 MTP 的地址受到三方面的限制:

——每个信令点编码只与一个给定的国内网有关。如果它和别的国内网信令点相连时就不被识别;

——信令点的编码受编码格式长度的限制;

——对于一个信令点来讲,业务表示语(SI)只允许分配 16 个用户。

此外,一些应用如分组交换数据业务等需要建立逻辑的呼叫连接,而 MTP 提供不了。只有 SCCP 的无连接业务和面向连接的业务可以提供非电路相关信息。这种功能可以满足数据的访问、查询和传送要求。

2. SCCP 的目标和基本任务

SCCP 是为以下情况提供数据传输手段:

· 在 No.7 信令网中建立逻辑信号连接;

· 在建立或不建立逻辑信号连接的情况下,都能传递信号数据单元。

SCCP 功能在建立或不建立端到端信号连接情况下,传递 ISUP 的电路相关和非电路相关的信号信息。

SCCP 的基本业务有以下四类:

0 类　基本无连接类;

1 类　有序的无连接类;

2 类　基本面向连接类;

3 类　流量控制面向连接类。

所谓无连接业务是用户事先不建立信号连接就可以通过信令网传递信令消息。这相当于数据网的数据业务。0 类业务不保证消息的顺序传递;1 类业务可以保证消息按顺序送到目的地点。

所谓面向连接的业务是用户在传递数据之前已在 SCCP 之间交换控制信息,达成一种协议,它包括数据传递路由、传送业务类别(2 类或 3 类)以及可能传送数据的数量等。

信号的面向连接又可分为暂时的信号连接和永久的信号连接两种。暂时的信号连接类似于电话连接,由用户控制连接的建立。永久的信号连接类似租用电话线路。它为用户提供半永久连接,由运行管理功能建立和控制。在这里所说的面向连接指的是暂时信号连接。

§9.13.2　SCCP 消息格式

SCCP 消息是放在消息信号单元(MSU)的信号信息字段(SIF)中,通过 SIO 中的业务指示语(SI=0011)来识别是 SCCP 消息。SCCP 的消息格式和 ISUP 消息格式相似,如图 9.65 所示。图中的路由标记已在 MTP 中作了介绍。消息采用 8 位编码,每个编码确定一个 SCCP 消息。

1. 消息类型

SCCP 消息分为无连接业务的消息和面向连接业务的消息。表 9.27 示出了 SCCP 的消息和其相应的协议类别和编码。

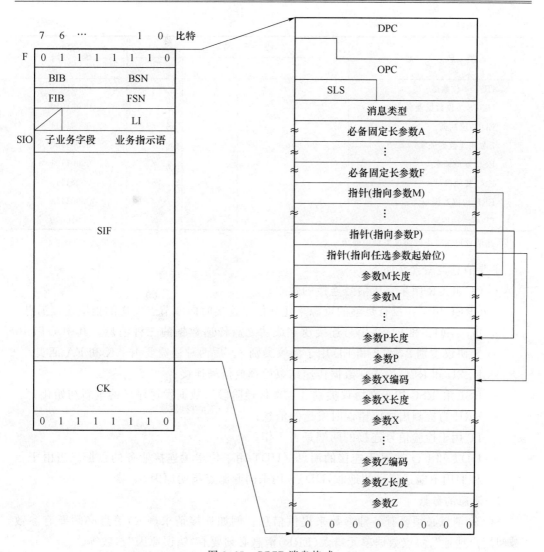

图 9.65　SCCP 消息格式

表 9.27　SCCP 的消息

消息类型	协议类别				编　码
	0	1	2	3	
CR 连接请求			×	×	00000001
CC 连接确认			×	×	00000010
CREF 拒绝连接			×	×	00000011
RLSD 释放连接			×	×	00000100
RLC 释放完成			×	×	00000101
DT1 数据形式 1			×		00000110
DT2 数据形式 2				×	00000111
AK 数据证实				×	00001000

消 息 类 型	协 议 类 别				编　　码
	0	1	2	3	
UDT 单位数据	×	×			00001001
UDTS 单位数据业务	×	×			00001010
ED 加速数据				×	00001011
EA 加速数据证实				×	00001100
RSR 复原请求				×	00001101
RSC 复原确认				×	00001110
ERR 协议数据单元错误			×	×	00001111
IT 不活动性测试			×	×	00010000

×:此消息可在对应的协议类别中使用。

主要消息类型含义如下:

- CC 和 CR 用来完成信号连接的建立;
- CREF 用于在没有足够的资源来建立信号连接时向源节点发送的拒绝连接消息;
- DT1,DT2 和 ED 是信号连接建立成功之后传递数据的三种消息。其中 DT1 用于协议类别 2,DT2 和 ED 用于协议类别 3。后两种还需要由 AK 和 EA 证实;
- RLSD 和 RLC 用于在数据传递结束后释放信号连接;
- RSR 和 RSC 用于在协议类别 3 数据传递阶段对数据发送序号的重新初始化;
- ERR 为检测出协议错误时发送的消息;
- IT 用于检验信号连接的两端是否工作;
- UDT 和 UDTS 是无连接的消息。UDT 用于传送无连接业务的数据。当由于各种原因不能达到目的地时,UDTS 用来向起源点指明原因。

2. 消息的参数

SCCP 消息必须要有各种参数来提供信息。例如连接请求(CR)消息必须要有参数"被叫用户地址";协议数据单元错误(ERR)消息必须要有"错误原因"参数等。

SCCP 参数分为必备参数(M)和任选参数(O)两种。必备参数还可分为固定长度必备参数(F)和可变长度必备参数(V)。表 9.28 示出了 SCCP 消息的参数。

表 9.28　SCCP 消息的参数

参 数 名	编　　码	参 数 名	编　　码
任选参数终了	00000000	信用量(credit)	00001001
目的地本地参考	00000001	释放原因	00001010
起源本地参考	00000010	返回原因	00001011
被叫用户地址	00000011	复原原因	00001100
主叫用户地址	00000100	错误原因	000001101
协议类别	00000101	拒绝原因	00001110
分段/重新	00000110	数　　据	00001111
接收序号 P(R)	00000111	分　　段	00010000
排序/分段	00001000	跳计数据	00010001

表中的参数的基本含义如下：

- "目的地本地参考"和"起源本地参考"用于确定信号的连接；
- "被叫用户地址"和"主叫用户地址"用来识别起源和目的地信令点和 SCCP 业务访问点；
- "协议类别"用于定义无连接业务和面向连接业务的四种协议；
- 如果网络业务数据单元(NSDU)的长度超过传送数据消息允许的最大长度时，需要将其分为几段传送，到目的地时再重新组装。参数"分段/重装"就是要实现这个功能。这个参数只适用于 DT1；
- "接收序号 P(R)"指出期望的下一个序号。它用于协议类别 3 的 DT2 和 AK 消息。它证实远端节点已经收到 P(R) —1 之前的全部消息；
- "排序/分段"是一个综合参数，它包括"分段/组装"、"发送序号 P(S)"和"接收序号 P(R)"。其中"发送序号"应该在协议规定的范围内，以完成协议 3 的流量控制；
- "信用量(credit)"在消息 CC 和 CR 中使用。它确定 SCCP 可发多少消息，即信号连接的窗口实现协议类别 3 的流量控制。在数据传递阶段，AK 消息中的"信用量"可以修改窗口"
- "释放原因"、"复原原因"和"拒绝原因"分别用于释放、复原和拒绝信号连接时给出原因。"错误原因"用于 ERR 消息中指出错误原因；"返回原因"用于无连接业务的 UDTS 消息中，指出消息 UDT 为什么不能达到目的地；
- "数据"是用户要发送到目的地的网络业务数据(USD)；
- "分段"规定业务数据的具体分段；
- "跳计数器"在每个全局码翻译时递减。

3. SCCP 业务

SCCP 的业务可分为无连接业务和面向连接业务两大类。

（1）无连接业务

SCCP 能使业务用户在事先不建立信令连接的情况下使用 SCCP 和 MTP 的路由功能，直接在 No.7 信令网上传递数据。此时每传递一次数据都必须由 SCCP 的路由功能来选取路由。根据 MTP 提供的顺序控制原理，可有两种无连接协议：

① 基本无连接类协议（协议类别 0）

在这类协议下，SCCP 可以任意在消息路由标记中插入 SLS 码，或根据信令网中适当的负荷分担原则插入 SLS 码。因此消息的传递是互相独立的，可能不按顺序到达目的地。

② 有序无连接类协议（协议类别 1）

在这类协议下，SCCP 把要求按顺序传递的消息在消息路由标记中分配相同的 SLS 码。这样，MTP 可保证将包含相同的 SLS 码的消息按顺序传递。

（2）面向连接业务

采用面向连接业务时，用户在传递信号信息之前，SCCP 必须向被叫端发送连接请求消息（CR）。确定这个连接所经路由、传送业务类别（协议 2 或协议 3）及传送数据的数量等。一旦被叫用户同意,主叫端接收到被叫端发来的连接确认(CC)消息后,就表明连接已经成功。用户在传递数据时就不必再由 SCCP 的路由功能选取路由,而是通过建立的信号连接传送数据。当数据传送结束后释放信号连接。

有两种面向连接的传送数据协议:

① 基本面向连接类(协议类别2)

在这个协议中,通过信令连接保证在起源点的 SCCP 用户和目的地点的 SCCP 用户之间的双向传输数据。在同一个信令关系中可以复用很多信令连接。属于同一个信令连接的消息包括相同的 SLS 值,以保证消息按顺序发送。

② 流量控制面向连接类(协议类别3)

在这个协议中,除了具有协议类别 2 的特征之外,还可以进行流量控制和传递加速数据。此外,它还具有检测消息丢失和序号错误的能力。

§9.14 事务处理能力

§9.14.1 基本概念

事务处理能力(TC:Transaction Capabilities)指的是为在网络中的一系列具体应用(统称 TC-用户)提供功能和规程以及和网络层业务之间提供一系列通信能力。它提供一种公用的规程而与特定的应用无关。这些 TC-用户可以是:

· 移动业务应用(如漫游用户定位);

· 包含专用功能单元的补充业务(如免费电话、信用卡业务)的登记、激活和调用;

· 和电路控制无关的信令信息交换(如闭合用户群);

· 运行和维护应用(如查询/应答)。

总之,TC 的总目标是为节点之间的信息传送提供手段并对应用提供各自独立的通信服务。目前,在 No.7 信令方式中 TC 只具有 OSI 的第七层——应用层——的规程和功能。因此也叫事务处理能力应用部分 TCAP。至于 OSI 的第四至六层的功能还将进一步研究。在目前只有 TCAP 的情况下,它可用于支持智能网应用、移动网应用以

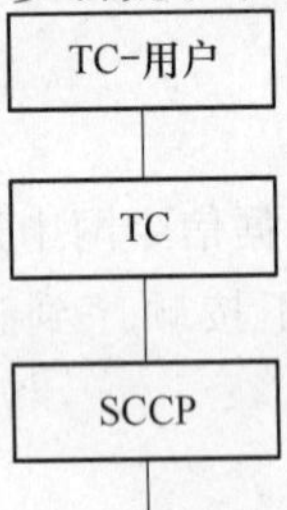

图 9.66 TC 在 No.7 信令方式中的位置

及网络的运行和管理应用。TC 在 No.7 信令方式中的位置示于图 9.66。

从图中可以看出,MTP 和 SCCP 是 TC 网络层业务的提供者。SC-CP 用无连接型和面向连接型两种方式支持 TC,而 TC 利用 SC-CP 传递信息。当传送的信息量大时采用面向连接方式;当传送的信息量小时采用无连接方式。

§9.14.2 TC 的结构

TC 由两个子层组成(如图 9.67 所示),它们是:

· 成分子层(CSL)。它用于处理成分,即传送远端操作及其响应的协议数据单元(APDU)和任选的对话部分;

- 事务处理子层(TSL)。它处理两个用户之间包含成分及任选的对话部分的消息交换。

1. 成分子层

(1) 成分

成分是用来传送执行一个操作的请求或应答的方式。一个操作是由远端要执行的一个动作,它可以带有相关的参数。一个操作的调用由一个调用 ID(lnvoke ID)来识别。它允许一个或几个相同的操作同时调用,但只有一个应答送至一个操作。应答中有执行操作的成功或失败的指示。起源 TC-用户分别向成分子层发送成分。当有若干成分组成一个单消息时,才把它们送到远端。在远端,成分子层收到单消息后,就把其中的各个成分分别传给目的地的 TC-用户。消息中的成分在传送到远端后仍保持起源点提供的顺序。

图 9.67　TC 结构

(2) 成分子层提供的功能

① 调用

由于同时可以发生对几个操作的调用,所以它们由调用 ID 来进行区分。TC-用户可以在一个给定时间调用几个操作,其调用数目决定于 TC-用户在当时有多少个可用的调用 ID。

操作是由起源 TC-用户用来请求目的 TC-用户执行一个给定的动作。有四类操作:

一类:既报告成功又报告失败。例如,将一个免费电话号码转换成一个普通被叫号码。若转换能够完成,就回送被叫号码,否则就指明不能转换的原因。

二类:只报告失败。例如对于一个有故障的地方进行测试,只需确认故障即可。

三类:只报告成功。例如有一些测试只关心设备完好的回答。

四类:成功和失败都不报告。例如送出一个告警信号,它不需要任何回答。

在操作的调用中。TC-用户可以拒绝一个成分。拒绝的原因可在问题码(Problem Code)参数中表明。拒绝导致相应操作的结束。

调用的撤消也导致相应操作调用的结束。撤消可由 TC-用户或成分子层请求实现。

② 对话处理

为了执行一个应用,两个 TC-用户之间连续的成分交换就构成了一个对话。成分子层提供对话功能,并允许在给两个 TC-用户之间同时进行几个对话。有两种不同的对话:

① 非结构化对话

在非结构化对话中,TC-用户发送成分不期待回答。对话没有开始、继续和结束。当一个 TC-用户向它的同层发送单向消息时,表明使用了非结构化对话性能。若一个 TC-用户收到一个单向消息后需要报告协议差错,它也得使用单向消息返回。

② 结构化对话

在结构化对话中一个 TC-用户可以指明对话的开始、对话的继续和对话的结束。结构化对话允许两个 TC-用户之间同时进行几个对话,每一个对话由一个特定的对话 ID 识别。当使用结构化对话时,TC-用户在向它的同层实体发送成分以前必须指明如下内容之一：

- 对话开始；
- 对话证实，第一个后向继续表明对话建立并可以继续；
- 对话继续，TC-用户继续一个已建立的对话并且可以全双工交换成分；
- 对话结束，发送端不再发送成分也不再接收远端送来的成分。

有三种对话结束：

① 预先安排的结束，TC-用户根据预先的安排决定什么时候结束对话。一旦发出了 TC-END 请求原语以后此对话就不能再发送或接收成分。

② 基本结束，TC-END 原语表示传统悬而未决的成分并且两个方向不再发送或接收成分。

③ 对话由 TC-用户中止，TC-用户可以不考虑任何悬而未决的操作调用而请求立即结束对话。这时，TC-用户可以提供端到端信息表明中止原因和诊断信息。

2. 事务处理子层

事务处理子层在它的用户（叫做 TR-用户）之间提供成分的交换能力。它也提供通过低层网络业务在同层实体之间传送事务处理消息的能力。目前的 TR-用户是成分子层。

每一个 TR-用户由一个独立的事务处理 ID 来识别事务处理。当两个 TR-用户之间的事务处理开始时，就把事务处理 ID 分配给这个事务处理并允许发送 TR-用户信息至目的地 TR-用户。为响应事务处理开始，目的地 TR-用户可以继续或结束这个事务处理。在事务处理对话中允许 TR-用户之间全双工交换消息。事务处理子层不提供分段/重装或流量控制。任何一侧的 TR-用户可以决定结束一个事务处理。和成分子层相似，有三种方法结束事务处理：预先安排结束，基本结束和由 TR-用户中止。

复 习 题

1. 信令分类和基本定义。
2. 各种局间线路信令方式。
3. 多频和互控的含义。
4. 多频记发器信令的各种信号意义和发送顺序。
5. 什么叫公共信道信令系统？有些什么特点？
6. No. 7 信令网的工作方式和特点。
7. 国际和我国 No. 7 信令网特点。
8. No. 7 信令第二级各项功能。
9. 三种信号单元格式和含义。
10. No. 7 信令第三级的任务和各项功能。
11. N0. 7 信令电话用户部分消息分类、信号过程和信号配合。
12. No. 7 信令 ISDN 用户部分（ISUP）消息格式、消息类型、消息参数和信号过程。
13. SCCP 的消息格式、消息类型、消息参数和业务。
14. 事务处理能力（TC）的基本概念、结构和消息格式。

练　习　题

1. 图 9.3 为直流线路信令传送示意图,通过开关 KA 和 KB 控制信号的变化。试用这些开关来实现表 9.2 中的信号过程。列出每一种复原方式的开关动放顺序。

2. 表 9.3 为带内单频脉冲线路信号。它由长脉冲(600 ms)、短脉冲(150 ms)和连续信号组成。由于设备公差和线路干扰,国标规定在接收端的识别范围为下表所示。

	标　称　值	接收端识别时长范围	说　明
短脉冲	150 ms	80±20	＜60 不识别为信号 ≥100 必须识别为信号
长脉冲	600 ms	375±75	＜300 不识别为长信号 ≥450 必须识别为长信号

最短脉冲间隔为 300 ms±60 ms。

根据以上要求如何采用软件来正确识别这些信号(前向信号和后向信号可分开识别)。画出识别程序框图(粗框图)。

3. 表 9.4 中试就各种复原过程列出前后向信号发送顺序。

4. 记发器信号 A 组信号中 A3,A4 和 A5 有互控和脉冲两种形式。它们分别用在什么情况下? 试举例说明。

5. 参考图 9.32 和图 9.33 画出相应的数据结构和程序框图。

6. 用程序来实现图 9.34 的初始定位过程,列出数据结构、程序名称、任务并画出程序粗框图。

7. 用程序实现图 9.46 中的呼叫处理控制进程。列出数据结构、程序名称、任务并画出程序粗框图。

8. 参考图 9.65 和图 9.66 画出呼叫久不应答时的信号配合图。

第 10 章 部分有关通信网简介

在这章里,我们准备对和电话有关的部分通信网作一介绍。这里所谓"有关"是指和程控交换机的电路交换有关的通信网。由于当前通信网包括范围十分广泛,限于篇幅,不作一一介绍。

§10.1 综合业务数字网(ISDN)

这里的 ISDN 指的是窄带综合业务数字网(N-ISDN)。

§10.1.1 ISDN 的基本概念

综合业务数字网是由两部分合成的:

(1) 综合数字网。以数字技术为基础,将传输系统及交换系统综合在一起叫综合数字网。

(2) 综合业务网。提供或支持各种不同通信业务的通信网叫综合业务网。

ISDN 将两者合在一起形成一个"以综合通信业务为目的的综合数字网"。

ISDN 的基本概念可包括以下几点:

- ISDN 是通信网;
- ISDN 是以综合数字电话网为基础发展而成的;
- ISDN 支持端点—端点的数字通信;
- ISDN 支持各种通信业务,包括电话及非话业务;
- ISDN 提供标准的用户/网络接口;
- ISDN 用户通过一组有限个多用途用户/网络接口接入 ISDN。

CCITT 对 ISDN 作了以下定义:ISDN 是以提供端点—端点的数字连接的综合数字电话网为基础发展而成的通信网;用以支持包括电话及非话的多种业务,用户对通信网有一个由有限个标准多用途的用户/网络接口组成的入口。

§10.1.2 ISDN 的特点

ISDN 具有以下特点:

- 通信业务的综合化:利用一条用户线就可以提供电话、传真、可视图文及数据通信

等多种业务;

- 实现高可靠性及高质量的通信:由于终端和终端之间的信道已完全数字化,噪音、串音以及信号衰落、失真、受距离与链路数增加的影响都非常小,因此通信质量很高;
- 使用便利:信息信道和信号信道分离,在一条 2B+D 的用户线上可以连接终端达 8 台之多,同时工作可达 3 台;
- 费用低廉:和过去分开的通信网相比,将业务综合到一个网内的费用显然是低廉了;
- ISDN 和智能网有天然的互相依赖关系:智能网要以 ISDN 为基础,而 ISDN 通过智能网能够得到更有效的发展和利用,因此,随着智能网的不断发展,ISDN 也将得到充分发展;
- ISDN 网内各交换机之间的连接必须通过 No.7 信令来实现,因此,ISDN 是以 No.7 信令为基础。只有在 No.7 信令发展的基础上才能实现 ISDN。

§ 10.1.3　ISDN 系统结构

1. ISDN 网络结构

ISDN 网络基本结构包括以下各项主要功能:

- 64 kbit/s 电路交换功能;
- 64 kbit/s 非交换功能(专用线功能);
- ＞64 kbit/s 中高速电路交换功能;
- ＞64 kbit/s 中高速非交换功能;
- 分组交换功能;
- 用户线交换功能(包括用户线信号终端、计费等)。

其中 64 kbit/s 电路交换功能是基本功能。

关于分组交换业务的综合,CCITT 建议有两种综合方式:

(1) 最小综合。ISDN 本身不具备分组交换功能,只在分组交换机和接在 ISDN 用户/网络接口上的分组终端之间提供一条 64 kbit/s 的物理通路。分组交换业务由分组交换机处理。

(2) 最大综合。ISDN 具有分组处理功能。ISDN 内可实现分组通信,并能提供各种补充业务。

CCITT 建议将来 ISDN 支持最大综合的分组通信。

2. 用户/网络接口

用户/网络接口是网络用户与网络本身之间的接口。ISDN 用户/网络接口是实现 ISDN、发展网络和用户终端的关键技术。

用户/网络接口的作用是使用户和 ISDN 网络之间相互交换信息。它的标准是支持 ISDN 各种业务发展的重要技术之一。有了标准化的用户/网络接口以后,它就可以在世界上任何地方接入用户终端,利用 ISDN 业务。

（1）用户/网络接口功能

用户/网络接口有以下功能：

- 接口业务的综合化：要求能在传输容量范围内提供任意速率的电路交换业务和分组交换业务，能选择各种编码方法等；
- 能连接多个终端：多个终端共用一个用户/网络接口，并允许同时使用这些不同终端，主叫用户可以呼叫对方用户的任意终端进行通信；
- 具有终端的可移动性：利用标准插座使终端能在通信过程中移动和重新连接；
- 在主叫和被叫终端之间进行兼容性检验功能。

此外，ISDN用户/网络接口还应具有公共信道信令和OSI参考模型分层协议。

（2）用户/网络接口参考点配置

ISDN用户/网络的参考点配置包括物理、电气协议，业务能力，维护运行和性能特点等方面。图10.1示出了用户/网络接口参考配置。图中：

功能群表示用户出入口上应具有的一些功能的组合。这是一个抽象概念，不一定要求与实际装置一致；

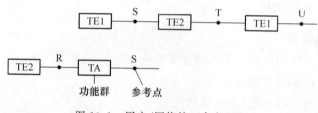

图 10.1　用户/网络接口参考配置

参考点表示用来区分功能群的点。

各功能群功能如下：

TE1——ISDN标准终端。符合ISDN用户/网络协议。例如具有ISDN功能的数字电话及4类传真机等。

TE2——非ISDN标准终端。不具备ISDN用户/网络接口规定。它通过终端适配器TA接到标准接口上。

TE2可以是数字话机、各种数据终端、工作站、传真机等。

NT1和NT2——网络终端，都是用户系统的功能群。NT1是用户线传输终端，它拥有相当于第一层功能；NT2拥有第一层及高层功能，相当于PABX、局域网等终端控制装置。

TA——适配器，包含第一层及高层功能。通过它允许TE2终端接入ISDN用户/网络接口。

各参考点含义如下：

参考点T是用户与网络的分界点。T的右侧设备归网络主管部门所有；左侧的设备归用户所有。CCITT对T参考点的接口作出了规定，即D信道协议。

参考点S对应于单个ISDN终端入网的接口。它将用户终端设备和与网络有关的通信功能分开。

参考点 T 和 S 是承载业务的接入点。在这两点上,基本业务的概念是相同的。例如,一项电路方式 64 kbit/s,8 kHz 结构的不受限制数字信息承载业务可以在 T 或 S 的任一点得到。具体哪一点取决于用户一侧通信设备。

参考点 R 提供非 ISDN 标准终端的入网接口。在典型情况下,它符合 CCITT X 系列或 V 系列建议。

参考点 U 对应于用户线,这个接口用来描述用户线上的双向数据信号。CCITT 还没有建议 U 接口的标准。

(3) 信道类型和接口结构

ISDN 用户/网络接口中有两个重要因素,就是:

① 信道类型

信道表示接口信息的传送能力。根据不同的速率、信息性质和容量可以有不同的信道类型。主要有两种信道类型。

1) 信息信道。传送各种信息流。

2) 信令信道。传送各种控制用的信令信息。

对于电路交换来说:

信息信道——B 信道和 H 信道(有时包括 D 信道)。

信令信道——D 信道。

CCITT 规定的标准信道类型如下:

B 信道。速率为 64 kbit/s。用于传送用户信息。可以传送数字数据、PCM 编码数字话音或低速业务。

在 B 信道上可以建立 3 种接续类型:

· 电路交换;

· 分组交换

· 半永久连接(相当于一条租用线路,不需呼叫连接)。

D 信道。速率为 16 kbit/s 或 64 kbit/s。用于传送控制信令以控制 B 信道的呼叫;也可用于分组交换或低速数据(可视图文等)。

H 信道。速率为 384 kbit/s、1 536 kbit/s、1 920 kbit/s。提供较高速率。可以传送快速传真、高速数据、高质量音响等。H 信道由若干 B 信道组合而成。

② 接口结构

CCITT 规定了两种用户/网络接口:

1) 基本接口

基本接口(BI:Basic Interface)是将现有电话网的普通用户线作为 ISDN 用户线而规定的接口。它是最基本的用户/网络接口。由 2 个 B 信道和一个 D 信道构成,叫作"2B+D"口。B 信道速率为 64 kbit/s;D 信道速率为 16 kbit/s。B 信道用来传送用户信息;D 信道用来传送信令信息。

总速率为 $2 \times 64 + 16 = 144$ kbit/s。

再加上成帧、同步及其他管理信息使总速率达到 192 kbit/s。

2) 基群速率接口

基群速率接口(PRI:Primary Rate User Interface)。原来打算用于具有更大容量需求的用户。例如具有 PABX 或 LAN 的部门。接口速率为:

1 544 kbit/s,用于北美和日本,为 23B+D;

2 048 kbit/s,用于欧洲和我国,为 30B+D。

通路均为 64 kbit/s。

基群速率接口也可以支持 H 信道,这时接口上可包括一个 64 kbit/s 的 D 信道,用于控制信令。

有三种 H 信道的接口:

- 基群速率接口 H_0 信道。支持 384 kbit/s 的 H_0 信道。
  对于 1 544 kbit/s 的接口来说可以是 $3H_0+D$ 或 $4H_0$;
  对于 2 048 kbit/s 的接口来说可以是 $5H_0+D$。

- 基群速率接口 H_1 信道。其中:
  H_{11} 信道结构包括一条 1 536 kbit/s 的 H_{11} 信道;
  H_{12} 信道结构包括一条 1 920 kbit/s 的 H_{12} 信道和一条 64 kbit/s 的 D 信道。

- B 和 H_0 的混合结构。这种结构包含 0 个或 1 个 D 信道,加上在接口容量范围内任意,可能是 B 和 H_0 信道的组合,即:$nB+mH_0+D(64 \text{ kbit/s})$。例如:
  $3H_0+5B+D$ 或 $3H_0+6B$

§10.1.4 ISDN 协议

1. 第一层——物理层协议

ISDN 物理层对用户来说出现在 S/T 点。包括以下功能:

- 对数字数据进行编码以便通过接口传输;
- B 信道数据的全双工传输;
- D 信道数据的全双工传输;
- 通路复用以形成基本接口和基群速率接口的传输结构;
- 启动和释放物理电路;
- 从网络终端向终端供电;
- 终端识别;
- 隔离有故障的终端;
- D 信道争用接入(用于有多点配置的基本接口)。

基本用户—网络接口支持 2B+D 结构。数据速率为 192 kbit/s。

2. 第二层——数据链路层协议

第二层功能要点如下:

在第二层以帧为单位转移第三层信息或第二层的控制信息。在转移这些信息时对各帧的发送顺序进行控制。当检测出传输差错时,通过重发出错的帧,正确地转移所有的发送帧。当逻辑链路过载时,暂时停止向这条链路发送帧信息。

第二层的功能要点如下:

- 建立连接:向 D 信道提供一条或多条逻辑连接,并使它们相互独立地工作;

- 正确转移所有的发送帧；
- 保持发送和接收的帧的转移顺序；
- 对所发送帧进行差错检测，测出转移错误、格式错误和操作错误，用重发方法来纠正检测出的错误，向管理实体通知不可恢复的错误；
- 流量控制：当逻辑链路发生过载时，暂停发送信息。

3. 第三层——网络层协议

第三层也叫呼叫控制协议。因为它负责通路的建立和释放。除此之外，它还负责以下工作：

- 按用户呼叫要求选择业务(信息转移的速率、转移方式等)；
- 收发用户相互进行通信可能性认可。

第三层的控制功能可分为电路交换呼叫控制和分组交换呼叫控制。

电路交换呼叫控制功能——终端和网络通过 D 信道交换控制信息(信号)，利用 B 信道建立交换的连接；

分组交换呼叫控制功能——根据要求可以将电路交换呼叫控制规程和 X.25 分组交换规程组合使用。在建立呼叫时第三层提供以下信息转移功能：

(1) 电路交换方式通信

- 从用户/网络接口的多条信道(B 信道和 D 信道)中选择并确定信道；
- 根据用户要求选择、激活网络的传输母体及补充业务的处理功能；
- 到被叫用户的路由选择及通信终端间的通信可能性认可。

(2) 分组交换通信

目前 D 信道协议第三层只提供了信道选择、建立及选择对方终端的功能。信道建立后，可通过此信道在带内转移 X.25 的呼叫控制信息，建立分组呼叫。

此外，还可以在用户间直接传递呼叫控制所需的信息。这时，通过 D 信道上传递呼叫控制信号的逻辑信道将用户-用户信号放入呼叫控制消息中进行传递或者作为单独的消息来传递。

§10.1.5 ISDN 提供的业务

ISDN 将提供各种各样的业务。它既支持已有的话音和数据业务，还提供许多新的业务。

CCITT 规定 ISDN 有三类业务：

- 承载业务(Bearer Service)；
- 用户终端业务(Teleservice)；
- 补充业务(Supplementary Service)。

承载业务提供在用户之间实时传递信息(语音、数据、视像等)的手段，而不改变该信号本身所包含的内容。这类业务相应于 OSI 模型的低三层。由网络功能来提供这些业务。

用户终端业务将信息传递功能和信息处理功能结合起来，应用承载业务来传递数据，另外再提供一组高层功能(相当于 OSI 的第 4～7 层)。

补充业务是上述两种业务的加强。它可以和上述业务结合使用,但不能单独使用。

1. 承载业务

ISDN 在参考点 T 及 S 提供的电信业务称为承载业务。在承载业务中,网络向用户提供的只是一种低层的信息转移能力。它只说明通信网的通信能力而与终端类型无关。它利用 OSI 的 1~3 层建议。

承载业务分为电路交换方式的承载业务和分组交换方式的承载业务。

电路交换方式的承载业务包括话音业务、G2/G3 传真(通过 MODEM)以及 384 kbit/s,1.536 Mbit/s,1.920 Mbit/s 的超高速传真、电视图像等。

分组交换方式的承载业务包括虚呼叫和永久性虚电路等。它通过 B 或 D 信道建立虚电路。以分组方式提供用户信息的透明传输。这种业务允许用户通过 ISDN 以点对点方式按照 X.25 协议进行通信。

虚呼叫和永久性虚电路业务都是当前分组交换网中的典型业务。

虚呼叫业务要求用户进行通信,首先是利用专门的 X.25 分组请求网络建立一条虚电路连到被叫用户,而在通信结束时再送 X.25 分组通知网络拆除这条虚电路。

永久虚电路业务不需上述建立和拆除过程。用户可以向永久虚电路上直接传送数据。

此外,还可以在 D 信道上提供数据报类型的分组业务(即不建立虚电路,每一个分组都带有一个完整的地址信息,独立地送往目的地)。

2. 用户终端业务

在用户终端设备提供的业务称为用户终端业务。它包括网络提供的通信能力和终端本身所具有的通信能力。它利用 OSI 的 1~7 层建议。

用户终端业务适用于电路交换方式、又适用于分组交换方式。它有很多种业务。例如:

(1) 电话:提供 300~3 400 Hz 带宽的话音通信。用户信息通过一条 B 信道提供,信令通过 D 信道提供。也可在 64 kbit/s 速率上提供电话业务。

(2) 智能用户电报(TELETEX)。目前的速率为 2.4 kbit/s,传送 A4 版面的 TELE-TEX 约需 8 s。在 64 kbit/s 速率上传送可小于 1 s。

(3) 四类传真(TELEFAX4)。在 64 kbit/s 速率上传送一个 A4 版面的传真约需 3 s。

(4) 混合通信(Mixed Mode)。包括电文和静止图像混合信息文件的端到端传送。它是电文和传真结合的混合模式业务。

(5) 可视图文(Videotex)。是一种计算机、电话、电视技术三结合应用的新型通信业务。向用户提供文字、图形、数据等信息。

(6) 用户电报(Telex)。提供交互型的文字通信。数字信号符合国际上 ISDN 物理层以上的用户电报建议。用户信息通过电路或分组方式的承载通路传递。信令通过 D 信道传递。

(7) 数据通信。64 kbit/s 的数据通信速率,用于传递各种数据。

(8) 视频业务。除上述传真和交互型可视图文业务之外,还可提供以下一些视频业务：

- 静止图像传输；
- 慢扫描图像（每 6~8 s 变换一个画面）；
- 技术绘图传输；
- 书写电话。

（9）远程控制。包括告警系统、远程监视、遥控、遥测等。

3. 补充业务

补充业务是由 ISDN 网络提供的一种额外功能。它不能独立向用户提供，必须随基本业务一起提供。

CCITT 描述的补充业务大致有以下几类：

（1）号码识别和限制类补充业务（Ⅰ.251），包括：

- 直接拨入（DDI：Direct-Dialling-In）；
- 多用户号码（MSU：Multipl Subscriber Number）；
- 主叫号码识别显示（CLIP：Calling Line Identification Presentation）；
- 主叫号码识别限制（CLIR：Calling Line Identification Restriction）；
- 被接号码识别显示（COLP：Connected Line Identification Presentation）；
- 被接号码识别限制（COLR：Connected Line Identification Restriction）；
- 恶意呼叫识别（MCI：Malicious Call Identification）；
- 子地址寻址（SUB：Sub-addressing）。

（2）呼叫提供类补充业务

- 呼叫转移（CT：Call Transfer）；
- 无条件呼叫前转（CFU：Call Forwarding Unconditional）；
- 遇忙呼叫前转（CFB：Call Forwarding Busy）；
- 无应答呼叫前转（CFNR：Call Forwarding No Reply）。

（3）呼叫完成类补充业务（Ⅰ.253）

- 呼叫等待（CW：Call Waiting）；
- 呼叫保持（HOLD：Call Hold）。

（4）多方通信类补充业务（Ⅰ.254）

- 会议呼叫（CONF：Conference Calling）；
- 三方通信（3PTY：Three Party Service）。

（5）群体性补充业务（Ⅰ.255）

- 闭合用户群（CUG：Closed User Group）。

（6）计费类补充业务（Ⅰ.256）

- 收费通知 AOC（Advice of Charge）。

（7）附加信息传送补充业务（Ⅰ.257）

- 用户到用户信令 UUS（User to-User Signalling）。

还有一些补充业务由于还在研究中，在这里不作介绍。

§10.2 宽带综合业务数字网(B-ISDN)

§10.2.1 B-ISDN 的产生

窄带 ISDN 所能提供的传输速率仍然没有离开原有电信网所能提供的速率,即 PCM 一次群速率——64 kbit/s。它不能适应日益发展的电视信号、电视会议、电视电话以及高速数据、高清晰度图像、高质量音响等要求宽带传输的业务。或者说窄带 ISDN 的实用化未能满足人们日益发展的通信要求。

为了克服窄带 ISDN 的缺陷,人们就致力于寻求一种更为完善的解决方法——一种更新的通信网。它不仅能提供更高的传输速率、更宽的传输频带,能够适应现有的各种通信业务,也能适应将来可能的各种业务。它能够适应各种带宽的通信要求,即低速的(如话音)到高速的(如高清晰度电视),都能够在同一通信网中传输和交换。并且这个网是经济的、高效的、灵活的。CCITT 将这种网定名为 B-ISDN。

一个通信网不外乎由传输、交换和终端三部分组成。光纤传输技术的发展解决了传输上的宽带问题。在 B-ISDN 中不管是中继线还是用户线都可采用光缆。终端是按照用户的需求,可能有各种带宽,也不是通信网需要专门承担的任务。问题就集中到了"交换"这一点上了。解决了宽带交换以后就可以实现 B-ISDN 了。

§10.2.2 B-ISDN 可提供的业务

1. 业务的分类

B-ISDN 业务大体上可以分为两大类:交换型业务和分配型业务。

交换型业务又可分为:会话性业务、消息性业务和检索性业务;

分配型业务又可分为:用户不参与控制的分配型业务和用户参与控制的分配型业务。

(1) 会话性业务。提供用户之间或用户和主机之间的实时双向通信。"双向"不一定对称,如可以多点对一点或相反。例如电话业务。宽带的则有会议电视,电视电话等。

(2) 消息性业务。用户间通过存储单元的通信。存储单元具有存储转发、信箱或消息处理功能,如电子信箱、语音信箱、电影、电视、高分辨率邮件等。

(3) 检索性业务。向用户提供各种检索信息。

(4) 用户不参与控制的分配型业务。它属于广播业务,包括各种广播。

(5) 用户参与控制的分配型业务。它也属于广播业务。但它的各个信息实体按顺序循环重复提供。用户可以控制信息的出现时间及次序,然后接收。例如,全通路广播可视图文。

2. B-ISDN 可提供的业务

(1) 会话性业务:宽带可视电话,会议电话,电视监视(安全、防盗、交通等),视/听信息传输(包括 TV 信号传送、视/听对话等),多种语言声音的节目,高速数据传送,图像信息,各种交互性信息,大容量文件传送业务,高速运动业务(实时控制,遥控、遥测、遥信等),高速传真,高分辨率图像通信,文件通信等。

（2）消息性业务：电视邮件，文件邮递（高速电子信箱）。

（3）检索性业务：宽带可视图文（教学、购物、广告、新闻等），高分辨率图像（娱乐、专业图像通信、医疗等），文件数据检索等。

用户不参与控制的分配型业务：电视，电子新闻，数据，图像等。

用户参与控制的分配型业务：全通路广播可视图文（教育、广告、新闻）。

§10.2.3　B-ISDN 的基本概念

B-ISDN 网内存在两个平行的网——传输网和控制网。传输网提供用户信息的交换和传输；而控制网负责控制信令的传递。图 10.2 示出了 B-ISDN 的示意图。

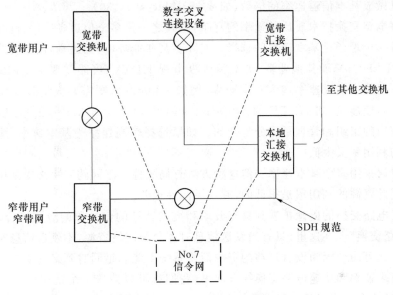

图 10.2　B-ISDN 示意图

图中的数字交叉连接设备的任务是将各个中继线连接起来，并能根据需要改变这个连接。它是 SDH 体系中的一个组成部分。关于 SDH 本书将不作介绍。

图中还有宽带、本地汇接交换机。前者连接宽带用户，后者只连接相应中继线（相应交换机），不直接和用户相连。

窄带交换机连接窄带用户和窄带网。

§10.2.4　宽带交换采用的交换方式

在将来的宽带网中有大量的业务需要传递，这些业务有低速的（如遥控、遥测、远距离告警、话音、传真、低速数据等），中速的（如高保真声音、可视电话、高速数据等），以及高速的（如高质量图像分配、图像库、图像教育等）。业务范围十分广泛，其速率范围从几比特到几百兆比特不等，其保持时间从几秒到几小时。所有这些业务都必须在将来宽带网中传递。因此，将来的传递方式不可能专为一种业务设计。而交换方式在信息传递中将起到举足轻重的作用。

要考虑宽带交换优先要考虑的当然是"是否能在现有的交换方式中取一个合适的方式"。这样,人们对当前所采用的各种交换方式进行了逐一评定。

1. 电路交换

这种交换方式的优点是时延小,可靠性高。它的缺点是电路利用率低,一条电路被双方通信占用以后一直到拆线不能移作它用。这样,当中继线变得十分昂贵时就使人们不能容忍。

根据不同的业务对带宽(速率)的需求,电路交换作了一些改进,它可以根据不同的需求提供不同的速率。人们把它叫做"多速率电路交换"。

多速率电路交换网的传送系统也采用 TDM 格式,只有一个固定的基本信道速率,每个连接可以做成基本信道速率的倍数,如 $n \times 64$ kbit/s$(n \leqslant 30)$。

多速率电路交换技术要比单速率的复杂,原因之一是多个信道必须保持同步。

它的另一个难题是基本速率的选择。实际上某些业务(例如遥测)仅需要非常低的基本速率(如 1 kbit/s),而其他业务(如高清晰度电视 HDTV)可能需要 140 Mbit/s 左右。如果将所需的最小信道速率定为基本速率(例如 1 kbit/s),则需要大量基本速率信道才能组成一个高速连接,如 HDTV 的 140 Mbit/s 需要 14 万个 1 kbit/s 的信道才能组成。这么多的信道的组织和管理是十分复杂的。如果选择较高速率为基本速率,那么低速应用对信道的利用率又太低。

有人建议采用多个基本速率。但这种方法有局限性。不同的速率必须采用不同的交换网络。因此资源的利用率是很低的,并且灵活性很差。

为了将电路交换的概念扩展到具有波动和突发特性的信号源的应用场合,人们提出了"快速电路交换"。在这里,只有当发送信息时才分配网络资源,不发送信息时就释放资源。这种方式可能会因为没有足够的资源而使系统不能满足同时到来的要求。

如果将多速率和快速电路交换结合起来,我们就可以建造一个适用于不同信息速率的系统,而且这个方案对于突发业务也是有效的。但是,要求这个系统必须在非常短的时间内建立和拆除连接。这是非常复杂的。

不管采用哪种方式,电路交换的固有缺点:电路的利用率低这一点是无法改变的。

2. 分组交换

分组交换是一个成熟的技术。它的优点是各个分组在电路上排队传送,而不是像电路交换那样,电路为主被叫用户专用。因此,电路的利用率提高了。但是相应的产生一个缺点就是分组包要排队,引起信息的延迟,而且这种延迟是随机的。这种延迟就意味着信息不能"实时"传送。这对电话通信来说是不能容忍的。

分组包在电路上排队可以通过流量控制来解决,使得电路上有足够的传输速率,足够的信息流量。那么,信息流在传输上就可以少延迟或不延迟,将信息延迟控制在人们能够容忍的范围内。

但分组包的延迟不仅仅是上面所说的传输上的延迟,还有在处理上的延迟。当分组交换机接收到对方送来的信息包以后,要进行错误检验,若发现错误就要求重发。这个重发也是一个重要的延迟源,而且这种延迟是随机的。

有人对 X.25 的分组交换方式提出了改进方案来降低它的随机延迟。这就是要在上面所说的流量控制和差错控制两方面下功夫,出现了帧交换和帧中继。它们的特点就是将这些功能不在交换内解决,而是留给了终端去解决。它们的功能比 X.25 来得少,并由于链路质量提高而成为可能。

帧交换方式和帧中继的区别在于帧交换保留了差错控制和流量控制。只是它不支持逻辑信道的复用,这一点和 X.25 不同。

可行性研究表明,这三种技术能够经济地工作在以下速率:X.25 限制在 2 Mbit/s 左右;帧交换可望将这个速率提高 2～4 倍;帧中继如果使用适当的比特透明技术,可以工作在 140 Mbit/s 左右。

3. 快速分组交换和异步传送模式

光纤通信的诞生使得通信线路的质量和通信能力都显著提高了。传输错误也变得微乎其微。与此同时,人们对通信速率的要求也有了十倍、百倍的增长。这样促使人们对分组交换进行了进一步研究改进,出现了快速分组交换这一新的概念。

快速分组交换将网络的功能减至最小。它像帧中继那样将流量控制和差错控制留给终端去做,而且比帧中继更为彻底。它的交换节点不参与第二层和第三层全部功能,这样就大大降低了延迟。B-ISDN 采用的宽带交换就是利用了这些原理,叫做"ATM 交换"。ATM 交换是一种快速分组交换,但它只参与第一层功能,而不参与第二、三层功能,从这一点讲有点像电路交换。因此,有人就将 ATM 交换看作分组交换和电路交换的综合。

ATM 交换有以下优点:

- 有很强的灵活性和适应性,能够适应将来新业务的要求和新技术的发展;
- 能有效地利用资源,它能根据需要随机分配资源;
- 适用于所有业务,因此可以用单一的 ATM 网络解决所有的业务问题,这对生产、维护和运行都十分方便。

§10.2.5　ATM 基本概念

1. ATM 与 STM

ATM——Asynchronous Transfer Mode,异步传送模式。

STM——Synchronous Transfer Mode,同步传送模式。

以往的电路交换方式采用同步传送模式(STM)。这是一种时隙复用方式。STM 将一个通路按时间分割成一个固定周期(例如 $125\mu s$,叫做帧)中出现的时隙,将信息插入到时隙里传送。这就要求每个通道的最大通信速度固定不变(例如 64 kbit/s),并且要求通信终端和交换机、通信双方严格同步。

ATM 方式则将信息包装成"分组包"(叫做 ATM 信元)在加上地址部分(信元头),然后发出。在接收端,一个拆装设备将信息包(信元)打开,并连续传递给所连接的终端设备。按照原来的比特速率,每个时间单元形成多个不同的 ATM 信元。传输速率低,形成信元数少;传输速率高,形成的信元数就多。

STM 和 ATM 的区别如下:

	STM	ATM
(1)	传输速度固定不便	传输速度根据需要变化
(2)	用时间位置(时隙)分隔信道	按信元来传送信息
(3)	信息不带地址	信息带地址
(4)	接续固定不变	接续可变
(5)	适用于窄带交换	适用于不同速率(带宽)的交换

2. ATM 与分组交换

目前,分组网的最高传输速率为 64 kbit/s。而在宽带网中需要传送的信息速率带宽可达 150 kbit/s,622 Mbit/s,甚至可达到若干个 Gbit/s。因此,要求有尽可能少的"开销"。下面我们来看看这两者之间的区别:

	分组交换(X.25)	ATM
(1)	分组包不是定长	信元长度为定长,能适应任意速率
(2)	协议处理(差错控制和流量控制)在交换机内实现。	协议处理在终端实现
(3)	由软件处理协议	用硬件代替软件实现协议
(4)	传输速率有限	可以在大范围内任意改变传输速率

这两者的区别主要反映在传输速率(带宽)上,从而反映在延迟时间上。

3. 信元(Cell)

信元实际上是一种"分组包",只是为了区分 X.25 的分组包才将它叫作信元。

ATM 信元具有固定长度,53 字节。其中 48 字节是信息段,5 字节是信元头(Header)。

信元头包括各种控制信息,主要是目的地的逻辑地址,还有一些维护信息、优先级及信元头的纠错码。

有关信元格式将在以后讲协议时介绍。

4. 异步时分复用

ATM 采用异步时分复用(Asynchronous Time Division Multiplex),又叫统计复用(Statistic Multiplex)。它的工作过程是这样的:

来自不同信息源的信元汇集到一起,在一个缓冲器内排队。队列中的信元逐个输出到传输线路。在传输线路上形成首尾相接的信元流。每个信元有信元头,标明目的地址。网络就可以根据信元头来传送该信元。

由于信息源产生信元是随机的,信元到队列也是随机的。速率高的业务信元来得频繁,速率低的业务信元来得稀疏。它们都按到来的顺序排队,并且按顺序输出至传输线上。同样地址的信元不一定送至某个固定时隙,送至哪个时隙也是随机的。

异步时分复用方式使 ATM 具有很大的灵活性:任何业务都按实际需要来占用资源,传送的速率随到达的信息速率而变化。因此,网络资源得到最大限度的利用。

ATM 网络可以适用于各种业务,包括不同速率、不同突发性、不同质量和实时性要求。网络都按同样模式来处理。真正做到了完全的业务综合。

5. ATM 交换节点

为了提高处理速度,降低时延,ATM 是以面向连接方式工作的。通信一开始,交换网络先建立虚电路,以后用户将虚电路标志写入信元头。交换网络根据虚电路标志将信元送往目的地。因此,ATM 交换只是完成虚电路的交换。

ATM 交换节点是这样完成信元交换工作的:

输入信元带有一个虚电路标志(例如 A)。交换节点内的交换矩阵(交换网络)根据"A"将它交换到相应输出端。这时候信元头的标志要修改成下一个虚电路的了。

ATM 交换节点工作比较简单。它只对信元头进行差错检验,对于信元内容不作差错控制和流量控制,并且交换基本上由硬件实现。因此,ATM 交换速度很快。

6. ATM 特点

ATM 有以下特点:

(1) 没有逐段链路基础上的差错控制和流量控制

如果在传输过程中出现了错误,或因暂时过载引起信元丢失,在传输链路上不会有特殊行动来纠正错误(例如像分组交换那样在链路上请求重发)。这种做法的前提是链路质量很高,不需要逐段链路基础上的差错控制。至于链路过载,则可以通过适当的资源分配和队列容量设计来控制队列溢出和信元丢失。一般能实现信元丢失的概率值为 $10^{-8} \sim 10^{-12}$。

(2) ATM 以面向连接的方式工作

ATM 是面向连接方式工作的。在信息从终端传送到网络之前,必须先有一个逻辑(虚)连接建立阶段,这个阶段使网络预留必要的资源[虚电路(如有的话)]。如果没有足够的资源可用,就会向请求的终端拒绝这个连接。当信息传送结束后,资源被释放。当然这里所谓的连接和释放与电路交换的概念是不一样的。它不是某个呼叫专用的所谓连接和释放,只是该虚电路允许或不允许某个呼叫排队和占用。

这种面向连接的工作方式使网络在任何情况下都能保证一个最小的信元丢失。ATM 的信元丢失概率典型值为 $10^{-8} \sim 10^{-12}$。

(3) 信元头功能降低

为了保证网络中的高速处理。ATM 的信元头的功能是十分有限的。其主要功能就是根据一个标志来识别虚连接。这个标志在呼叫建立时产生,用它使每个信元在网络中能找到合适的路由。

如果信元头出现差错,可能会引起错误的路由选择,造成的差错倍增。信元头中一个比特的错误将导致整个信元丢失,从而引起 n 个连续比特的错误(n 是信元长度)。为了防止这种结果,人们建议了信元头的检错和纠错机制来防止或降低误选路由的可能性。

除了虚连接标志以外,信元头还支持一些非常有限的功能,其中主要是关于维护的功能。传统的其他分组头功能都被取消了。

由于信元头功能有限,ATM 节点的信元头处理十分简单,能以很高的速度(150 Mbit/s 至若干 Gbit/s)完成,结果形成很小的处理和排队时延。

(4) 采用固定长度的信元(53 字节)且信息段长度较小

为了降低交换节点内部缓冲器的容量,限制信息在这些缓冲器中的排队时延,ATM 信元的信息段长度比较小。小的缓冲器保证了实时业务所要求的小时延和小抖动,有利于实时业务。

§10.2.6 ATM网络技术的基本概念

ATM采用面向连接的工作方式。它在接续点建立虚电路，并在整个呼叫期间"保持"虚电路。

ATM层的传输功能进一步分为虚信道（VC：Virtual channel）级和虚通道（VP：Virtu-al Path）级。

在ATM层，每一个信元的信元头都有一个"标志"来确定表示这个信元所属的虚信道。这个标志包括虚信道标志（VCI：VC Identifier）和虚通道标志（VPI：VP Identifier）。

1. 虚信道

它描述ATM信元单向传送能力，类似于分组交换中的虚通路概念，但信息流是单向的。VC是一般性概念，和它相关联的两个实在概念是VC链路（VC Link）和VC连接（VC Connection）。

在ATM复用线上具有相同VCI的信元是在同一个虚信道上传送的。

VC链路是两个相邻的ATM实体间传送ATM信元的单向通信能力。一条VC链路产生于分配VCI值时，终止于取消这个VCI值时。

VC连接完成用户与用户、用户与网络以及网络与网络间的信息传递。在同一个VC连接上，信元的次序始终保持不变。

VC连接由多段VC链路级连而成。

B-ISDN是一个大型的综合通信网，支持多个终端上的多个用户的多种通信业务。网络中必然会出现大量的速率不等的虚信道。在高速环境下对这些虚信道进行管理必然存在很大困难。为了减少管理上的复杂性，采用了分级的办法，即在物理传输层和虚信道之间引入了一个虚通路的概念，这样ATM层就可以分为VC和VP两级。

2. 虚通路

VP是指具有相同终点的一束虚信道链路。VP由虚通路标志VPI来识别。实际上VPI识别了在给定的参考点上一束VC链路共享一个VP连接。每当VP在网络内被交换时就分配一个VP值。VP链路是在不同VPI值的两个相邻ATM实体之间单向传送ATM信元的能力。VP链路开始于分配VPI值，终止于取消这个VPI值。VP交换机完成VP路由选择功能。这个功能包括将输入VP链路的VPI值变换成输出VP链路的VPI值。VP连接由多段VP链路级连而成。它用来提供用户—用户、用户—网络和网络—网络间的信息传输。将网络的控制管理功能主要局限在由VC组成的较少的VP上，这将减少控制所需的功能，从而降低控制所需的成本。

3. VC和VP之间的连接关系

VP和VC之间的连接关系如图10.3所示。

由于在不同VP链路上的两条VC链路可能会有同样的VCI值，所以一条特定的VC链路必须由相应的VPI和VCI共同确定。

4. VP和VC的交换

VP可以单独进行交换。VP交换是将一条VP上所有的VC链路全部传送到另一条

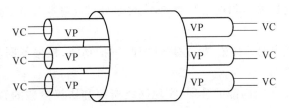

图 10.3　VP 和 VC 之间的连接关系

VP 上去,而这些 VC 链路的 VCI 值不变。也可以 VC 交换和 VP 交换同时进行,两者合起来才算是 ATM 交换,图 10.4 是 VP 和 VC 交换的例子。

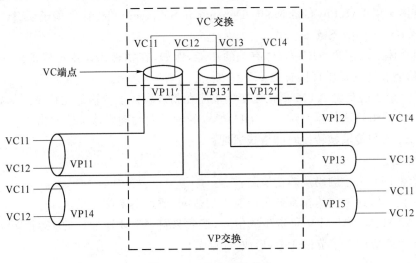

图 10.4　VP 和 VC 交换

§10.2.7　ATM 分层结构模型

为了简单明了地描述 ATM 网络功能,ITU-T 定义了 B-ISDN 协议参考模型,如图 10.5 所示。

从图中可见,模型由不同的面和不同的层组成。其中:

面(Plane)着眼于网络的不同传递、控制和管理功能以及不同种类的信息流。

层(Layer)着眼于网络信息在传输和处理上的不同阶段、不同要求和不同表达形式下所需要的网络功能。

有三个面:

(1) 用户面。提供用户信息传送,用户需要的数据、话音和视频等应用及相关协议和业务,都包括在这里,用户面采用分层结构。

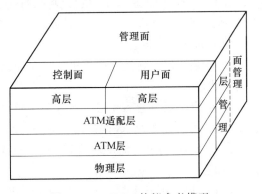

图 10.5　B-ISDN 协议参考模型

(2) 控制面。提供呼叫和连接的功能,主要是处理与呼叫建立、连接建立、监控、释放等有关信令。

(3) 管理面。提供与系统有关的网络管理、维护功能,根据不同功能,又可进一步分为层管理和面管理两部分:

层管理主要用于各层内部的管理,实现网络资源和协议参数的管理,处理操作信息,采用分层结构。

面管理实现与整个系统有关的管理功能,并实现所有面之间的协调。面管理不分层。

有四个层:

(1) 物理层:负责将信元编码并通过物理媒介正确、有效地传送信元。它又进一步分为物理媒体子层 PM(Physical Media Dependant Sublayer)和传输会聚子层 TC(Trans-mis-sion Convergence Sublayer)。

物理媒体子层包含与传输媒体有关的功能,例如,在物理媒体中正确地发送/接收数据,它的功能和传输媒体直接有关。

传输会聚子层是将 ATM 信元流变换成能在物理媒体上传输的比特流。例如:

① 将信元组装成传输系统(如 SDH)要求的帧送向物理媒体子层或相反;

② 信元流和传输帧转换时的格式适配;

③ 信元定界;

④ 产生信元头检测码及差错检测;

⑤ 将信元流速率和传输系统负荷能力相适配(插入空闲信元)。

(2) ATM 层。ATM 层负责生成信元,接收来自 ATM 适配层的 48 字节净荷(Pay-load)并加上相应的 5 字节信元头,形成 53 字节信元。

它有下列功能:

① 信元的复用和分路。在发送时将不同虚电路的信元复用成单一信元流;在接收时则相反;

② ATM 交换的路由选择;

③ 信元头的产生/提取;

④ 一般流量控制。

(3) ATM 适配层(AAL 层)。将来自高层的用户、控制和管理信息适配成 48 字节的 ATM 信元净荷,送给 ATM 层。

它分为两个子层:

① 拆装子层。在发送侧将子层信息单元切割成 ATM 信元净荷(48 字节);在接收侧重新组装;

② 会聚子层。它和高层业务有关。负责信元拆、装的控制功能。它的功能有:消息识别、信元丢失的检测、数据链路服务和时间/时钟恢复等。

某些 AAL 用户可能发现 ATM 业务已满足他们的要求,在这种情况下 AAL 协议可以是空的。

(4) 高层。由若干与业务有关的层组成。目前尚在研究中。

§10.2.8　ATM 基本交换原理

ATM 交换是信元交换,这是一种融合了电路交换方式和分组交换方式优点而形成的新型交换技术,图 10.6 示出了 ATM 交换的基本原理。

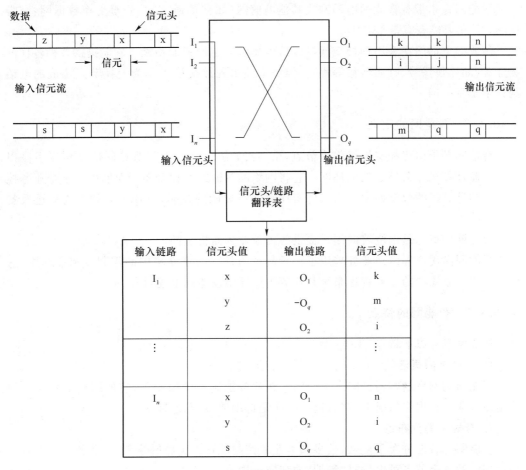

图 10.6　ATM 基本交换原理

输入链路	信元头值	输出链路	信元头值
I_1	x	O_1	k
	y	$-O_q$	m
	z	O_2	i
⋮			⋮
I_n	x	O_1	n
	y	O_2	i
	s	O_q	q

图中的交换节点有 n 条入线($I_1 \sim I_n$)、q 条出线($O_1 \sim O_q$)。每条入线和出线上都传送 ATM 信息流。每个信元的信元头值表明该信元所在的逻辑信道。不同的入线(或出线)上可以采用相同的逻辑信道。ATM 交换的基本任务就是将任一入线上的任一逻辑信道中信元交换到所需的任一出线上任一逻辑信道上去。例如图中入线 I_1 的逻辑信道 x 中的信元要被交换到出线 O_1 的逻辑信道 k 上去;入线 I_1 的逻辑信道 y 上的信元要被交换到出线 O_q 的逻辑信道 m 上去等等。这里的交换包含了两方面功能:一是空分交换,即将信元从一条传输线改送到另一条传输线上去。这个功能又叫路由选择;另一个功能是时隙交换,即将信元从一个时隙交换到另一个时隙。应该注意的是:ATM 的逻辑信道和时隙并没有固定的关系,逻辑信道的身分是靠信元头值来标志的。因此,时隙交换是靠对信元头值的翻译来完成的。例如 I_1 的信元头值 x 被翻译成 O_1 上的 k 值。

以上空分交换和时隙交换的功能可以用一张翻译表来实现。

§10.3　智能网(IN)

智能网是指带有智能的电话网或其他电信网(如移动通信网、分组交换数据网、窄带ISDN、甚至可能有宽带 ISDN)。

传统的电话网在采用程控交换机以后也具有一定的智能功能。它能提供各种各样的新业务(如缩位拨号、呼叫转移等等)。但是单纯由程控交换机作为交换节点构成的电话网还不是智能网。

§10.3.1　智能网的定义

智能网是指由程控交换机作为节点,由 No.7 信令网作为各节点间信息传递手段以业务控制计算机作为核心的电话网。它将网络的智能配置在分布于全网中若干个业务控制点中的计算机的数据库中。由软件实现对网络智能的控制,以提供多种更为先进及复杂的功能。

智能网的概念是围绕着向用户提供各种新业务而提出的。

智能网向用户提供新业务采用了一种新的方法——建立集中的控制点和数据库,进而进一步建立集中的业务管理系统和业务生成环境以达到上述目标。

§10.3.2　智能网的特点

智能网具有以下特点:

1. 结构上的灵活性

智能网的网络结构不是固定不变的。在业务控制点的控制下,它的结构随着业务的改变而改变。在很多情况下,路由选择程序是自动地、动态地确定。

2. 智能上的分布性

智能网的智能分布于全网,很多基本业务控制配置于少数网络节点(业务控制点)上,而使网络的其余节点可由相对"笨拙"的交换机构成。

3. 信令方式上的复杂性及先进性

为了连接各种智能节点,需要复杂的、先进的信令系统,即 No.7 信令系统。通过No.7 信令系统可以迅速地、准确地传递大量信令信息。通过这种信令系统,可使分布的智能好像在一点进行控制。

4. 面向的个体性

很多业务是面向用户本人而不是面向网络终端的。其结果是用户和用户终端设备及号码之间不再有一一对应关系。例如当用户使用电话卡进行长途电话或国际电话呼叫时,网络核对该呼叫用户的个人身份、电话卡号码、被叫用户号码,而不考虑话机号码。

5. 入口的综合性

多种业务可使用同一个入口,而不像现在那样分割为多个网络(电话网、电报网、宽带网等)。具有这种综合入口的网络可通过 No.7 信令区分不同的业务以进行不同的处理。

§ 10.3.3 智能网的基本结构

图 10.7 示出了智能网的最简单结构。从图中可见,智能网包含三个基本部分:

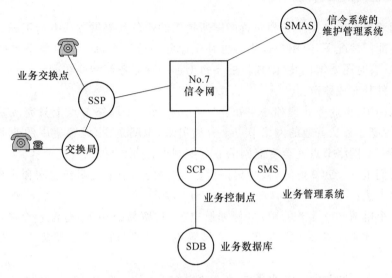

图 10.7 智能网结构示意图

- 业务交换点(SSP:Service Switching Point);
- No.7 信令网;
- 业务控制点(SCP:Service Control Point)。

图中还包括信令系统的维护管理系统(SMAS:Signalling System Maintenance and Ad-rmmstration System),及业务管理系统(SMS:Service Management System)。前者用于对 No.7 信令网的管理;后者用于对 SCP 的管理。

业务交换点是具有 SSP 功能的程控交换机。SSP 是一种软件功能。当程控交换机装入 SSP 以后,该交换机就成为智能网中的一个 SSP 了。

通常,智能网中有很多 SSP,它们是智能网提供各种新业务的入口点。由于 SSP 本身就是一台程控交换机,因此它可以直接连接一部分用户,这些用户可以通过 SSP 直接进入智能网。

有的交换机没有 SSP 功能,这时,若它的用户要使用智能网业务时,要先通过局间中继线连至一个 SSP,然后进入智能网。

No.7 信令网在这里是将智能网中许多 SSP 通过分组交换接至少数 SCP,并在它们之间传递信息。

业务控制点包含了数据库 SDB。它的功能是:根据用户通过拨号提出的使用智能网中各种不同业务的要求,向数据库检索有关的数据。

SMAS 为信令系统的维护系统,它可以对多个 STP 进行监测和控制。所谓监测是指它能定期收集各个 STP 业务量数据及故障告警数据,然后对它们进行分析后实时地报告给信令网的控制中心;所谓控制是指它能为各个 STP 根据负荷情况建立信令路由。信令网控制中心通过它控制 No.7 信令网。

业务管理系统对多个 SCP 进行监测和控制。它的监测和控制的含义也同 SMAS。

§10.3.4 智能网的业务处理模式

智能网所提供的各类业务和非智能网所提供的业务其提供方法有所不同。

在非智能网情况下,向用户提供各种补充业务是通过在每一个网络节点(交换机)增加相应软件(有时还要增加硬件)提供的。每增加一种业务都需要在网络节点(交换机)上作相应的软件补充或修改。

在智能网中,将业务处理和呼叫处理分开。在每一个网络节点上只完成基本的呼叫处理,并将智能业务从普通的网络节点上分离出来,也就是说,设置集中的业务控制点和数据库。每一个网络节点连至智能网的业务控制点,向用户提供智能业务。

下面我们举一个 800 业务(被叫集中付费业务)的例子来说明智能网和非智能网提供业务的不同方法:

对每一个申请 800 业务的用户(例如航空公司、贸易公司等)分配一个 800*****号码。其他用户呼叫这些公司拨 800*****号码不需付费,均由该公司集中付费。因此又叫免费电话。

在非智能网中实现这项业务可在终端局中实现(如图 10.8 所示)。它首先将800*****这个号码翻译成普通电话号码,然后再进行路由选择。因此,在终端局将有一个译码表进行上述号码的翻译。

图 10.8　在非智能网中实现 800 业务

在智能网中(如图 10.9 所示),首先将 800*****这个号码送至业务交换点 SSP,再由后者将该号码送至业务控制点 SCP。SCP 首先在数据库中审查该呼叫的合法性,如果是合法的,则通过译码表进行号码翻译,将它翻译成普通电话号码送给 SSP,然后由有关交换机负责完成话路的连接。

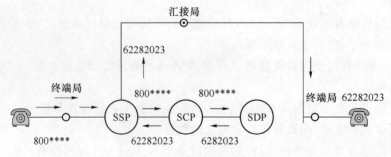

图 10.9　在智能网实现 800 业务

从上面可见,智能网提供 800 业务时只与 SSP,SCP,SDB 有关,普通交换机只负责传送号码。因此若要增加 800 业务的用户或修改用户数据时,只要在集中的数据库中作相应修改即可。

由于在非智能风中实现 800 业务需要在终端局实现,它占用终端交换机的存储空间和处理机的负荷,有时对软件要作相应修改。当 800 业务用户增多时,非智能网实现就有困难。如果各种智能业务增多时,就更有困难。

§10.3.5　智能网的概念模型

对于智能网的概念,人们往往分为不同层面来理解。这就是智能网的概念模型。

智能网的概念模型是一个四层的平面模型,它包括:业务平面、全局功能平面、分布功能平面和物理平面。前三个平面是从业务需求出发,进行实现这些业务的逐步细化,最后在不同的物理节点上实现。

1. 业务平面

业务平面是面向用户的,它说明具有什么样的业务,业务具有什么样的性能。

国际电联(ITU-T)在第一阶段提出了 25 种智能业务,例如大家所熟悉的 800 业务(被叫集中付费业务)、200 业务(计账卡业务)、呼叫前转业务等。

为了增强各个业务的性能,国际电联还规定了 38 种“业务属性”,它具有业务的最小性能。一个业务可以进一步分解为若干个业务属性。例如业务“被叫集中付费”由“公用一个号码”、“反向计费”和“登记呼叫记录”等业务属性组成。

2. 全局功能平面

全局功能平面主要面向设计者。在这个平面上从整体来考虑其功能。国际电联在这个平面上定义了一种叫做“与业务无关的构件”,简称 SIB。这是一种标准的由软件构成的最小功能块。每个构件完成一项独立的功能,但每个构件和所要实现的智能业务没有直接关系。例如有完成翻译功能的 SIB、完成计费功能的 SIB 等等。利用这些功能块,我们可以像搭积木那样“搭配”出不同的业务属性,进而组成不同的智能业务。

有了这种最基本的功能块,人们就可以用它来实现和开发各种新的智能业务。例如,被叫集中付费业务可以由“筛选”、“用户作用”、“翻译”和“呼叫信息记录”等 SIB 组成。当用户拨出 800********号码以后,由交换机检测到这个智能业务呼叫,通过 SSP 将其送到 SCP,后者启动“筛选”SIB,在数据库中查找这个号码。如果查到,说明是合法号码,启动“翻译”SIB,进入翻译功能。把这个号码翻译成真正的被叫号码,并由“呼叫信息记录”SIB,将这次呼叫有关信息记录下来,并将被叫号码送回给交换机进行接续;如果在筛选中查不到 800********这个号码,则启动“用户作用”SIB,向用户发一个话音提示“号码无效请挂机”,然后结束这次电话连接。

利用各种不同的 SIB 进行组合,再配以适当参数就构成了不同的业务。这使设计者提供新业务既快速又方便。目前,国际电联在第一阶段建议了 13 种 SIB。

3. 分布功能平面

分布功能平面从分布网络的角度来描述智能网的功能结构。他由一组叫做“功能实体”的软件单元组成。每个 SIB 的功能通过不同功能实体之间的协调工作共同实现。每个功能实体完成智能网的一部分特定功能,如呼叫控制功能、业务控制功能等。各个功能实体之间采用标准信息流进行联系。所有这些标准信息流的集合就构成了智能网的应用程序接口协议。这些信息流采用 N0.7 信令中的 TCAP 协议进行传输。

4. 物理平面

物理平面是面向实现的。它把分布功能平面的功能在物理实体上实现。物理平面可以包括一个到多个功能实体。一个功能实体只能位于一个物理节点中,而不能分散在两个物理节点中。这里的物理节点就是指智能网的各种节点,如 SSP,SCP 等。

§10.3.6 智能网的发展

目前,智能网主要是提供有关电话通信的各种智能业务。智能网下一步的发展是逐步向宽带及非话业务扩展。它具有以下特点:

- 国际标准进一步发展和完善,将逐步扩展和推出新的建议和标准;
- 新标准中具有更多的检测点,并支持更为复杂的智能业务;
- 智能网将与移动通信网、B-ISDN、TMN、Internet 相结合;
- 全球个人通信网将建立在智能网基础之上;
- 大大增加智能外设的智能程度(如引入语音识别功能、不同语言之间的自动翻译功能等)。

从长远来说,未来的智能业务将具有以下特点:

(1) 用户对智能业务种类的需求越来越多。这里不仅包括对一些新的通用业务的需求,更多的是为特定用户制作的专用业务将会有很大的增长。

(2) 用户将参与业务生成和业务管理工作。不同的用户群将有不同的业务集合,他们对自己的业务及数据在安全性等方面将有一些特殊要求。

(3) 对移动性的需求增加。包括采用无线移动终端的移动性以及在有线固定网上用户的可移动性。

(4) 有统计表明,相当一部分通信只需要单向、非实时的通信,因此对非实时通信的使用将日益增长。

(5) 对安全性、可靠性的要求提高。这里包括对通信网的安全可靠性要求以及对通信方的鉴别能力、权限检查等。

(6) 在业务功能不断增强的同时,要求用户界面越来越友好,使用越来越简单。

(7) 在宽带通信启动后,智能网业务将与宽带结合形成新的业务。如广告片的被叫付费业务等。

(8) 多媒体业务将快速发展。它需要由智能网作为其业务支持。

(9) 业务管理系统将变得越来越重要。业务的创建、试用、启用、停用,业务的计费方式,用户参与业务控制的允许权限及其管理,对第三方提供的业务进行检查等等,都是智能网发挥其能力的重要因素。

(10) 业务的计费方式将越来越趋于针对"用途"而非区域和时间。

(11) 为满足对通信业务个人化的需求,智能网结构将为个人通信等提强有力的支持。

对于电信网来说,网络管理功能越来越成为网络中极端重要的因素。在这方面,智能网和电信管理网的结合是未来的一个发展方向。

总之,智能网对未来的通信网将产生很大影响。网络结构、业务构成、经营方式、组织管理等各方面都会由此发生变化。智能网在面临机遇的同时也面临同样多的挑战。标准的制订、业务属性的交互、多个厂家设备之间的互连、SMS(业务管理系统)的组织结构等都是重要而困难的课题。

§10.4 接入网(AN)

§10.4.1 接入网的物理位置

所谓接入网是指交换局到用户终端之间的所有机线设备。图 10.10 示出了接入网的物理位置。

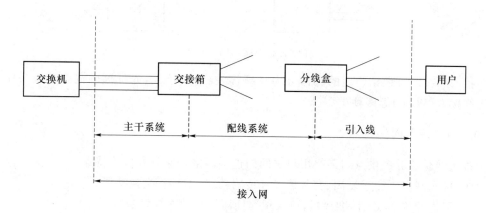

图 10.10 接入网的物理位置

所谓接入网是指从交换局到用户终端之间的所有机线设备。图 10.10 中的主干系统为传统的电缆和光缆,一般长几公里;配线系统也可能是电缆和光缆,其长度一般为几百米;而引入线通常长几十米。

§10.4.2 接入网的定义

在 ITU-T 建议 G.963 中,将接入网定义为:接入网(AN)为本地交换机 LE 与用户终端设备 TE 之间所实施的系统。它可以部分或全部代替传统的用户本地线路网,可包含复用、交叉连接和传输功能。

按照 ITU-T 规定,接入网是指由业务节点接口(SNI)和相关用户网络接口(UNI)之间的一系列传送实体(诸如线路设施和传输设施)所组成的,为传送电信业务提供所需传送承载能力的实施系统,它可以经由 Q3 接口进行配置和管理。传送实体提供必要的传送承载能力,对用户信令是透明的,不作处理。它可以被看作与业务和应用无关的传送网。主要完成交叉连接、复用和传输功能,一般不含交换功能。

§10.4.3 接入网的覆盖范围

接入网所覆盖的范围可由三个接口定界:网络侧经由业务节点接口(SNI)与业务节点(SN)相连;用户侧经由用户网络接口(UNI)与用户相连,管理功能则经 Q3 接口与电信管理网(TMN)相连,如图 10.11 所示。其中 SN 是提供业务的实体,是一种可以接入各种交换型、半永久连接型电信业务的网元。SNI 是 AN 与 SN 之间的接口。可提供规定业务的 SN 有本地交换机、租用线业务节点或特定配置下的点播电视和广播电视业务节点等。

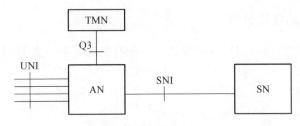

图 10.11 接入网的定界

接入网技术可根据使用的媒体分为光纤接入、铜线接入、光纤同轴混合接入(HFC)和无线接入(WLL)等多种类型。

§10.4.4 接入网的特点

接入网是业务提供点与最终用户之间的连接网络。它具有以下特点:

- 接入网主要完成复用、交叉连接和传输功能,不具备交换功能;
- 提供开放的 V5 标准接口,可实现与任何种类的交换设备进行连接;
- 光纤化程度高,接入网可以将其远端设备 ONU 放置更接近用户处,使得剩下的铜缆段距离短,有利于减少投资,也有利于宽带业务的引入;
- 能提供各种综合业务,除接入交换业务外,还可接入数据业务、视像业务以及租用线业务等;
- 对环境的适应能力强,接入网的远端室外型设备 ONU 可以适应于各种恶劣的环境,无须严格的机房,甚至可搁置在室外,有利于减少建设维护费用;
- 组网能力强,接入网可以根据实际情况提供环型、星型、链型、树型等灵活多样的组网方式,且环型网具有自愈功能,也可带分支,有利于电信网络结构的优化;
- 可采用 HDSL、ADSL、有源及无源光网络、HFC、无线接入等多种接入技术;
- 接入网可独立于交换机进行升级,灵活性高,有利于引入新业务和向宽带网过渡;
- 接入网提供了功能较为全面的网管系统,实现对接入网内所有设备的集中维护以及环境监控和 112 测试等功能,并可通过相应的协议接入本地网网管中心,给网管带来方便。

§10.4.5 接入网的拓扑结构

所谓拓扑可以理解为机线设备的几何排列形状,它反映了物理上的连接性。接入网的成本在很大程度上受网络拓扑结构的影响。常见的拓扑结构有星型结构、链型结构、环型结构、T 型结构和树型结构等。

1. 星型结构

星型结构简单,每一个用户都有专用光纤和交换机相连,用户之间完全独立,比较容易地支持新业务,但由于光纤不能共享,成本较高。

2. 链型结构

链型结构的特点是所有节点串联起来,而首末两个节点是开放的。它又叫线型结构或总线结构。采用这种结构时用户可以共享传输设备。其缺点是保密性能较差。

3. 环型结构

当将链型结构中的首尾节点连接起来时就形成了环型结构。采用环型结构易于实现自愈网,增强网络的可靠性。

4. T 型结构

T 型结构实质上是环型结构和链型结构的组合。因此它具有两者的特点。

5. 树型结构

传统的有线电视 CATV 通常采用树型结构。它很适用于广播型业务。

此外,还可以将不同的拓扑结构组合成其他形式的网络。由于对网络的可靠性要求愈来愈高,而环型结构又能组成高可靠的自愈环,因此,环型结构受到人们的青睐。

§10.4.6　接入网的 V5 接口简介

1. V5 的基本概念

V5 接口首先由欧洲电信标准协会(ETSI)提出,后经 ITU-T 整理规范并进行推广。V5 协议采用标准通用接口,可实现接入网络接口的标准化。

ITU-T 关于 V5 接口包括 V5.1 接口和 V5.2 接口两个建议。

V5.1 接口由单个 2 048 kbit/s 链路所支持,它支持 PSTN(包括单个用户和 PABX)接入和 ISDN 基本接入;V5.2 接口由多个(最大数量为 16 个)2 048 kbit/s 链路所支持。它除了支持 V5.1 接口的业务外还可支持 ISDN 基群速率接口(即支持 30B＋D 或支持 H_0,H_{12} 和 $n×64$ kbit/s 业务)。以上的接入类型对应的业务可以是按需的或租用线(永久或半永久)。因此,我们可以把 V5.1 看成是 V5.2 的一个子集。

2. V5.1/V5.2 所支持的业务

V5.1 接口仅针对一条 PCM,利用其中两个或三个时隙传递消息(仅有 PSTN 应用时使用 15,16 时隙,支持 ISDN 时使用 15,16 和 31 时隙)。

V5.1 接口支持以下业务:

- 模拟电话接入;
- ISDN 基本(2B＋D)接入(接入网中包括或不包括 NT1);
- 其他模拟和数字的半固定连接。

ISDN 基本接入包括 P 型数据(以分组传送的数据)和 f 型数据(以帧中继方式传送的数据)。V5.1 接口不提供业务集中能力。

V5.2 除了提供 V5.1 全部功能外,它还支持多达 16 个 2 048 kbit/s 速率的业务,具有话务集中能力以及相应的管理功能。

V5.2接口支持以下业务：

- 电话网用户的接入；
- ISDN 2B＋D基本接入和30B＋D基群速率接入；
- 专线业务接入。

V5接口提供对ISDN和PSTN业务的综合支持。

V5接口是一个适用范围很广、标准化程度相当高的开放式数字接口，V5接口的应用对将来网络的升级和新业务的引入会产生重要影响。

§10.4.7 各种接入方式简介

这一节主要讨论如何从物理层来考虑实现接入网的途径，也就是说，要使用什么样的传输媒介和采用什么方法来实现接入网。从总的考虑可以分为有线接入技术和无线接入技术两大类，有线接入技术又可分为铜线接入和光纤接入两类。现在我们分别来讨论这个问题。

1. 铜线接入

当前通信网中的用户线部分，其长度约占总传输线长度的1/3。这使得我们在考虑接入网时不得不考虑如何利用这一部分投资。

（1）线对增容技术

这种技术是利用ISDN研究开发的2B＋D技术并对传输频带进行压缩来增加对绞铜线线对的容量，以达到增容的目的。ISDN的2B＋D口共有2个64 kbit/s的B信道和1个16 kbit/s的D信道。如果通过采用ADPCM技术将话音频带压缩到32 kbit/s或者16 kbit/s，那么，两个B信道就可以变成4个或8个话音信道了。这就是目前的所谓"0＋4"和"0＋8"系统。但是这种系统是以降低通信质量为代价的，与国际标准不符。它对全程实现64 kbit/s端到端通信带来不利影响。因此线对增容系统只是一种临时性的措施。随着通信网的进一步发展，对通信质量要求的进一步提高，这种系统将逐步趋向于淘汰。

（2）高速数字用户环路（HDSL）

为了充分发挥现有用户电缆的作用，解决用户线不足和高速业务需求的矛盾，人们研制开发了HDSL技术。

HDSL系统采用2B1Q线路码型，利用回波抵消、自适应滤波、信号处理等多项技术解决了在一对普通用户线上双向传输1.168 Mbit/s信息，两对用户线上传输2.048 Mbit/s信息的能力。

HDSL的优点是充分利用现有电缆来实现扩容，也可以解决少量用户传输384 kbit/s和2 048 kbit/s的宽带信号要求。其缺点是目前还不能传输2 048 kbit/s以上的信息，传输距离限于6～10 km以内。

（3）不对称数字用户环路（ADSL）

ADSL主要用来传输不对称的交互性宽带业务。和HDSL一样，ADSL也是力图提高普通用户线的高频传输能力。所谓"不对称"指的是这类系统上行方向（从用户终端向交换机的发送方向）与下行方向（从交换机向用户终端的发送方向）的信息速率是不对称的。其上行方向可传送 64～384 kbit/s 的数字信号；其下行方向可传送 1.5～6 Mbit/s 的图像和宽带图文信号。传输距离可达 3～4 km。

ADSL 的主要用途是提供点播电视(VOD)业务。每个 6 Mbit/s 带宽的 ADSL 可传送 2～3 套 MPEG-Ⅱ 或 4 套 MPEG-Ⅰ 数字图像信号。

ADSL 采用离散多频传输编码和无载波调幅、调相技术。从技术角度看，它解决了交换机到用户传输不对称的交互式宽带业务的方法，在光纤接入网建成之前，如果需要发展家庭点播电视、家庭电视教育、远程医疗等视像业务时，可以使用 ADSL 解决散居用户的宽带业务需要，利用原有铜线的传输能力，而不需要改造现有的用户环路。但 ADSL 对宽带业务来说只能作为一种过渡性方法。

2. 光纤接入

光纤接入网(OAN)就是指从业务节点(SN)到用户终端之间的全部或部分采用光设备。光纤接入网中常见的接入方式有光纤到路边(FTTC)、光纤到大楼(FTTB)、光纤到小区(FTTZ)和最终的光纤到用户家庭(FTTH)。

光纤接入系统的主要组成部分是光线路终端(OLT)和远端光网络单元(ONU)，它们在整个接入网中主要完成业务节点接口(SNI)和用户网络接口(UNI)之间有关信令协议的转换。接入设备本身还具备组网能力，可以组成上一节所介绍的各种形式的网络拓扑结构。同时接入设备还具备本地维护和远程集中监控功能，通过透明的光传输形成一个维护管理网，并通过相应的网管协议纳入网管中心统一管理。

图 10.12 示出了光接入网的模型。从图中可见，远端设备(光网络单元，ONU)和局端设备(光线路终端，OLT)通过传输设备(光配线网，ODN)相连。图中 AF 为 ONU 和用户设备提供适配功能。

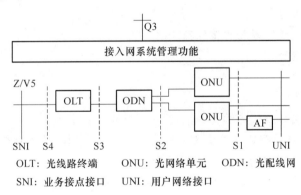

图 10.12　光接入网模型

我们可以把图 10.12 的结构看作若干参考点的模型，其中：

- 参考点 S1 为光网络单元与用户之间的接口，叫做用户网络接口(UNI)；
- 参考点 S2 为传输设备与光网络单元之间的接口，考虑到传输设备的可选择性，这里采用通用的 E1 接口；
- 参考点 S3 为光线路终端与传输设备之间的接口；
- 参考点 S4 为光线路终端与各种业务网络之间的接口，叫做业务节点接口(SNI)。

3. 无线接入技术

无线接入，即无需用物理传输媒介的无线传输手段来代替接入网的部分甚至全部传输设备，从而达到降低成本、提高灵活性和扩展传输距离的目的。

无线接入系统特别适合于地广人稀，用户分散的农村山区，铺设电缆不便甚至无法铺设的地方。

与有线接入相比，无线接入具有以下特点：

- 建设速度快；
- 扩容方便；
- 造价低廉；
- 安装方便灵活；
- 安全性好，抗灾能力强；
- 维护费用低；
- 用户形式多样，使用灵活。

4. 光纤同轴混合(HFC)接入系统

HFC 接入系统是一种以模拟频分复用技术为基础，综合应用模拟和数字传输技术、光纤和同轴电缆技术、射频技术以及高度分布式智能技术的宽带接入网络。是 CATV 和电话网结合的产物。

复 习 题

1. ISDN 的定义。
2. 用户/网络参考点的配置。
3. ISDN 有哪几种信道？哪几种接口？
4. B-ISDN 的基本概念。
5. ATM 的基本概念。
6. ATM 的网络技术。
7. ATM 的分层结构。
8. 什么是智能网？发展智能网的主要目的是什么？所谓"智能"体现在哪些方面？
9. 什么是智能业务？它与传统业务的区别是什么？
10. 在智能网中采用 SIB 构造业务的主要优点是什么？
11. 智能网的数据库必须满足什么样的要求？
12. 接入网的基本概念。
13. V5 接口的基本概念。
14. 利用现有用户线来发展多种业务的途径。
15. 有哪几种光纤接入的途径？
16. 有哪几种无线接入的途径？

附　录

速写字母英汉对照

3PTY　Three Party Service　三方通话

A

AAL　ATM Adaption Layer ATM　适配层

ACC　Automatic Congestion Control　自动拥塞控制

ADM　Add and Drop Multiplexer　分插复用器

ADPCM　Adaptive Differential Pulse Code Modulation　自适应差分脉码调制

ADSL　Asymmetric Digital Subscriber Loop　不对称数字用户环路

AMIC　Alternate Mark Inversion Code　交替极性倒置码

AN　Access Network　接入网

AOC　Advice of Charge　收费通知

AON　Active Optical Network　有源光网络

ASE　Application Services Element　应用业务单元

ATM　Asynchronous Transfer Mode　异步传送模式

B

BIB　Backward Indication Bit　后向表示语比特

BID　Board Inward Dialling　话务台呼入拨号

BHCA　Maximum Number of Busy Hour Call Attempts　最大忙时试呼次数

B-ISDN　Broadband Integrated Services Digital Network　宽带综合业务数字网

BSN　Backward Sequence Number　后向序号

C

CAMA　Centrelized Automatic Message Accounting　集中自动计费

CATV　Cable Television　有线电视

CC　Country Code　国家号码

CCAF　Call Control Access Function　呼叫控制接入功能

CCF　Call Control Function　呼叫控制功能

CCITT　International Telegraph and Telephone Consultative Committee　国际电

报电话咨询委员会

CCS7　Common Channel Signalling No：7　7号公共信道信令

CD　Call Deflection　呼叫转向

CDMA Code Division Multiple Access　码分多址

CENTREX Centrex　虚拟用户交换机

CF　Call Forwarding　呼叫前转

CFB　Call Forwarding Busy　遇忙呼叫前转

CFNR　Call Forwarding No Reply　无应答呼叫前转

CFU　Call Forwarding Unconditional　无条件呼叫前转

CHILL　CCITT High Level Language　CCITT高级语言

CIC　Circuit Identification Code　电路识别码

CB　Check Bit　校验位

CLIP　Calling Line Identification Presentation　主叫线识别提供

CLIR　Calling Line Identification Restriction　主叫线识别限制

CMOS　Complementary Metal-Oxide Semiconductor　互补金属氧化物半导体

CODEC　Coder and Decoder　编译码器

COLP　Connected Line Identification Presentation　被接线识别提供

COLR　Connected Line Identification Restriction　被接线识别限制

CONF　Conference Calling　会议呼叫

CPU　Central Processing Unit　中央处理机

CRC　Cyclic Redundancy Check　循环冗余码检验

CS　Convergence Sublayer　会聚子层

CSDN　Circuit Switching Data Network　电路交换数据网

CSL　Component Sublayer　成份子层

CSPDN　Circuit Switched Public Data Netwok　电路交换公用数据网

CT　Call Transfer　呼叫转移

CUG　Closed User Group　封闭用户群

CW　Call Waiting　呼叫等待

D

DDI　Direct Dialling-In　直接拨入

DDN　Digital Data Network　数字数据网

DFP　Distributed Functional Plane　分布功能平面

DID　Direct Inward Dialling　直接拨入

DOD　Direct Outward Dialling　直接拨出

DPC　Destination Point Code　目的地点码

DSS1　Digital　Subscriber Signalling No：1　数字用户信令No：1

DTMF　Dual Tone Multi-Frequency　双音多频

DUP　Data User Part　数据用户部分

E

ET　Exchange Terminal　交换机端口

ETSI　European Telecommunication Standard Institute　欧洲电信标准协会

F

F　Flag　标志码

FCS　Frame Check Sequence　帧检验序列

FDMA　Frequency Division Multiple Address　频分多址

FIB　Forward Indicator Bit　前向表示语比特

FISU　Fill-in Signal Unit　插入信号单元

FN　Fiber Node　光节点

FPH　Free Phone　免费电话

FR　Frame Relay　帧中继

FSM　Finite State Machine　有限状态机

FSN　Forward Sequence Number　前向序号

FSU　Fixed Subscriber Unit　固定用户单元

FTTC　Fiber To The Curb　光纤到路边

FTTB　Fiber To The Building　光纤到办公大楼

FTTH　Fiber To The Home　光纤到每个家庭

FTTO　Fiber To The Office　光纤到办公室

FTTZ　Fiber To The Zone　光纤到用户小区

FVC　Forward Voice Channel　前向话音通道

G

GFC　Generic Flow Control　一般流量控制

GSM　Global System for Mobile commumcation　全球移动通信系统

GFP　Global Functional Plane　全局功能平面

H

HDB3　High Density Bipolar of order 3　三阶高密度双极性码

HDLC　High level Data Link Control　高级数据链路控制

HDSL　High-bit-rate Digital Subscriber Loop　高速数字用户环路

HDT　Host Digital Terminal　主数字终端

HEC　Header Error Control　信头差错控制

HFC　Hybrid Fiber/Coaxial　光纤/同轴电缆混合网

HLF　High Level Facility　高层功能

HOLD　Call Hold　呼叫等待

HSTP　High level Signalling Transfer Point　高级信令转接点

HW　High-Way　母线

I

IDN   Integrated Digital Network   综合数字网

IN   Intelligent Network   智能网

INAP   IN Application Protocol   智能网应用协议

IP   Intelligent Peripheral   智能外设

ISDN   Integrated Services Digital Network   综合业务数字网

ISDN-BA   ISDN Basic Access ISDN   基本接入

ISDN-PRA   ISDN Primary Rate Access   基群速率接入

ISP   Intemational Signalling Point   国际信令点

ISPC   Intemational Signalling Point Code   国际信令点编码

ISTP   International Signalling Transfer Point   国际信令转接点

ISUP   ISDN User Part ISDN   用户部分

ITU   International Telecommunication Union   国际电信联盟

L

LAMA   Local Automatic Message Accounting   本地网自动计费

LAN   Local Area Network   局域网

LAPB   Link Access Procedure Balanced   平衡型链路接入规程

LAPD   Link Access Procedure on D-channel   D 信道链路接入规程

LE   Local Exchange   本地交换局

LI   Length Indicator   长度表示语

LSC   Link Status Control   链路状态控制

LSSU   Link Status Signal Unit   链路状态信号单元

LSTP   Low level Signalling Transfer Point   低级信令转接点

M

MAP   Mobile Application Part   移动应用部分

MD   Mediation Device   中间设备

MFC   Multi-Frequency and Compelled   多频互控

MHS   Message Handling System   消息处理系统

MML   Man-Machine Language   人—机通信语言

MODEM   Modem   调制解调器

MSN   Multiple Subscriber Number   多重用户号码

MSU   Message Signal Unit   消息信号单元

MTBF   Mean Time Between Failures   平均故障间隔时间

MTP   Message Transfer Part   信息传递部分

MTTR   Mean Time To Repair   平均故障检修时间

N

N-ISDN   Narrow-ISDN   窄带 ISDN

NIU　Network Interface Unit　网络接口单元

NSP　National Signalling Point　国内信令点

NSTP　National Signalling Transfer Point　国内信令转接点

NT　Network Terminal　网络终端

O

OLT　Optical Line Terminal　光纤线路终端

OMAP　Operation and Mainagement Application Part　运行、管理应用部分

ONU　Optical Network Unit　光网络单元

OPC　Originating Point Code　源地点码

OS　Operation System　操作系统

OSI　Open System Interconnection　开放系统互连

OTDM　Optical Time Division Multiplex　光时分复用

P

PABX　Private Automatic Branch eXchange　自动用户交换机

PAMA　Private Automatic Message Accounting　用户交换机自动计费

PBX　Private Branch eXchange　用户交换机

PCM　Pulse Coded Modulation　脉冲编码调制

PMS　Physical Medium Sublayer　物理媒体子层

PON　Passive Optical Network　无源光网络

PP　Physical Plane　物理平面

PSDN　Packet Switching Data Network　分组交换数据网

PSPDN　Packet Switched Public Data Network　分组交换公用数据网

PSTN　Public Switching Telephone Network　公用电话交换网

R

RAM　Random Access Memory　随机存取存储器

ROM　Read Only Memory　只读存储器

RRE　Received Reference Equivalent　接收参考当量

S

SCCP　Signalling Connection and Control Part　信令连接控制部分

SCF　Service Control Function　业务控制功能

SCP　Service Control Point　业务控制点

SDF　Service Data Function　业务数据功能

SDH　Synchronous Digital Hierarchy　同步数字体系

SDL　Specification and Description Language　功能规格和描述语言

SDMA　Space Division Multiple Access　空分多址

SF　Status Field　状态字段

SF　Sub-service Field　子业务字段

SF　Service Feature　业务属性

SI　Service Indicator　业务表示语

SIB　Service Independent Building Block　与业务无关的构成块

SIF　Signalling Information Field　信令信息字段

SIO　Service Information Octet　业务信息八位码组

SLC　Signalling Link Code　信令链路编码

SLS　Signalling Link Selection　信令链路选择

SLTA　Signalling Link Test Acknowledgement　信令链路测试证实

SLTM　Signalling Link Test Message　信令链路测试消息

SMAS　Signalling System Maintenance and Administration System　信令系统的维护管理系统

SMP　Service Management Point　业务管理点

SMS　Service Management System　业务管理系统

SN　Subscriber Number　用户号码

SNI　Service Node Interface　业务节点接口

SP　Signalling Point　信令点

SRE　Sended Reference Equivalent　发送参考当量

SSF　Service Switching Function　业务交换功能

SSP　Service Switching Point　业务交换点

STB　Set Top Box　机顶盒

STM　Synchronous Transfer Mode　同步传送模式

STP　Signalling Transfer Point　信令转接点

SU　Signal Unit　信号单元

T

TA　Terminal Adaptor　终端适配器

TCS　Transmission Convergence Sublayer　传输会聚子层

TC　Transaction Capabilities　事务处理能力

TCAP　TC Application Part　事务处理能力应用部分

TCP/IP　Transmission Control Protocol/Internet protocol　传输控制协议/互联网络协议

TDM　Time Division Multiplexing　时分多路复用

TDMA　Time Division Multiple Access　时分多址

TE　Terminal Equipment　终端设备

Tm　Tandem　汇接局

TMN　Telecommunications Management Network　电信管理网

TS　Time Slot　时隙

TSL　TC Sub-Level　事务处理子层

TU　Tributary Unit　支路单元

TUP　Telephone User Part　电话用户部分

U

UNI　User-Network Interface　用户网络接口

UP　User Part　用户部分

UUS　User-to-User Signalling　用户-用户信令

V

VC　Virtual Channel　虚信道

VCI　Virtual Channel Identifier　虚信道识别器

VP　Virtual Path　虚通道

VPI　Virtual Path Identifier　虚通道识别器

W

WAN　Wide Area Network　广域网

WDM　Wave Division Multiplexing　波分复用